科学计算研究所的过去与现在

——工业与应用数学在西安交通大学的发展

李开泰 编著

西安交通大学出版社
XI'AN JIAOTONG UNIVERSITY PRESS

内容提要

本书记叙了西安交通大学科学计算研究所发展的历史，它的研究队伍的形成壮大和它的研究成果的积累。由于中华人民共和国成立以后强调数学联系实际，数学要为生产实践服务、要为发展国民经济服务，所以由工业和科学技术中的问题推动数学模型建立、数学分析和数值计算方法直到相应软件的研制，成为科学计算研究所发展的动力和追求目标，特别是将流体力学、弹性力学、磁流体力学、地球物理流动、反应堆物理以及以它们为基础的流体机械、航空航天、核电站等重大装备中的数学问题作为自己的研究目标。本书还记述了人才培养和研究成果积累这一过程，它也是工业与应用数学在西安交通大学发展和壮大的历史。作者将这一历史性的文献献给亲爱的母校——西安交通大学，为母校建设一流大学、一流的数学学科，注入精神力量。

图书在版编目（CIP）数据

科学计算研究所的过去与现在：工业与应用数学在西安交通大学的发展/李开泰编著.—西安：西安交通大学出版社，2019.12
ISBN 978-7-5693-1159-4

Ⅰ.①科… Ⅱ.①李… Ⅲ.①西安交通大学—科学计算—研究所—概况 Ⅳ.①N32-24

中国版本图书馆CIP数据核字（2019）第088646号

书　　名	科学计算研究所的过去与现在——工业与应用数学在西安交通大学的发展
编　　著	李开泰
责任编辑	王　欣
出版发行	西安交通大学出版社 （西安市兴庆南路1号　邮政编码710048）
网　　址	http://www.xjtupress.com
电　　话	（029）82668357　82667874（发行中心） （029）82668315（总编办）
传　　真	（029）82668280
印　　刷	西安明瑞印务有限公司
开　　本	787 mm×1092 mm　1/16　印张 23.5　字数 367千字
版次印次	2019年12月第1版　　2019年12月第1次印刷
书　　号	ISBN 978-7-5693-1159-4
定　　价	298.00元

读者购书、书店添货或发现印装质量有问题，请与本社发行中心联系、调换。
订购热线：（029）82665248　（029）82665249
投稿热线：（029）82664954
读者信箱：1410465857@qq.com

主楼和图书馆

图书馆的日与夜

从北到南的中轴线

数学与统计学院

西校门

腾飞塔和校内雕塑

南洋公學

西安交通大学科学计算研究所（计算物理研究室）发展的历史，是一段值得回味的历史，也是我们与西安交通大学一起成长的历史。20世纪50年代，响应向科学进军的号召，全国展开了关于纯粹数学与应用数学的大辩论；60年代，华罗庚在全国推广优选法，"0.618"大显神通，从炸油条的最佳油温到铁路隧道建设都能用到；"文化大革命"期间，有学生要取消数学系，幸而我当时是应用数学教研室革命领导小组组长，我专程到北京调研，在得知不但不用取消数学系，还要加强和发展数学后，将北京建筑科学研究院的104计算机调到西安交通大学，建立了计算数学实验室，后来西安交通大学计算机教研室和贵州计算机厂联合研究成功的"延安701"计算机就放在我们计算数学实验室，其他系的教师和西安的一些科研单位都到我们这里来计算。1970年后，我们就开始举办讨论班，开始时，有我主讲的"Sobolev 空间和有限元数学基础"和游兆永老师主讲的"线性代数和最优化"两个讲习班，当时计算机教研室的蒋大宗老师也来听，因为所有教师都渴望打破这种长期不接触教学和科研的沉寂。

20世纪70年代末、80年代初，冯康教授和郝柏林教授举办了许多讲习班，冯先生在不同场合都谈到 "科学计算是人类进行科学研究的第三手段"（第一、第二手段是分别是理论分析和科学实验）；郝柏林教授举办了很多关于计算物理的讨论班，组织出版了《计算物理丛书》，还多次作关于计算机语言的讲演。计算物理研究室的命名正是受到冯康教授和郝柏林教授工作的影响。J. Marsden 的 *Foundation of Mechanics* 对我影响最很大。20世纪70年代，我就将微分几何和张量分析应用到"叶轮机械内部三维流动"上，

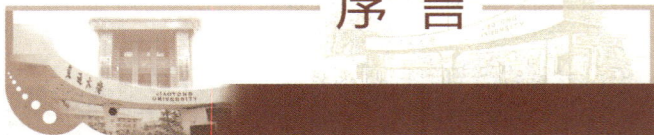

为吴仲华叶轮内部流动两种流面方法提供数学依据。1985年，我和黄艾香教授合作的《张量分析及其应用》一书由西安交通大学出版社出版。可以说我们的所有著作和大部分的文章都贯穿了微分几何和张量分析的思想方法，它们是我们40多年来研究和创新的源泉。发展过程中，形成很有影响也取得显著成绩的几个研究方向，如叶轮机械内部三维流动问题、边界层方程和边界几何形状控制问题、三维弹性壳体问题、轴承轮滑问题、Navier–Stokes 方程分歧和奇异吸引子问题，惯性和近似惯性流形等等。

改革开放以后，从1982 年起我们就开始出国参加国际会议和访问；近40年来，有100多位国外学者访问我们研究室；我们在西安交通大学主持召开了10多个国际会议。冯康院士在不同场合提到过，西安交通大学走出了校门。由于我们卓有成效的对外学术交流，改革开放初期，当时主管外事的副校长程迺晋曾开玩笑地说，李开泰到国外出差就像到大差市一样。后来，时任外事处处长戴景宸聘请我为外事处顾问。那时，出国访问的西装由学校订做，皮箱也是向外事处借的。由于经费审批、护照和签证都由高教部外事司办理，我与那里的工作人员都非常熟悉。我保存了一大叠中国民航机票，票面价格都很高。20世纪90年代初，我在德国访问几所大学，离开汉堡（最后访问汉堡大学）去英国格拉斯哥，在机场办理登机手续时，柜台小姐看了我的机票很惊讶，特向上级请示后为我升至头等舱。

在和国外学者交往中，对我们影响比较大的有：哈佛大学的G. Birckhoff，得克萨斯大学奥斯汀分校的J.T.Oden， 加州大学伯克利分校和加州理工大学的J. Marsden, 印第安纳大学伯明顿分校和法国第十一大学的Roger M. Temam,

休斯顿大学的Roland Glowinski，芝加哥大学和普渡大学的Jr. Douglas，德国波恩大学应用数学研究所的R. Leis 和J.Frehse，海德堡大学的Rolf Rannacher，法国巴黎第六大学数值计算实验室的P. G.Ciarlet 和 Pierre-Arnaud Raviart，和这些著名学者的交往对我们的学术研究和人才培养产生了深远的影响。

多年来，我们克服重重困难，走出国门，积极开展国际学术交流，在创新和发展的道路上奋力攀登，创造了不凡的成绩，培养了大量优秀人才。但因为种种原因，我们发展的书卷中还留有很多遗憾和空白，有待后继者继续书写。而写作本书的目的，正是希望以史为镜，帮助我们走向更美好的未来。希望本书中记录的历史能够为亲历者带来美好的回忆，为读者了解西安交通大学应用数学的发展提供详实的史料，为学科发展提供有益的借鉴和启示。

非常感谢我的学生（按姓氏拼音排列）：陈掌星、冯新龙、高志明、郭士民、何银年、李功胜、蒲春生、王贺元、吴宏春、杨晓忠、张武为本书出版提供的经费支持；感谢苏剑、荆菲菲、胡清洁、张永超、刘颖智、朱铁磊、裴帅超、鞠国良等，他们帮助整理了大量原始素材；特别要感谢黄艾香教授，她提供了大量资料和图片，对完成本书起到了关键作用。本书的出版得到了很多人的热心支持和大力帮助，限于篇幅不能一一列举，在此一并表示衷心的感谢。

因为跨越的年代较久远，书中疏漏之处在所难免，欢迎广大读者批评指正。

2019年11月于西安交通大学

★书中所有档案资料均来源于西安交通大学档案馆。

数学与统计学院
西安数学与数学技术研究院

国家天元数学西北中心
国家工程实验室

交通大学

JIAOTONG
UNIVERSITY

目　录

目 录

第一章　从恢复理科到成立计算物理研究室

一、恢复理科和朱公谨的"应用数学"专业视野

中华人民共和国成立以后，为了合理布局国家工业和科学文化教育，1956年国务院决定交通大学从上海迁至西安。在时任副教务长张鸿教授的推动下，1957年，经高等教育部批准，西安交通大学恢复了理科专业，成立了数理力学系，下设三个专业：应用数学专业（1957年开始招生）、应用力学专业（1957年开始招生）、应用物理专业（1958年开始招生），以及三个教研室：应用数学教研室（主任：朱公谨），应用力学教研室（主任：季诚），应用物理教研室（主任：屠善洁）。

张鸿教授曾任交通大学数学系主任、副教务长、教务长、副校长，为中国工科院校恢复理科专业首开先河。1952年，我国高校院系调整，"理工分家"，张鸿教授在西迁之际，推动在交通大学恢复理科专业，得到了教育部的批准，为中国高等教育立下汗马功劳（详细介绍见第五章）。

张鸿教授

朱公谨教授曾任应用数学教研室主任，一级教授，是西安交通大学应用数学专业教学计划的制定者。朱公谨为德国哥廷根（Göttingen）大学博士，师从数学家 Hilbert 的学生 R. Courant（美国纽约大学柯朗数学科学研究所所长），中国数学会创始人之一，参与《应用数学方法》《德华标准大字典》《高等数学教程（上、下册）》（中国高等教育出版社，1956 年）等著作的出版。他的应用数学理念就是"数学与物理并重"（详细介绍见第五章）。

朱公谨教授

1956 年，朱公谨是第一批西迁至西安的教授，当时有三位一级教授来到西安，分别是陈大燮、朱公谨和钟兆琳。1958 年和 1959 年，朱公谨为数学 71 班（1957 年入学）讲授了两门课程：数学物理方程，积分方程和变分学。他的讲课水平是一流的，板书整洁、语言精辟（不愧为《德华标准大字典》的编辑），内容安排合理，下课铃一响，能恰到好处地讲完放下粉笔。在西安，他培养了一名研究生（李绍疆）。由于在日本占领上海时，朱公谨没有和交通大学一起迁往重庆，而是留在上海担任光华大学执行副校长，所以在学术界未被重用。1961 年，因患癌症，朱公谨病逝于上海。我们痛失一位难得的学科带头人，一位哥廷根学派的应用数学家。此后，徐桂芳为应用数学教研室主任，游兆永为副主任。1986 年后游兆永任主任，徐桂芳回上海交通大学任教。

徐桂芳教授历任应用数学教研室副主任、主任，1978 年成立数学系后，任数学系主任，是西安交通大学校务委员会委员，曾任中国计算数学学会副理事长，是早期应用数学专业教学的执行者，也是西安交通大学数学系的创建者和领导者。20 世纪 80 年代中期，徐桂芳教授回上海交通大学数学系任教。在西安他培养了一名研究生（李朴）。

庆祝徐先生 80 寿辰合影

（第一排左数第二位为游兆永，第五位为徐桂芳）

徐桂芳

游兆永

　　游兆永教授祖籍广东省南海市，博士生导师。1948 年以优异成绩考入交通大学，1952 年毕业于理学院数学系并留校任教，1956 年全家三代六口人随校西迁。游兆永教授曾任西安交通大学数学系主任、应用数学研究中心主任、陕西省数学会理事长。1983 年，国务院学位委员会公布第一批博士学位授权学科专业点（简称博士点），西安交通大学计算数学专业是其中之一，游兆永被聘为博士生导师，成为我国首批博士生导师，他还是国务院学位委员会成员、国家教委数学学科教育委员会成员、第一届国家科学基金委员会数学学科评审组成员。自

1983年起,他培养了多名博士生,其中成绩突出的有以下三位。

朱林户,少将,曾任西安空军工程学院党委书记,全国人大代表。

郝跃,中国科学院院士,微电子学家。曾任西安电子科技大学副校长,现任西安电子科技大学微电子学院教授、博士生导师。IEEE学会高级会员,中国电子学会常务理事,第九、第十届全国政协委员和第十一届全国人大代表,教育部科技委委员,陕西省科学技术协会副主席,入选国家首批"百千万人才工程",是陕西省"新世纪三五人才工程"首批入选者;担任国家"核心电子器件、高端通用芯片和基础软件产品"重大科技专项总体组副组长,"核心电子器件"重大科技专项实施组组长,中国人民解放军总装备部科学技术委员会兼职委员,中国人民解放军总装备部军用微电子技术专业组组长,国务院第七届学科评议组(电子科学与技术一级学科)召集人,国家电子信息科学与工程专业指导委员会副主任委员,是国家重大基础研究计划("973计划")项目首席科学家、国家有突出贡献的中青年专家和微电子技术领域的著名专家。

徐宗本,中国科学院院士,曾任西安交通大学理学院院长和大学副校长;现任中国科学院信息技术科学部副主任、西安交通大学西安(国际)数学与数学技术研究院院长、大数据算法与分析技术国家工程实验室主任,为国家大数据专家咨询委员会委员、国家新一代人工智能开放创新平台及战略咨询委员会委员。主要从事智能信息处理、机器学习、数据建模基础理论研究。曾提出稀疏信息处理的 $L_{1/2}$ 正则化理论,为稀疏微波成像提供了重要基础;发现并证明机器学习的"徐-罗奇"定理,解决了神经网络与模拟演化计算中的一些困难问题,为非欧氏框架下机器学习与非线性分析提供了普遍的数量推演准则;提出基于视觉认知的数据建模新原理与新方法,形成了聚类分析、判别分析、隐变量分析等系列数据挖掘核心算法,并广泛应用于科学与工程领域。曾获国家自然科学二等奖、国家科技进步二等奖、陈嘉庚信息技术科学奖、中国CSIAM苏步青应用数学奖、陕西省基础研究重大贡献奖,并在世界数学家大会(2010年,

印度)上作 45 分钟特邀报告。

徐宗本教授获得 2018 年
陈嘉庚信息技术科学奖

徐宗本教授参加 2010 年世界数学家大会

徐宗本教授获 CSIAM 苏步青应用数学奖

1957 年,西安交通大学恢复理科、成立数理力学系后,设立了三个教研室,其中应用数学教研室

主　　任:朱公谨　　　　副主任:徐桂芳

教学秘书:游兆永　　　　行政秘书:黄艾香

成　　员:王景容,祝颂和,黄启宇,夏宗伟,袁继宁,林贤玖,彭若梅,吴振国,

汪德顺，宣泰章。

应用数学专业设三个专业方向：偏微分方程和常微分方程、概率论与统计和计算数学，要求教研室每位教师能够讲授三门课程。

时任主任、著名学者朱公谨教授继承德国哥廷根学派风格，强调"应用数学"就是"数学与物理并重"，第一届应用数学专业教学计划所设置的 27 门课程，以及下列应用数学专业的教学计划可以说明这一点。

应用数学专业教学计划

在专业建设方面有以下举措。

• 积极培养年轻教师

1957 年,应用数学教研室开始派遣年轻教师到中国科学院和其他名校进修,如:

袁继宁在中科院参加由吴新谋主讲的"偏微分方程"学习班;

黄启宇在中科院参加由秦元勋主讲的"常微分方程与动力系统"学习班;

林贤玖赴北京大学进修概率论;

王景容赴南京大学进修逻辑学;

汪德顺赴吉林大学跟苏联专家拉瑟夫斯基进修计算方法。

他们回来以后都先后开设相应的课程。同时,徐桂芳教授讲授"数学分析"和"常微分方程数值解",朱公谨教授从 1958 年到 1960 年先后讲授"数学物理方程"及"变分学和积分方程"两门课。

• 邀请名教授为第一届和第二届应用数学专业毕业班讲授专业课和指导毕业论文

为了保证第一、二届应用数学专业学生的质量,邀请国内著名学者在数学系兼职,开设专业课,指导毕业论文。1961—1962 年,邀请南京大学叶彦谦教授来校,为 62 级毕业班讲授专业课"二次微分动力系统",指导毕业论文。学生孙顺华和邓耀华的两篇毕业论文分别发表在《中国科学》和《数学学报》上,学生李开泰的毕业论文发表在《高等院校学报(数学、力学、天文版)》和《南京大学学报》上。

1962—1963 年,邀请兰州大学陈庆益教授(曾留学苏联)为 63 级毕业班讲授偏微分方程和广义相对论,李开泰担任陈教授课程的辅导教师。

• 聘任应用数学专业毕业班优秀学生留校当助教

62 级(首届)毕业班中,留校在"应用数学教研室"当助教的有 5 人:李开泰、施鸿宝、沈钧毅、邓建中、朱望规;留校在"高等数学教研室"当助教的有 2 人:欧斐君、梁建华;

63 级毕业班中留校当助教的有 5 人:吴兴宝(应用数学教研室),陈士龙、寿纪麟、王绵森、葛仁杰、胡国君(高等数学教研室);

64 级毕业班中留校当助教的有 3 人:陈明逵(应用数学教研室),黄庆怀、葛仁溥(高等数学教研室);

65 级毕业班中留校当助教的有 3 人:顾学春、冯博琴、邓良松(应用数学教研室），邵崔武（高等数学教研室）；

66 级毕业班中留校当助教 1 人：张可村（应用数学教研室）。

从第一届学生毕业到"文化大革命"开始，留校当助教的有：

应用数学教研室 11 名：李开泰、施鸿宝、沈钧毅、邓建中、朱望规、吴兴宝、陈明遒、顾学春、冯博琴、邓良松、张可村；

高等数学教研室 10 名：欧斐君、梁建华、寿纪麟、王绵森、葛仁杰、陈士龙、胡国君、黄庆怀、葛仁溥、邵崔武。

二、在重大装备中数学问题的理论、方法研究取得的成就

中华人民共和成立以后，国家科研教育发展的方针是：科学研究要为国民经济发展服务，要为四个现代化服务，教育要与生产劳动相结合，要为人民服务。20 世纪 60 年代就开始推广优选法、线性和非线性规划。"文化大革命"期间，华罗庚院士在全国范围内推广优选法；关肇直带领团队到西安 20 所研究控制论为军事工业服务的问题；西安交通大学在朱公谨教授"应用数学"学术观点指导下，在科学研究要为发展国民经济服务、要为国防现代化服务的方针指引下，成立了计算物理研究室。我们以数学物理为基础，在"文化大革命"中和改革开放初期到工厂和研究机构中去，例如，灞桥热电厂、丹江口水电站、上海第五钢铁厂、兴平化肥厂、兰州炼油厂、长春第一汽车制造厂、沈阳鼓风机厂、沈阳变压器厂、武汉重型机床研究所、陕西兴平 408 厂、西安阎良飞机研究所和 172 厂、西安田王航天研究院 404 所、陕西凤州火箭发动机研究院、四川东方汽轮机厂等，和西安交通大学工科有关教研室教师一起，提炼数学模型、研究算法、开发计算机程序，并在西安军事测绘所 601 型电子计算机、西安 631 所西门子 7738、7760 电子计算机、北京车道沟五机部西门子 7760 计算机、杭州汽轮机厂西门子 7738 计算机上进行计算，此时的研究风格极具特色。

这里我们列举一个偶然但也是必然的事例。当我们在杭州汽轮机厂用西门子 7738 计算机进行三维分层介质电场有限元计算时，北京二机部第二设计研究院的西安交通大学校友汤裕仁等也在计算，当他们亲眼看到我们计算物理研究室教师严谨认真的态度和坚韧不拔的精神时，决定把"核反应堆中子扩散本征值问题和核燃料最优管理"课题交给我们。第二机械工业部核工业第二设计研究

院和西安交通大学签订协议,并提供研究经费 10 万元(后来追加 1.5 万元)。经过五年的努力,我们圆满完成了任务。

"文化大革命"中和改革开放初期,我国的高等教育经历了从混乱到重新建立秩序的过程。在全国的科学研究处于低潮时,我们取得了以下瞩目的研究成果。

(1)李开泰和蒋德明(内燃机教研室)与钱树基(六机部 408 厂)合作,进行柴油机气缸内燃烧热力气动示功图和排气压力波数学模型研究和计算,1972—1976 年,历时 5 年,建立了从气缸内吸气、燃烧、做功、排气和排气管内波动和驱动涡轮增压器循环过程的数学模型、数值方法,创造性地定义一个新的物理量,提出一个排气阀边界连接条件,克服了进出口汽阀开启和关闭时流动的奇性困难,保证计算过程的收敛性。

该成果获得 1978 年陕西省科学大会奖(西安交通大学只有三个项目获此奖,项目负责人分别是周惠玖、吴业正和李开泰),李开泰还获得陕西省先进科技工作者称号,408 厂给予项目组 3 万元的资金资助,相关学术论文发表在《力学学报》和《西安交通大学学报》上:

- 李开泰,蒋德明,钱树基,赵学亭. 力学学报,No. 4(1982):323 - 331.
- 李开泰,西安交通大学学报. Vol. 11,No. 1(1976):83 - 102.
- 李开泰,西安交通大学学报. Vol. 12,No. 2(1978):73 - 84.

(2)20 世纪 70 年代初,李开泰开始讲授有限元方法,在教师中举办讨论班,讲授有限元方法数学基础。李开泰还讲授 Sobolev 空间,游兆永讲授数值代数和最优化,课程印发的讲义后来由西安交通大学出版社正式出版。在"工农兵学员"中开设有限元课程,指导其毕业论文。除此以外,还举办了全国有限元推广学习班,其中有一期学习班,全国共有 26 个国防单位参加。20 世纪 70 年代中期,美国一个应用数学代表团访问中国时,对数学领域的两个成就留下深刻印象,在回国报告中提到:对陈景润的"1+2 问题"和有限元在工业科技部门得到如此广泛深入的推广感到惊奇。(代表团应用数学领域的领导是斯坦福大学数学教授 J. Keller)

(3)在应用微分几何方法方面,提出"叶轮机械内部三维流动任意流面方法",用一系列二维流面上的 Navier-Stokes(N-S)方程构造三维方程的逼近解,为吴仲华院士叶轮机械内部三元流动两种流面方法提供了数学理论和数值实现,并且开发了有限元程序。

李开泰、黄艾香和黄庆怀曾到四川东方汽轮机厂、陕西凤州火箭发动机研究所等单位推广学习,做关于叶轮机械内部流动任意流面理论和有限元求解的报告。

20 世纪 70 年代,应吴仲华教授邀请,李开泰在徐桂芳教授陪同下,赴中国科学院力学所作关于"叶轮机内部三维流动任意流面数学方法"的报告。

研究成果获得第一机械工业部科技成果三等奖(1980 年),相关学术论文发表在《西安交通大学学报》《力学学报》,*Comput. Method. Appl. Mech. Eng* (CMAME.,SCI)以及 *Int. J. Num. Meth. in Eng*(SCI)上:

- 李开泰. 西安交通大学学报,Vol. 12,No. 1(1978):31 - 60.
- 李开泰,黄艾香. 西安交通大学学报,Vol. 14,No. 4(1980):97 - 109.
- 李开泰,黄艾香. 力学学报,No. 1(1982):55 - 62.
- Li Kaitai, Huang Aixiang. CMAME.,Vol. 41(1983):17 - 194(SCI IDS RV817).
- Li Kaitai, Huang Aixiang, Ma Yichen, Li Du, Liu Zhixing. Int. J. Num. Meth. Eng.,Vol. 20(1984):85 - 100. (SCI IDS SD666)

20 世纪 80 年代在国际 SCI 刊物上发表学术论文的中国学者是非常稀少的。

(4)20 世纪 70 年代末 80 年代初,第二机械工业部第二设计研究院和西安交通大学签订协议,研究计算"核反应堆中子扩散本证值问题和核燃料管理"问题。黄艾香、李开泰和第二机械工业部核工业第二研究设计院汤裕仁等提出了核反应堆三维中子扩散和核燃料最优控制数学模型,用多级有限元和中子扩散方程本征值问题的加速收敛方法开发通用软件包,获得成功。相应的软件出口巴基斯坦并由汤裕仁赴巴基斯坦安装和培训,成果在中法有限元双边讨论会上报告,文章发表在会议论文集上,并获得国家教委科技进步二等奖和二机部的 5 万元奖金。

- Huang Aixiang, Huang Qinghuai, Tang Yuren, Tu Zhuguo. Proceeding of the China-France Symposium on Finite Element Methods. Edited by Feng Kang and J. L. Lions,Beijing:Science Press,659 - 695,New York:Gordon and Breach,Science Publishers Inc.

(5)李开泰和机械系袁家骧等与武汉重型机床研究所合作,进行"三维薄壁构件分解为二维圣维南扭转问题和一维梁的耦合求解数学模型及有限元方法计算"研究,开发的软件应用于该所加工火箭的大型镗床的设计中,陕西省公路研究所也将其用于全国 12 座桥梁的设计。成果获得西安交通大学科技成果一等奖(1980 年),学术论文发表在《固体力学学报》和《西安交通大学学报》上:

- 李开泰,袁家骧. 固体力学学报,No. 2(1981):159 - 171.
- 李开泰. 西安交通大学学报,Vol. 11,No. 2(1977):75 - 92,123 - 147.

(6)黄艾香、李开泰和黄庆怀研制三维复合层电场分布有限元计算软件,成果被西安变压器电炉厂、沈阳变压器电炉厂、湖南醴陵电瓷厂和保定变压器电炉厂用于"变压器电容器和尾部输出端设计",成果获陕西省成果奖三等奖,学术论文发表在《西安交通大学学报》上:

- 李开泰,黄艾香. 西安交通大学学报,Vol. 12,No. 3(1978):1 - 26.
- 李开泰,黄艾香,黄庆怀. 西安交通大学学报,Vol. 14,No. 1(1980):15 - 28.

(7)李开泰和黄艾香应用张量分析方法,建立了反应弯曲效应的轴承润滑的广义 Reynolds 方程,提出非同心圆柱内 N-S 方程分歧理论、计算方法和稳定性分析方法。文章发表在《应用数学与力学》《高校应用数学学报》上,后来收录在《有限元方法及其应用》一书中。

- 李开泰,黄艾香. 应用数学与力学,Vol. 3,No. 1(1982):83 - 99.
- 邓炽康,李开泰,黄艾香. 高校应用数学学报,Vol. 5,No. 4(1990):447 - 456.

以上成果是典型的工业与应用数学的研究实例。李大潜在国家自然科学基金委员会数理科学部第三次科学基金项目研究成果报告会上发言时指出,"根据数学学科的特点,应该从更有利于学科发展的全局着眼,大力提倡和推动以问题(而不是以文献)驱动的应用数学研究,在新颖而丰富多彩的客观需求的推动下,迎接我国应用数学的跨越式发展","在这样的政治形势的驱动下,一大批优秀的数学家,如华罗庚、苏步青这些当时数学界的泰斗以及吴文俊先生等,都以不同的方式走上了生产实际的第一线,也成功地解决了一批重要的生产实际问题。两弹一星的成功研制、船体数学放样对造船工业带来的革命、石油勘探与开发能力的显著提高等,都包含了我国数学工作者的辛勤劳动和卓越贡献"。

我们当时的研究成果得到国内外同行(包括美国哈佛大学的 Garrett Birkhoff 院士)很好的评价(G. Birkhoff 院士和美国科学院院长 H. A. Simon 的邀请信以及美国明尼苏达大学应用数学研究所所长 Hans Weinberger 给美国科学院

的报告的复印件见第 2 章）。应用数学家和力学家钱伟长和工程力学家钱令希为李开泰写了推荐信。

钱伟长教授的推荐信中对我们应用数学研究的评价

钱令希院士推荐信

三、计算数学博士点和研究生培养

1976 年,"文化大革命"结束,西安交通大学院系调整,正式成立数学系,系主任为徐桂芳,副主任为游兆永,恢复冻结十多年的正常职称评定,突击提升了一批教授,其中有徐桂芳、周建枢和游兆永。

游兆永在软件开发会议上讲话

1980 年,学校正式提升第一批副教授,数学系有李开泰、张文修和马知恩三人。

1982 年,西安交通大学计算数学学科被国务院学位委员会认定为可以授予博士学位的学科,即博士点学科,这是改革开放以后第一批被国务院学位委员会批准的博士点,游兆永被聘为博士生导师。

游兆永与学生合影

1986 年,国家教委第一批批准的教授,西安交通大学数学系有李开泰、张文修、马知恩、黄艾香和龚怀云。

1978 年,西安交通大学首批招收硕士研究生,李开泰招收两名:成圣江和马逸尘。

20 世纪 80 年代,李开泰和黄艾香共招收了 32 名研究生:刘之行、李笃、陈安平、每甄、张承钿、樊必健、江松、张武、张晶、何银年、张波、陈掌星、严宁宁、葛新科、程玉民、陈桂芝、凤小兵、石东洋、任雨和、陈健斌、胡国庆、王建琪、蒲春生、邱邑骐、于光磊、满松、李翠华、武栓虎、刘春阳、陶富岭、张剑、高宗祥。

从 1978 年招收第一届硕士生起,我们制定了研究生培养计划,除了学校统一制定的公共课程之外,我们设置的课程均使用自己编写并正式出版的教材:

(1)《广义函数和 Sobolev 空间》,李开泰,马逸尘著,西安交通大学出版社出版。

(2)《数学物理方程 Hilbert 空间方法》,李开泰,马逸尘著,西安交通大学出版社,科学出版社出版。

(3)《非线性分析(非线性泛函分析、非线性问题分歧理论)讲义》,后编入《数学物理方程 Hilbert 空间方法》一

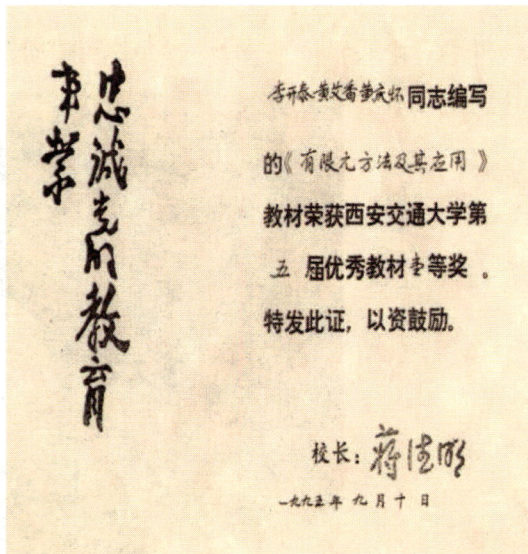

忠诚党的教育事业

李开泰、黄艾香、蒋庆怀同志编写的《有限元方法及其应用》教材荣获西安交通大学第五届优秀教材二等奖。特发此证,以资鼓励。

校长 蒋德明

一九九五年九月十日

获奖证书

书的附录中，另一部分内容编入由游兆永教授等著的《非线性分析》一书中。

（4）《有限元方法及其应用》，李开泰，黄艾香，黄庆怀著，在西安交通大学出版社出版和科学出版社多次重印。内容包括：数学基础、方法构造、程序设计，以及在流体力学、弹性力学、电磁场、核反应堆物理、叶轮机械内部流动、轴承润滑、三维薄壁梁和壳体中的应用等。

（5）《微分几何、张量分析及其应用》，李开泰，黄艾香著，西安交通大学出版社和科学出版社出版。

其中《有限元方法及其应用》被评为西安交通大学优秀研究生教材（见批件），在国内得到广泛的应用和好评（见来信）。

同行来信

《有限元方法及其应用》所依托的项目还获得国家教委科技进步二等奖（1986年），在西安交通大学出版社重印两次，中国科学出版社重印两次，并由英国 Alpha-Science 出版社于 2015 年出版英文版。该书 2016 年被评为西安交通大学成立120 周年和迁校 60 周年 60 本经典著作之一。美国得克萨斯州立大学奥斯汀（Austin）分校航天航空和机械工程系教授、得克萨斯计算与应用数学研究所所长、《应用力学与工程中的计算机方法》（CMAME）期刊主编 Thomas J. R.

Hughes 对该书英文版给出了很好的评价（见邮件）。

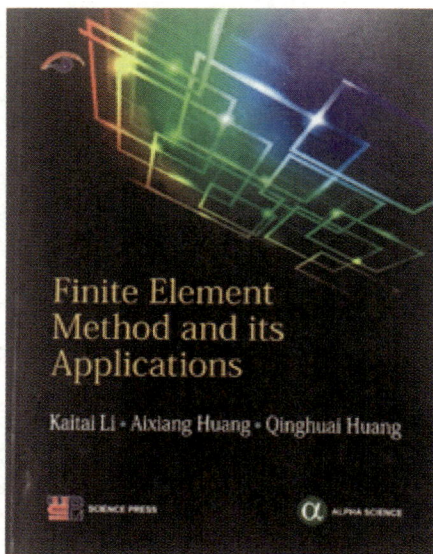

Dear Professor Li：

　　Thank you very much for sending me the copy of your book with inscription. Dr. Ju Liu just presented it to me.

　　I have just begun to look at it and I am indeed very impressed. It is quite advanced and deals with many important topics. It seems to me to be one of the truly original books dealing with the Finite Element Method. I very much look forward to studying it further and I am certain I will greatly benefit from doing so.

　　Again,many thanks.

　　Best wishes.

Tom Hughes

Dr. Thomas J.R. Hughes

Professor of Aerospace Engineering and Engineering Mechanics

Computational and Applied Mathematics Chair Ⅲ

201 East 24th Street,Stop C0200

Austin,TX 78712 - 1229 U.S.A.

Thomas J.R. Hughes 教授给李开泰的信

　　选修课在下列课程中任选一门：流体力学，弹性力学，连续介质力学，电磁场理论，理论物理。应用计算机（631 所西门子 7760）进行计算实习。

这样的课程设置，为学生打下了数学和物理学以及计算技能的坚实基础。

四、成立计算物理研究室

1982 年，中国科学院自然科学基金创立，第一批获得资助者中，西安交通大学有周惠久、匡震邦和李开泰三人。第二批获得者有黄艾香（见第四章）。

1978—1983 年，我们得到 4 项省部级的科学研究奖。

1978 年，李开泰获得陕西省先进科技工作者称号。

1983、1984 年，我们在国际期刊上发表两篇 SCI 检索文章。

1983 年，李开泰在国内外期刊发表学术论文 21 篇，有三名硕士研究生留校当助教（成圣江、马逸尘和刘之行）。

游兆永教授与李开泰

李开泰在阅读

徐桂芳教授与李开泰

在这个背景下，1983 年数学系成立了"计算物理研究室"，李开泰任室主任。

1986 年，李开泰和黄艾香分别晋升为西安交通大学教授；黄艾香教授被评为西安交通大学优秀教师；李开泰于 1989 年被授予西安交通大学研究生教育荣誉证书，1989 年被授予陕西省科协系统首届"优秀科技工作者"称号。

第二章 成立科学计算研究所和应用数学 研究中心

20 世纪七八十年代是计算物理研究室飞速发展的年代,我们走出国门,积极开展国内外学术交流,在研究生培养和学术研究上都取得了丰硕的成果,为应用数学研究中心和科学计算研究所的成立和发展奠定了坚实的基础。

一、走出国门,积极开展国内外学术交流

冯康院士曾经对李开泰说,西安交大走出了国门。冯院士的第一个研究生陈明三就毕业于西安交通大学,是第一位踏上美国国土的中国研究生。

20 世纪七八十年代我们就开展了一系列国内外的学术交流。

1981 年,李开泰等四人参加在合肥举行的有限元国际会议,文章发表在会议论文集中,会后会议主席 J. T. Oden 访问西安交通大学;

1982 年,李开泰参加在日本东京举行的"第二届流动问题有限元分析国际会议",在会上作了三个学术报告,均刊登在会议论文集里;

1982 年,李开泰、黄艾香、成圣江和马逸尘四人参加在北京举行的"中法有限元方法双边讨论会",四人都作了学术报告,文章发表在会议论文集里,会后 Ivo Babuska 访问西安交通大学;

1983 年,李开泰参加在大连举行的"中美流体力学中数值方法双边讨论会",在会上作了学术报告,文章发表在会议论文集上。

中法有限元会议中间的茶歇时间

在国际会议论文集上发表的学术论文

1982 年

1)A X Huang,K T Li. The Partial Differential Equation for the Stream Function on any Stream Surface of Three Dimensional Flow in Turbomachine and its Finite Element Approximation[C]// T Kawai. Finite Element Flow Analysis. Amsterdam:North-Holland,1982:395 - 402.

2)K T Li,A X Huang. Solvability of the Partial Differential Equation Satisfied by the Stream Function in Compressible Flow[C]// T Kawai. Finite Element Flow Analysis. Amsterdam:North-Holland,1982:387 - 394.

3)K T Li,A X Huang. Generalized Reynolds's Equation and Variational Inequality in Lubrication Theory[C]// T Kawai. Finite Element Flow Analysis. Amsterdam:North-Holland,1982:585 - 592.

4)Li Kaitai,Huang Aixiang,Ma Yichen,Li Du,Liu Zhixing. Optimal Control Finite Element Approximation for Penalty Variational Formulation of the Navier-Stokes Problem[C]// He Guangqian,Y K Cheung. Proceedings of the International Conference on Finite

Element Methods. Beijing:Sci. Press,1982:517 – 519.

1983 年

5)Huang Aixiang,Li Kaitai. Finite Element Solution of Unstationary Viscous Flow in Turbomachine[C]//Proceeding of China-U. S. Workshop on Advances in Computational Engineering Mechanics. 1983:167 – 176.

6)Li Kaitai,Huang Aixiang,Li Du,Liu Zhixing. The Conjugate Gradient Method and Block Iterative Method for Penalty Finite Element of Three Dimensional Navier-Stokes Equations[C]//Tan Deyan. Proceedings of the Second Asian Congress of Fluid Mechanics. Beijing:Science Press,1983:664 – 679.

7)Li Kaitai,Huang Aixiang,Ma Yichen,Li Du and Liu Zhixing. Optimal Control Finite Element Approximation for Penalty Variational Formulation of Three-Dimensional Navier-Stokes Problem[C]// Feng Kang,J L Lions. Proceedings of the China-France Symposium on Finite Element Method. Beijing:Science Press,1983:758 – 784.

1985 年

8)Li Kaitai,Mei Zhen,Zhang Chengdian. The Approximation of Branch Solution of the Navier-Stokes Equations[C]// Xiao Shutie,Pu Fuquan. International Workshop on Applied Differential Equations. Singapore:World Scientific,1985:276 – 288.

9)Li Kaitai,Mei Zhen,Zhang Chengdian. The Approximation of Branch Solutions of the Navier-Stokes Equations[C]//Numerical Methods in Laminar and Turbulent Flow, Part 1,2. Swansea:Pineridge Press,1985:1811 – 1821.

1980 年,我们邀请美国麻省理工学院(MIT)G. Strang 教授访问西安交通大学,作关于"有限元分析"的学术报告,并授予其西安交通大学名誉教授称号。

G. Strang 教授是第一位访问我们的外国专家,是美国享有盛誉的数学家,其在有限元理论、变分法、小波分析及线性代数方面均有所建树(详细介绍见第六章)。

1981 年,邀请美国得克萨斯大学奥斯汀(Austin)分校 J. T. Oden 院士访问西安交通大学。Oden 也邀请李开泰访问该校,但由于种种原因未成行。

1983 年,邀请日本中央大学 Kawahara 教授来校就"浅水波的有限元方法"进行为期两周的讲学,相互结下深厚友谊。1984 年,我们的硕士生樊必健到日本中央大学跟随 Kawahara 教授攻读博士学位。

1984 年，应德国波恩大学 J. Frehse 教授邀请，成圣江、李开泰和黄艾香先后访问波恩大学应用数学研究所；应 R. Rautmann 教授邀请，访问帕德博恩大学；应 K. Kirchgässner 教授邀请，访问斯图加特大学，应 F. Stummel 教授邀请，访问法兰克福大学。

1984 年，邀请美国哈佛大学教授、美国科学院院士 G. Birkhoff 访问西安交通大学，作学术报告并召开座谈会。Birkhoff 教授了解到计算物理研究室进行了许多工业与应用数学方面的研究，和他的研究经历有很多相同之处，如关于海军潜艇、核反应堆、轴承润滑以及稳定性的研究（Birkhoff 教授是美国著名应用数学家，西屋电气公司顾问，美国海军学院（加利福尼亚）顾问）。当时他就决定邀请李开泰作为中美科学院交换学者赴美国访问两个月，参加应用数学研究所（位于明尼阿波利斯）IMA 科学计算年三个月（见 Birkhoff 教授给李开泰的信，美国科学院院长 Herbert A. Simon 的邀请信，明尼苏达大学应用数学研究所所长 H. Weinberger 向美国科学院申请李开泰访问该所的申请书）。

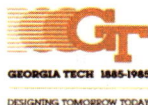

Georgia Institute of Technology
School of Mathematics
Atlanta, Georgia 30332
(404) 894-2700

GEORGIA TECH 1885-1985

DESIGNING TOMORROW TODAY

April 15, 1986

Professor Li Kaitai
Department of Mathematics
Xi'An Jiaotong University
Xi'An, Shaanxi Province
The People's Republic of China

Dear Professor Li Kaitai:

I am happy to inform you that, as I learned yesterday from Washington, you were selected as a participant in the 1986-1987 Visiting Scholar Exchange Program by the U.S. Committee responsible for the selection, "pending acceptance by the appropriate Chinese sponsoring organizations," the Chinese Academy of Sciences, the China Association for Science and Technology, and the State Education Commission.

Professor Weinberger, as your host, will no doubt write you about specific arrangements, if he has not already done so.

Although I am not an expert on Bifurcation Theory, the fact that your International Conference will be concerned with its Numerical Analysis arouses my interest. Please keep me in touch as your plans develop.

Cordially,

Garrett Birkhoff

GB:sa

Birkhoff 教授给李开泰的信

In addition to contacting your host in the United States, we also
encourage you to call on the National Academy of Sciences/CSCPRC Office,
located at the Friendship Hotel, Building 4, Room 4525 (telephone number:
890621). The CSCPRC Associate Director, Robert Geyer, our representative
in China, will be pleased to meet you.

May I take this opportunity to express our sincere wishes for a
pleasant and successful visit. The Committee on Scholarly Communication
with the People's Republic of China and its sponsors believe this exchange
of scholars will strengthen the ties of friendship between our two peoples
and lead to future and mutually beneficial research in the sciences,
social sciences, and humanities.

Sincerely,

Herbert A. Simon

Herbert A. Simon
Chairman

Enclosure

时任美国科学院院长 Herbert A. Simon 的邀请信

Professor LI Kaitai
Chairman, Institute for Computational
  and Applied Mathematics
Xi'an Jiaotong University
Xi'an, Shaanxi Province

Date of birth: December 22, 1937

Dates of visit: September 1, 1986 for two months

Proposed host: Professor Hans Weinberger
               Director, Institute for Mathematics and Its Applications
               University of Minnesota

Other professional contacts: Relevant site visits might include Harvard and
                             MIT, according to Professor Weinberger

Proposed activities:

During academic year 1986-87 the Institute for Mathematics and Its
Applications at the University of Minnesota will sponsor a program on
scientific computation, bringing together leaders from the United States and
elsewhere in various areas of scientific computation and software
development. In the fall the program will concentrate on various areas of
application of computational fluid dynamics, whereas the second semester will
be devoted to the study of inverse problems with an emphasis on applications
to seismology, geology, and biomedical imaging.

As a leader of a research laboratory of computational mathematics and
engineering software, Dr. Li is involved with research on: 1) bifurcation
problems and the numerical approximation of nonlinear equations with
applications to fluid flow problems, 2) computational fluid dynamics, 3)
mathematical modeling and simulation of blood flow dynamics, 4) theory and
application of neutron diffusion of transport equations. According to
Professor Weinberger, Dr. Li has made significant contributions personally in
the areas of computational fluid dynamics, nonlinear elasticity, and biofluid
mechanics and will be an asset to the next year's special program at Minnesota.

H. Weinberger 所长向美国科学院申请李开泰访问该所的申请书

美 中 学 术 交 流 委 员 会

COMMITTEE ON SCHOLARLY COMMUNICATION WITH
THE PEOPLE'S REPUBLIC OF CHINA

AMERICAN COUNCIL OF LEARNED SOCIETIES   NATIONAL ACADEMY OF SCIENCES   SOCIAL SCIENCE RESEARCH COUNCIL

MAILING ADDRESS:
NATIONAL ACADEMY OF SCIENCES
2101 CONSTITUTION AVENUE
WASHINGTON, D.C. 20418

CABLE ADDRESS NARECO
TELEX 248664

(202) 334-2718

August 12, 1986

Professor Li Kaitai
Institute for Computational and Applied Mathematics
Xi'an Jiaotong University
Xi'an, Shaanxi Province
People's Republic of China

Dear Professor Li:

On behalf of the Committee on Scholarly Communication with the People's Republic of China (CSCPRC) and its sponsors, the National Academy of Sciences, the Social Science Research Council, and the American Council of Learned Societies, it is my pleasure to invite you to the United States under the auspices of the U.S.-China Visiting Scholar Exchange Program (VSEP). We are honored you have agreed to participate in this exchange of outstanding American and Chinese scholars. Since 1979 over 200 American scholars and 160 Chinese scholars have participated in a program of lecturing, exploratory research and meeting professional colleagues. This year we are pleased that the Chinese Academy of Sciences, the China Association of Science and Technology, the Chinese Academy of Social Sciences, and the State Education Commission will continue to cosponsor the program.

At present the CSCPRC is working with your host, Professor Hans Weinberger of the University of Minnesota, to plan your visit. According to our agreement with the State Education Commission, we will sponsor your visit to the United States for two months, providing funds to cover your one-way travel across the United States, your living expenses (based on an average per day expense rate), and local transportation. Professor Weinberger will send you an IAP-66 form which will enable you to apply for a visa at the U.S. Embassy in Beijing. Upon your arrival you will receive your grant check. Enclosed is a copy of the grant terms, including financial and travel guidelines. The director of the Visiting Scholar Exchange Program, Patricia Tsuchitani, and Pam Peirce, Program Assistant, will assist you during your stay.

美中学术交流委员会的邀请信

　　作为中美交换学者,必须要两名院士推荐,一名是美国科学院院士 Birkhoff,还有一名是华罗庚(他是美国科学院外籍院士)(见华罗庚给西安交通大学时任校长史维祥的信)。当 Birkhoff 回到美国后,李开泰很快得到通知,到北京友谊宾馆美国科学院办事处和相关人员见面。一切手续顺利,李开泰于 1986 年 8 月到达明尼苏达大学应用数学研究所。美国科学院除了提供所需费用之外,还支付了 1500 美元用于学术旅行,由李开泰提供计划访问的大学和教授名单,由中美交换学者委员会出面联系,李开泰访问了美国从南到北、从东到西十多所大学,一切费用都由相关大学负担。访问名单附后。

华罗庚来信

相关批件

The Plan Visiting America

1. Professor H.B. Keller, Applied mathematics, California Institute of Technology
   Pasadena, CA 91125, Tel. 818-356-4557
2. Professor B. Engquist, Tong F. Chan, Department of Mathematics
   University of California at Los Angels, Los Angels, CA 90024
   Tel. 213-825-4701
3. Dr. Gary D. Doalen, Center for Nonlinear Studies, Los Alamos National Laboratory
   Los Alamos, NM. 87545
4. Professor R. Glowinski, Department of Mathematics, University of Houston,
   Houston, TX77004, Tel.713-523 -5270(H), 713 -749-2633
   Taking part in the Conference on Domain Decomposition
   Method, March 20—23
5. Professor Cheng G. , Department of Mathematics, Texas A & M University,
   College Station, TX 77843-3368-1555,Tel. 409-845-7336
6. Professor T.J. Chung, Department of Mechanical Engineering, University of Alabama
   in Huntsville, Huntsville, AL 35899, Tel. 205-895-6394(6154)
   Taking Part in the Conference on Finite Element Methods in
   Flow Problem (7th)
7. Professor E. Allgower, Department of Mathematics, Colorado State University
   Fort Collins, Colo. 80523, Tel. 303-491-6688(O),303-498-1302(H)
8. ProfessorJ.P. Keener, Department of Mathematics, University of Utah
   Salt Lake City, UT 84112, Tel.801-581-6851
9. Professor S. Schecter, Department of Mathematics, North Carolina State University
   Raleigh, NC 17606, Tel.919-7373298
10. Professor A.J. Baker, Director, Computational Fluid Dynamics Laborator
    Department of Engineering Sciences and Mechanics
    University of Tennessee, Knoxville, Tennessee 37996-2030
    Tel. 615-- 794- 7617(O), 615-974-2254
    Professor S. Bradley, Department of Mathematics
11. Dr. Professor J.J. Dorning, Department of Nuclear Engineering and Engineering Physics
    University of Virginia, Charlottesville, Virginia 22901
    Tel. 804-924-7163
12. Dr. Elaine Oran , Headed of Center for Reactive Flow Dynamical System,
    Laboratory for Computational Physics, Naval Research Lab.
    Department of the Navy, Washington DC 20375, Tel. 202 767-2960
13. Dr. Jeffryy T. Fong, Center for Applied Mathematics, U.S. Department of Commerce,
    NBS , Gaithersburg, MD 20899, Tel. 301-975-2720
14. Professor, Liu Taipin; Douglass Arnold, Department of Mathematics,
    University of Maryland, College Park, MD 20742, Tel. 301-454-4967

15. Professor Y. H. Wan, Department of Mathematics, State University of New York at Buffalo
    Buffalo, NY 14214-3093, Tel. 716-831-2144
16. Professor S.P. Lin, Department of Mechanical and Industry Engineering
    Clarkson University, Potsdam, NY 13676
17. Professor L. Sirovich, Division of Applied Mathematics, Brown University,Providence
    Rhode Island 02912,Tel. 601-863-2500
18. Professor G. Birkhoff, Department of Mathematics, Harvard University
    Cambridge, Massachusetts 02138, Tel.617-4952172
19. Professor O. Widlund, Courant Institute, NYU, New York, NY 10012, Tel. 212-998-3110
20. Professor H.T. Kung, Computer Science Department, Carnegie-MellonUniversity
    Pittsburgh, Pennsylvania 15213, Tel. 412- 578-2568
    Professor W.C.Rheinboldt,Institute for Computational
    and Applied Mathematics, University of Pittsburgh,
    Pittsburgh, PA 15260,Tel. 412- 624-1493(8372)
21. Professor M.C. calderer, Department of Mathematics, George Mason University,
    fairfax, Virginia 22030-4444, Tel. 703-323-2262
22. Dr. M. Engelman, Fluid Dynamics International, 1600 Orrington Ave. Suite 505
    Evanston, IL 60201, Tel. 312- 491-0200
    ProfessorCharles S.C. Lin, Department of Mathematics,Statistics and Computer Sciences
    University of Illinois at Chicago, Chigaee Chicago, IL 60680
    Tel. 312-996 -3041(O),312-357-1841(H)
23. Professor Wen Lung Chow, Department of Mechnical and Industry Engineering,
    R Florida Atlantic University, Boca Raton, FL 33431
24. Professor R. Tyrrell Rockafellar, Department of Mathematics, University of Washington,
    Seattle, WA 98105, Tel. 206-5431150, 206-5435493
25. Professor J. G. Heywood, Department of Mathematics, University of British Columbia,
    Vancouver B.C. V6T 1Y4, Canada, Tel. 604-731-9555,604-228-2573
26. Professor You Shu Wong, Department of Mathematics, University of Alberta,
    Edmonton, Canada T6G 2G1, Tel. 403-432-3396,(4376),403-439-9626
07. Professor J. Marsden, Department of Mathematics, University of California at Berkeley,
    Berkeley, CA 94720,TE1. 415-642-6550, 415-642-5229
28. Professor F.R. Rice, Department of Computer Sciences. Purdue University
    John Computer Science Building, West Lafayette, IN 47907
    Tel. 317-494-6599
29. professor Jim Douglas, Jr. Department of Mathematics
    Purdue University
    Mathematical Sciences Building
    West Lafayette, IN 47907
    Tel. 317-494-1754

中美学术交流期间访问大学的名单

  1984 年，荷兰埃因霍温理工大学校长、数学家 S. T. M. Ackermans 应邀来我校访问，根据校际协议，我校的两名数学教师可去埃因霍温理工大学访学两年，当时 Ackermans 校长选择了硕士在读的每甄和刘贵忠，但因为每甄已被 K. Böhmer 教授选中去德国马堡大学留学，所以改派朱思全去。1985 年，李开泰访问波恩，Ackermans 热情邀请他去荷兰访问，但因日程已满不能成行，Ackermans 亲自到波恩和李开泰洽谈后续合作事宜。

  1985 年，邀请中国科学院计算数学研究所冯康院士来我校访问，并授予冯康院士西安交通大学名誉教授称号。冯康院士与交大很有缘，他在苏联留学时，和史维祥在同一个支部，家中一位亲属也在交大工作。1986 年，冯院士写推荐信（见复印件）给史维祥校长，推荐晋升黄艾香为教授。

冯康教授被授予西安交通大学
名誉教授时讲演

冯康院士向西安交通大学时任校长史维祥举荐黄艾香的信件

1985 年，邀请德国波恩大学应用数学研究所所长 R. Leis 教授来校做关于偏微分方程方面的学术报告，并授予其西安交通大学名誉教授称号，签署了双边学术交流协议。

Leis 授课

史维祥校长会见 Leis 并授予他"西安交通大学名誉教授"称号

Leis 教授夫妇与马逸尘和每甄在乾陵参观的照片

我们曾派遣三名教师（分别为留校任教的江松、张承钿和马逸尘）作为访问学者赴波恩大学应用数学研究所两年，研究所承担了往返国际机票和当地生活费等全部费用。

1985 年，邀请德国基尔大学应用数学研究所所长 W. Hackbusch 教授来校访问，作面向全国的"多重网格"讲学，陈掌星做口头翻译。

Hackbusch 教授、林群院士等与学生们合影

Hackbusch 教授和师生们合影

1985 年，邀请德国马堡大学应用数学研究所所长 K. Böhmer 教授来校访问，他挑选一名教师（每甄）作为访问学者访问该校两年（往返国际机票和当地生活费用全部由该学校承担）。

1986 年,邀请英国斯特莱德大学的 Gary F. Roach 教授访问我校,他承诺资助两名访问学者(包括路费和当地生活费用),我们派徐宗本和张波(已留校任教)去往该校。

Gray F. Roach 教授夫妇和黄艾香、李开泰

1985、1986 年两年内,应计算物理研究室邀请访问我校的欧美教授还有:法国巴黎第六大学的 P. A. Raviart,英国利兹大学数学系主任 D. Ingham,德国海德堡大学应用数学研究所的 P. Deuflhard,柏林自由大学的 R. Gorenflo,美国马里兰大学的 I. Babuska,纽约州立大学布法罗分校的 Y. H. Wan(万叶辉)和 Kazarinoff。

R. Gorenflo 和计算物理研究室成员及学生合影

20 世纪 80 年代，计算物理研究室成功举办了两次国际会议，加深了我们与国际学术界的相互了解，为科学研究和人才培养方面的深入合作和交流奠定了基础。

1. China-U. S. Symposium on Boundary Integral Equations and the Boundary Finite Element Method，Dec 24 - 29，1985。会议的美方主席是 R. Kleinman 教授，中方主席是冯康院士，两国都派著名数学家参加，如 B. Engquist 和石钟慈（他还为会议提供了 7000 元的资助）等。

时任校长史维祥同与会代表合影

（前排从左到右依次为李开泰、肖家驹、Kleinman、史维祥、游兆永、石钟慈。后排左一是 Fuild Dynamics International 公司的总裁 M. Engelman，会上他将当时在欧洲售价 13 万美元的软件包赠送给计算物理研究室；后排左四是 Engquist，左六是柯朗数学科学研究所 Widlund；后排右三为 Douglas Arnold）

会议美方主席 Kleinman 和肖家驹（特拉华大学）

因与赴欧洲访问日程冲突,冯康院士不能参加会议,他专门从欧洲寄信给李开泰,信中对会议成功举行表示祝贺,同时还谈到与 Vladimir Arnold(苏联科学院院士)的会面,他也不赞同法国布尔巴基学派(School of Burbaki)的观点,他主张发展应用数学,强调数学应与物理、力学相结合(见冯康给李开泰的信)。

冯康院士给李开泰的信

Douglas Arnold 和黄艾香、李开泰在会上

Engquist、石钟慈和李开泰等

2. International Conference on Bifurcation Theory and its Numerical Analysis, June 24－29, 1988。会议名誉主席冯康院士,主席 J. Marsden(加州大学伯克利分校),副主席 M. Golubinsky(休斯顿大学)、G. Iooss(法国尼斯大学)和李开泰,参会者 100 多人,其中有很多著名学者。会议期间,Marsden 了解了冯康院士提出的辛几何方法,大加赞赏,回国后便提出了椭圆边值问题的辛几何方法。会议论文集 *Proceedings of the International Conference on Birfurcation The-*

ory and its Numerical Analysis 由西安交通大学出版社出版（1988 年）。

J. Marsden 致开幕辞

会议集体照

二、学术研究和研究生培养

截至 1989 年，计算物理研究室发表学术论文 34 篇，其中 SCI 检索 7 篇。另外，在国际学术会议论文集上发表 13 篇。

• 出版著作两本

1.李开泰，黄艾香.张量分析及其应用.西安交通大学出版社，1984.

2.李开泰，黄艾香，黄庆怀.有限元方法理论及其应用（上、下册）.西安交通大学出版社，1985，1988.

• 六项科研成果获得省部级以上奖励

1."潜艇增压柴油机压力波计算"获陕西省科学大会奖，李开泰，蒋德明，钱树基，1978 年；

2."分层介质三维电场有限元解及其在变压器引出线端电场分布的应用"获陕西省科技成果奖三等奖，黄艾香，李开泰，1979；

3."叶轮机械内部三元流动有限元解"获机械工业部科技成果奖三等奖，李开泰，黄艾香，1981 年；

4."有限元方法及其应用软件"获国家教育委员会科学技术进步奖二等奖，李开泰，黄艾香，黄庆怀，1985 年；

5."核反应堆物理计算和核燃料管理"获国家教育委员会科学技术进步奖二等奖，黄艾香，游兆永，黄庆怀，汤裕仁，屠柱国，李开泰，1991 年；

6."N-S 方程分歧理论及其数值计算"获陕西省科技进步奖一等奖，李开泰，黄艾香，游兆永，1992 年。

• 获得国家自然科学基金资助项目四个

1.国家自然科学基金面上项目：有限元方法及其应用软件，1982—1985，NSF. C Grant No. 1820427，主持人李开泰；

2.国家自然科学基金面上项目:有限元方法的新结构及其在中子扩散方程中的应用,1984—1985,NSF.C Grant No.84,主持人黄艾香;

3.国家自然科学基金面上项目:透平机械内部三元黏性流动,1985—1988,NSF.C Grant No.85055,主持人李开泰;

4.国家自然科学基金面上项目:三维可压和不可压 N-S 方程的并行算法,1989—1991,NSF.C Grant No.18972053,主持人李开泰。

- 研究生培养

20 世纪 70 年代和 80 年代培养 38 名研究生:成圣江,马逸尘,李笃(博士),刘之行,陈安平,张承钿,樊必健,江松,每甄,张武,张晶,张波,陈掌星,何银年,严宁宁,葛新科,程玉民(博士),凤小兵,石东洋,任雨和,陈建斌,胡国庆,王建琪,蒲春生,邱邑骐,于光磊,满松,乔鹏,张连文,杨亚东,李翠华,武栓虎,刘春阳,陶富岭,张剑,高宗祥,吴宏春,李国伟。

1990—1999 年培养 8 名博士生:张全德,杨晓忠,吴建华,封卫兵,梅立泉,侯延仁,王卫东,宋国华;培养 30 名硕士生:段莉莉,余开奇,李显志,刘义春,蔡剑刚,化存才,丁翰惟,石瑞民,刘晓钟,黄缨,周磊,胡常兵,张元亮,刘雄涛,袁慧萍,吴希,李哲,蒋巧媛,赵季中,曾晓流,李小斌,孙卫,胡澎,王卫东,冯玉东,杨景军,蔡光程,高亚南,马滢,付永钢。

其中成绩突出的有江松、陈掌星和何银年。

江松,应用数学与计算数学专家。1963 年 1 月出生于四川达州。1982 年四川大学数学系本科毕业,1984 年获西安交通大学计算数学硕士学位,1988 年获德国波恩大学应用数学博士学位。1988 年至 1990 年在德国波恩大学做博士后研究,1996 年底获得德国教授(授课)资格。1997 年调入北京应用物理与计算数学研究所,历任研究室主任、科技委主任、副所长、党委书记。2015 年当选中国科学院院士。

江松院士获 2019 年何梁何利科学与技术进步奖

研究领域主要为流体力学的数学理论与数值方法，重点为可压缩 Navier-Stokes(N-S)方程和 Euler 方程的适定性理论与数值模拟方法研究。现任美国、德国、英国、中国香港和中国大陆六种 SCI 期刊的编委。他在可压缩 N-S 方法与磁流体力学方程的数学理论、武器物理计算方法和重大武器型号软件平台研制等方面取得了突出成绩。

曾获国家自然科学奖二等奖、军队科技进步奖一等奖，入选国家"百千万人才工程"，并于 1998 年获第六届中国青年科技奖，2002 年获得国家基金委"杰出青年基金"资助，2003 年获中国科协"求是杰出青年奖"，2003 年被认定为"四川省学术和技术带头人"，2014 年被评选为中国工程物理研究院杰出专家，2019 年获何梁何利科学与技术进步奖。

陈掌星，加拿大卡尔加里大学终身教授，2005—2010 年西安交通大学"长江学者"特聘教授，2010—2015 年西安交通大学"千人计划"特聘教授，中国石油大学（北京）"千人计划"特聘教授，加拿大工程院院士。1983—1985 年陈掌星于西安交通大学获得计算数学硕士学位，1986—1991 年赴美师从普渡大学 Jr. Douglas 攻读博士学位，后在明尼苏达大学应用数学研究所进行博士后研究。

陈掌星教授主要研究油藏工程和数值模拟，是国际计算数学、非常规油气、石油工程领域的知名科学家，在渗流力学研究、新的油气提高采收率工艺、随钻测量技术及设备、油藏数值模拟理论与方法、可视化技术、技术转让和应用等方面取得了突出成果。他在包括 *PNAS*（《美国国家科学院院刊》）、自然（Nature）出版集团的 *Scientific Reports* 和 *Nano Today* 等在内的期刊发表论文 620 篇，出版著作 17 部，在国际会议作特邀学术报告 363 次，拥有 15 项国际发明专利，是 10 多个国际期刊的编委。他曾荣获加拿大科学与工程研究理事会（NSERC）协同创新奖、加拿大工业与应用数学菲尔兹奖、美国福特总统奖、美国南美杰出华人奖、美国 IBM 全球杰出学者奖、加拿大阿尔伯塔省杰出科技奖、卡尔加里大学最高研究奖、帝国石油公司研究奖等多项荣誉和奖励。

当选加拿大工程院院士

获 CAIMS 菲尔兹奖

加拿大总理特鲁多、国会议员、NSERC 委员与获奖代表合影

陈掌星当选加拿大工程院院士

陈掌星获奖照片

何银年，西安交通大学数学与统计学院二级教授、博士生导师、享受国务院政府特殊津贴专家、新疆大学"天山学者"讲座教授。何银年教授1982年1月于陕西师范大学数学学院获得学士学位，1982—1985年获西安交通大学计算数学硕士学位，1992年12月于西安交通大学能

何银年教授当选爱思唯尔2018年中国高被引学者

动学院和理学院获计算数学博士学位，1997—1998年在荷兰埃因霍温理工大学做博士后研究1年。曾担任陕西省计算数学学会理事长，陕西省数学学会常务理事，全国计算数学学会常务理事等，现为国际期刊 Advances in Numerical Analysis，Advances in Applied Mathematics and Mechanics 编委，以及国内期刊《计算物理》《西安交通大学学报》中国科学出版社《科学计算与应用软件教学丛书》等的编委。何银年教授长期从事有关 N-S 方程组、MHD 方程组及海洋流体动力学模型的有限元方法的理论和算法研究，取得过许多好的理论和数值分析结果。作为骨干成员参加国家重点研发计划课题"大型流体机械复杂流动的精细建模及高可扩展并行算法"（2016YFB0200901），连续主持"非定常 N-S 方程

全离散多层算法研究"(10371095)、"N-S 方程数值逼近中的大时间步长方法"(10671154)、"三维非定常 N-S 方程的隐/显式数值格式的研究"(10971166)、"不同黏性的 N-S 方程的有限元迭代算法"(11271298)、"关于 N-S 方程惯性流形算法的研究"(19971067)、"三维定常 MHD 方程的有限差分有限元解耦迭代方法"(11362021)6 项国家自然科学基金项目,作为骨干成员参加"863 计划"项目 2 项、"973 计划"项目 1 项。2007 年获"国家自然科学奖二等奖"(第五完成人),2011 年获"教育部自然科学奖二等奖"(独立完成),2016 年获"陕西省科学技术奖一等奖"(第一完成人)。在国内外期刊发表 SCI 检索文章 209 篇,其中 H 因子达 23,被 SCI 检索文章他引 1675 次,在计算数学类国际顶尖杂志 *SIAM J. Numer. Anal.*,*SIAM J Sci. Comp.*,*Numer. Math.*,*Math. Comp.*,*J. Comp. Phy.*,*Comput. Methods Appl. Mech. Engrg.*,*IMA J. Numer. Analysis*,*Internat. J. Numer. Methods Engrg.* 等发表文章 29 篇,其中 4 篇入选近 10 年 ESI 高被引用论文榜。由于文章引用率高,2014—2018 年连续五年入选"爱思唯尔中国高被引学者数学领域榜单"。2004 年 6 月,参加"第四届中瑞计算数学"国际会议,作 45 分钟的大会邀请报告。2007 年 7 月参加"地球物理科学中的计算和应用"国际会议,作 45 分钟的大会邀请报告。2008 年 8 月,参加"第二届中日韩三边计算数学国际会议",作 40 分钟的大会邀请报告。2010 年 8 月,在韩国江陵参加"第三届中日韩三边计算数学国际会议",作 40 分钟大会邀请报告。

三、西安交通大学"应用数学研究中心"

1990 年,李开泰应邀访问加州大学伯克利分校,除了访问 J. Marsden 之外,也拜访了陈省身教授,当时,陈省身和吴文俊教授都认为,中国数学首先赶上世界先进水平是可能的,因为中国人才资源丰富,且发展数学所需资金较少。在中国,数学中心不应当只集中于北京和上海,在东北、西北、西南和中南部地区也应该有研究中心。他认为西安具备这个条件。李开泰回国后,收到陈省身教授的信,信中重申希望在西安成立应用数学研究中心的提议,同时在写给时任校长蒋德明的信中也提到这个建议(见陈省身给时任校长蒋德明和李开泰的信)。

MATHEMATICAL SCIENCES RESEARCH INSTITUTE
1000 CENTENNIAL DRIVE · BERKELEY, CALIFORNIA 94720
TEL. (415) 642-0143

德明校长：

十二月八日来信收到为感。

承邀访问贵校，深感荣幸。时间拟定在明年五月十日左右，约留五日。详请些胡国定全去商定。

西安古都为旅行胜地，自应尽量发展科学活动。贵校应用数学已有基础，尤应建为世界级的中心。主月得晤，盼聆大教。

承予名誉教授名义，至感。

祝新年多吉。

陈省身
1990.12.31.
今天收到FAX，谢。又及

MATHEMATICAL SCIENCES RESEARCH INSTITUTE
1000 CENTENNIAL DRIVE · BERKELEY, CA 94720 · (415) 642-0143

开泰教授：

接11/3来信，得悉交大友先生工作情形。昨日复从 Marsden 处得读前年会议的 Proceedings，深为佩服。

省之构想，西安为历史、文化的中心，亦有长期的科学发展计划。应用数学已有基础，当更待扩充。但纯粹数学为数学的根本，亦须扶植。Courant 研究所似可作模范。

省拟于明年五月初访问西安。详当由胡国定教授代为接洽。届时盼聆大教。

专此祗冬好。

陈省身
1990.12.7.

陈省身教授给蒋德明校长和李开泰的信

　　1991年，西安交通大学正式成立应用数学研究中心（见批件），游兆永为主任，副主任为张文修和李开泰。陈省身教授亲自参加成立大会，并作学术讲演。

西安交通大学

(91)西交人机字第003号

通　知

经1991年3月13日校长工作会议研究决定，同意成立"应用数学研究中心"。

特此通知。

校长办公室
一九九一年五月七日

发：各院、系、处、所、处级单位。

批文

陈省身教授致辞

陈省身在应用数学研究中心成立大会上作学术报告

时任副校长孙国基为陈省身佩戴徽章

潘季书记与陈省身亲切会谈

潘季书记会见陈省身一行

陈省身教授讲演后受到学生热烈欢迎

　　应用数学研究中心占用图书馆第九层全部,有陈省身办公室、图书资料室、中心办公室,以及教师和访问学者办公室。中心每年出 12 期《应用数学研究中心研究报告》,不定期开展与国际有关大学和研究机构的学术交流活动。

在应用数学研究中心陈省身办公室会见中心主任游兆永等

《应用数学研究中心研究报告》

经费补助通知

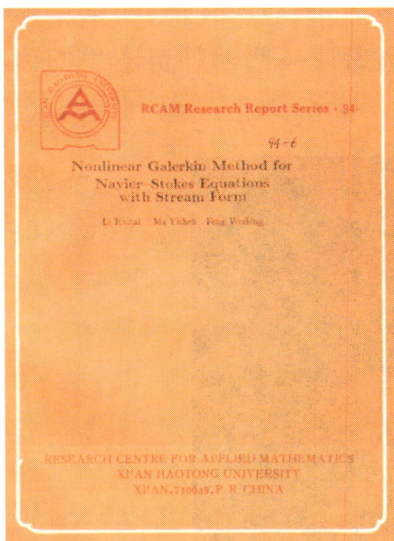

　　随后，国家科委基础研究高技术司资助李开泰一次性基础研究经费 10 万元，李开泰和钟万勰当选国际计算力学协会理事。

INTERNATIONAL ASSOCIATION FOR COMPUTATIONAL MECHANICS (IACM)

IACM, affiliated to the International Union of Theoretical and Applied Mechanics (IUTAM), is a non-governmental association of individual and corporate members. Its general objectives are to stimulate and promote research and practice in computational mechanics, to foster the exchange of ideas among the various fields contributing to computational mechanics, and to provide forums and meetings for the dissemination of knowledge about computational mechanics.

Officers
President: J. T. Oden (U.S.A.)
Vice President (Europe) and Past president: O. C. Zienkiewicz (U.K.)
Vice President (Asia): T. Kawai (Japan)
Secretary: A. Samuelsson (Sweden),
J. H. Argyris (Germany), Y. K. Cheung (Hong Kong),
R. Dautray (France), R. H. Gallagher (U.S.A.)(past secretary),
T. J. R. Hughes (U.S.A.), H. Liebowitz (U.S.A.),
W. Zhong (China)

IACM GENERAL COUNCIL

E. Alarcon, Spain	K. Li, China
J. H. Argyris, Germany	J. L. Lions, France
S. N. Atluri, U.S.A.	G. Maier, Italy
I. Babuska, U.S.A.	H. A. Mang, Austria
K. J. Bathe, U.S.A.	J. L. Meek, Australia
O. M. Belotserkovsky, Russia	F. Michavilla, Spain
T. Belytschko, U.S.A.	M. Mikkola, Finland
P. G. Bergan, Norway	A. R. Mitchell, U.K.
D. Beskos, Greece	G. Nayak, India
J. Besseling, The Netherlands	A. K. Noor, U.S.A.
M. Borri, Italy	J. T. Oden, U.S.A.
Y. K. Cheung, Hong Kong	R. Ohayon, France
M. Crochet, Belgium	E. R. Arantes e Oliveira, Portugal
T. A. Cruse, U.S.A.	E. Oñate, Spain
R. Dautray, France	J. Orkisz, Poland
D. R. de Borst, The Netherlands	R. Owen, U.K.
C. S. Desai, U.S.A.	J. Periaux, France
J. Donea, Italy	J. N. Reddy, U.S.A.
E. Dvorkin, Argentina	E. Stein, Germany
R. Ewing, U.S.A.	G. Steven, Australia
R. Feijoo, Brasil	G. Strang, U.S.A.
R. H. Gallagher, U.S.A.	B. A. Szabo, U.S.A.
M. Gerardin, Belgium	T. Tabarrok, Canada
R. Glowinski, France	R. I. Tanner, Australia
I. Herrera, Mexico	R. L. Taylor, U.S.A.
T. J. R. Hughes, U.S.A.	S. Valliappan, Australia
S. Idelsohn, Argentina	J. Whiteman, U.K.
C. Johnson, Sweden	A. Wunderlich, Germany
W. Kanok-Nukulchai, Thailand	G. Yagawa, Japan
M. Kawahara, Japan	Z. Yamada, Japan
T. Kawai, Japan	W. Zhong, China
M. Kleiber, Poland	O. C. Zienkiewicz, U.K.
V. N. Kukudzanov, Russia	
H. Liebowitz, U.S.A.	

CONGRESS ORGANIZATION

Organizers
Japan Chapter of the International Association for Computational Mechanics (IACM)
Foundation for Advancement of International Science (FAIS)

Sponsors
The Society of Steel Construction of Japan (JSSC)
The Union of Japanese Scientists and Engineers (JUSE)
The Japan Society for Industrial and Applied Mathematics (Japan SIAM)
The Japan Society for Simulation Technology (JSST)

Co-Sponsors
Atomic Energy Society of Japan (AESJ)
Architectural Institute of Japan (AIJ)
The Ceramic Society of Japan (CerSJ)
The Chemical Society of Japan (CSJ)
The Institute of Electrical Engineers of Japan (IEEJ)
The Institute of Electronics, Information and Communication Engineers (IEICE)
The Institute of Image Electronics Engineers of Japan (IIEEJ)
Information Processing Society of Japan (IPSJ)
The Iron & Steel Institute of Japan (ISIJ)
The Institute of Television Engineers of Japan (ITE of Japan)
Japan Aeronautical Engineers' Association (JAEA)
Japanese Society of Tribologists (JAST)
Japan Concrete Institute (JCI)
The Japan Institute of Metals (JIM)
The Physical Society of Japan (JPS)
Society of Automotive Engineers of Japan, Inc (JSAE)
Japanese Society for Artificial Intelligence (JSAI)
The Japan Society of Applied Physics (JSAP)
The Japan Society for Aeronautical and Space Sciences (JSASS)
Japan Society of Civil Engineers (JSCE)
The Japan Society of Mechanical Engineers (JSME)
Japan Society of Medical Electronics and Biological Engineering
The Society of Materials Science, Japan (JSMS)
The Japanese Society for Non Destructive Inspection (JSNDI)
The Japan Society of Precision Engineering (JSPE)
The Japanese Society of Soil Mechanics and Foundation Engineering (JSSMFE)
The Japan Society for Technology of Plasticity (JSTP)
The Japan Welding Engineering Society (JWES)
Japan Welding Society (JWS)
The Marine Engineering Society in Japan (MESJ)
Mining and Material Processing Institute of Japan (MMIJ)
The Magnetics Society of Japan (MSJ)
The Mathematical Society of Japan (MSJ)
The Operations Research Society of Japan (ORSJ)
The Society of Chemical Engineers, Japan (SCEJ)
The Surface Finishing Society of Japan (SFJ)
The Society of Heating, Air Conditioning and Sanitary Engineers of Japan (SHASE)
The Society of Instrument and Control Engineers (SICE)
The Society of Naval Architects of Japan (SNAJ)

在陈省身教授建议下，国家教育委员会于 1993 年在西安交通大学举办第一期"暑期数学学校"，冯康为主讲教授，讲授"有限元、辛几何算法、无限远边界条件归属边界积分方程问题、快速傅里叶变换"，也邀请一些海外留学生回国在暑期班上作报告。

冯康教授在讲课

冯康教授作报告

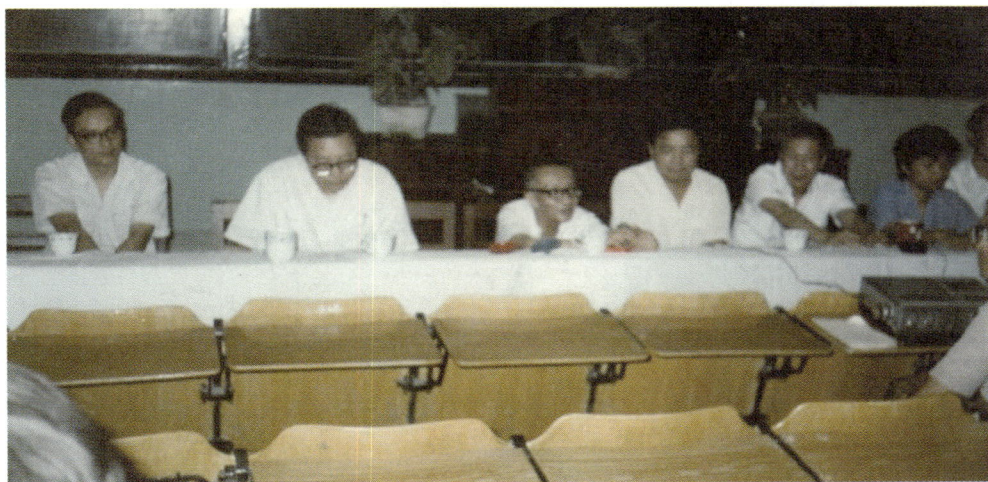

冯康教授、游兆永教授和暑期班学生座谈

四、成立科学计算研究所和软件研究所

1994 年，西安交通大学成立理学院，包括数学、物理和化学专业，将计算物理研究室扩展成立"科学计算研究所"，同时成立"数学计算中心"。李开泰兼任计算数学与软件系主任和科学计算研究所所长，马逸尘任数学计算中心主任。1995 年成立软件研究所，黄艾香为所长。

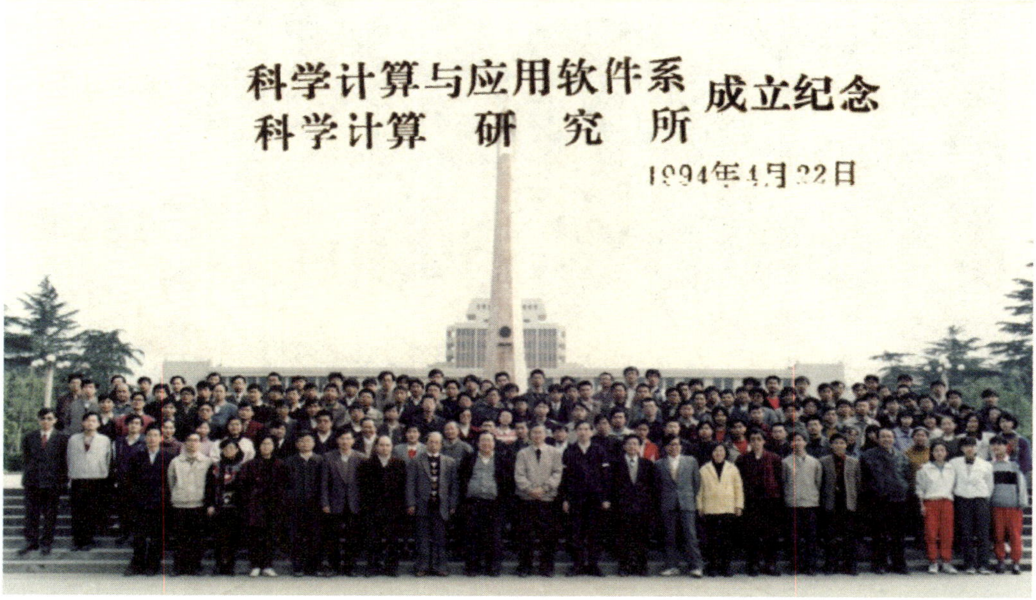

科学计算与应用软件系 成立纪念
科学计算 研究所
1994年4月22日

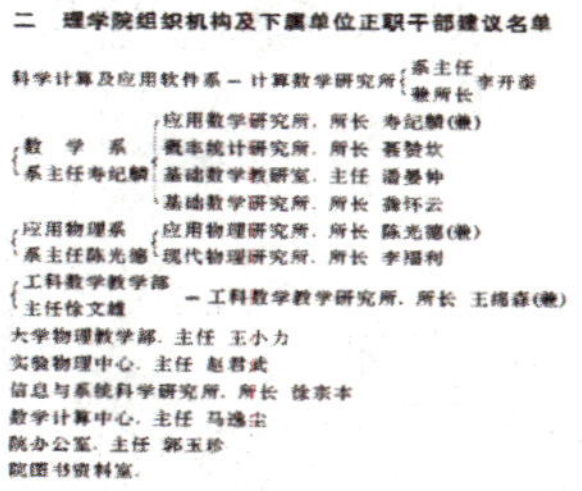

西安交通大学文件

20 世纪 90 年代初，80 年代留下的助教都出国深造未回，计算物理研究室研究人员只有李开泰、黄艾香、马逸尘、黄庆怀、刘之行和张武。

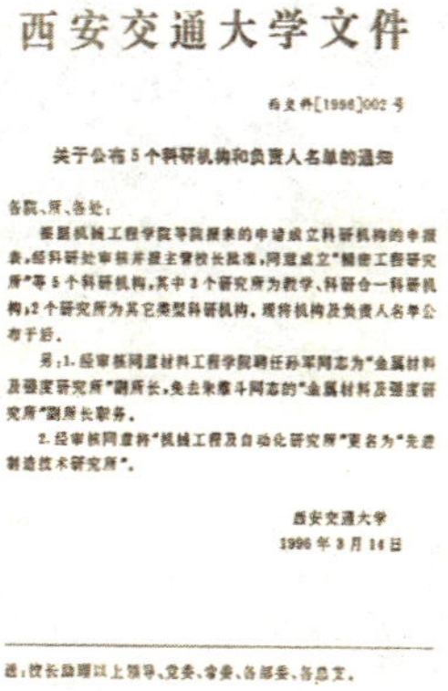

1993 年，何银年博士毕业后留研究室任教，他是由向一敏教授和李开泰联合培养的。

1997 年，侯延仁、梅立泉、石东洋、王卫东、吴建华、杨晓忠、封卫兵，张全德 8 人获得博士学位，他们都是以游兆永教授的名义招收的，由李开泰和黄艾香代为培养。1993 年，李开泰正式聘为博士生导师后，有关人员才归入李开泰门下。其中，侯延仁、梅立泉留研究室任教。当时博士学位答辩委员会委员有石钟慈院士、齐民

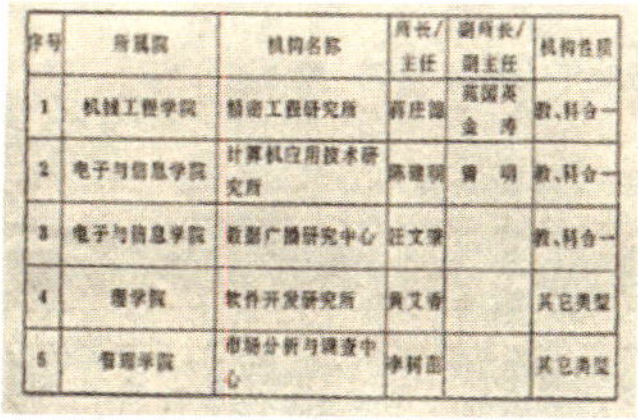

友(曾任武汉大学校长)、曹策问(曾任郑州大学校长)、游兆永、周天孝(中国航空研究院计算技术研究所)和陈绍春等。特别是齐民友教授,对博士论文有很高的评价。部分学位论文发表在 *JDE*,*SIAM J. Numer. Anal.*,*CMAME*,*Studies in Applied Mathematics* 等期刊上。

答辩委员会委员石钟慈院士(后排左四)、武汉大学校长齐民友(后排左三)、
郑州大学校长曹策问(后排右六)、陈绍春(后排右三)、游兆永(后排左五)、
周天孝(后排左二)等与博士生合影

1997 年,计算数学研究所共有成员 9 名:李开泰、黄艾香、马逸尘、黄庆怀、刘之行、张武、何银年、侯延仁、梅立泉。

20 世纪 90 年代,我们的研究集中在以下几个方面:

(1)建立在惯性流形、近似惯性流形上的 N-S 方程算法;

(2)非线性 Galerkin 算法,时滞近似惯性流形算法;

(3)N-S 方程外部问题的有限元和边界积分方程耦合方法;

(4)非线性问题分歧理论和数值计算。提出一个二维核空间分歧问题的扩充系统方法。把分歧点变为正则点,此扩充系统的特点是可以分块求解,除一子块外,其余子块均可解析求逆,数值求解子块的规模与原问题相当,这种算法也可应用于对称破缺分歧问题。给出了关于 N-S 方程极限点和分歧点以及对称破缺分歧的条件及扩充系统,并且证明了这个扩充系统的谱方法收敛性、给出了误差估计。解析地求出两个同心球之间流动的 Stokes 算子的特征值和特征函数;

得到了特征值渐进估计;并运用它进行了正则点和奇异点的谱逼近和分歧计算;得到了五个模块的 Lorenz 吸引子。

其中研究方向(3)和(4)获得以下奖项:

N-S 方程分歧理论及其数值计算,陕西省科技进步一等奖

N-S 方程外部问题有限元和边界积分方程耦合方法,陕西省教委科技进步二等奖

20 世纪 90 年代我们发表学术论文 74 篇,其中 SCI 检索论文 15 篇。获得国家自然科学基金资助项目 4 项,另外还有作为主要参与者完成的 2 个项目:

"国家重大基础研究–攀登项目"大规模科学与工程计算的理论和方法(No. A4)(1992—1998 年),李开泰为主要研究者;

"国家重点基础研究发展计划"大规模科学计算的研究(G1999032801 - 07)(1999—2004 年),李开泰为主要研究者,2004 年后,何银年、侯延仁为主要参与者。

20 世纪 90 年代主办了 6 个国际、国内会议。

1. International Workshop on Inertial Manifold,Approximate Inertial Manifold & Related Numerical Algorithms,June 18 - 23,1995。惯性流形,近似惯性流形相关数值算法国际学术讨论会,会议主席李开泰,参加学者有郭柏灵、E. Titi、沈捷等相关领域的专家学者。

会议合影

2. 2nd International Conference on Bifurcation Theory and its Numerical Analysis, June 29-July 3, 1998。第二届分歧理论及其数值分析国际会议,会议主席 Chow Shui-Nee(周修义)和 M. Golubinski,副主席李开泰。

会议合影

3. ISFMA Symposium on Computational Aerodynamics, September 6 – 17, 1999。中法计算空气动力学术研讨会,西安交通大学科学计算研究所和复旦大学中法应用数学研究所联合主办,会议主席李大潜(时任复旦大学中法应用数学研究所所长)。

会议合影

4. International Colloquium for the 20th Century Mathematical Transmission and Transformation。20世纪数学传波与交流国际会议,2000年10月18 - 21日举行,会议主席吴文俊,中科院系统科学与数学研究所、中国数学学会和西安交通大学联合主办。

会议合影

5. 海外留学生现代数学讨论会。1993年,国家自然科学基金委员会数理学部建议在西安交通大学召开"海外留学生现代数学讨论会",数理学部副主任亲自主持这次会议。

会议合影

6. 第 5 届全国并行计算学术交流会。

会议合影

第三章　21世纪的科学计算研究所

一、概　况

进入21世纪,世界高等教育发展呈现多学科交叉的趋势,经国务院批准,原卫生部所属西安医科大学、中国人民银行所属陕西财经学院与西安交通大学实现合并。合并后的西安交通大学涵盖了理、工、管、文、医等学科门类,成为学科更加齐全的综合性大学,更加适应国家开发西部的需要,有利于更好地发挥多学科交叉的综合优势,有利于更快地向世界知名高水平大学行列迈进。西安交通大学成为"211工程"首批重点建设的七所大学之一,"985工程"首批重点建设的九所高校之一。这一时期,科学计算研究所在职人员最多时达到23人:

李开泰　黄艾香　黄庆怀　马逸尘　张　武　刘之行　何银年　侯延仁

梅立泉　李东升　王立周　任春风　张正策　苏　剑　贾惠莲　洪广浩

郑海标　刘庆芳　郭士民　尤　波　陈　洁　杨家青　王　飞

"长江学者"特聘教授和"千人计划"特聘教授3人:

陈掌星　"长江学者"特聘教授和"千人计划"特聘教授,加拿大卡尔加里大学教授,1985年于西安交通大学获硕士学位,1985年师从美国普渡大学Jr. Douglas攻读博士学位;

王立和　"长江学者"特聘教授,美国艾奥瓦大学数学系教授,上海交通大学教授,1982年毕业于北京大学数学系,于美国纽约大学柯朗数学科学研究所获博士学位;

李　亦　"长江学者"特聘教授,曾为美国艾奥瓦大学数学系教授,美国加州州立大学执行副校长，现为纽约市立大学约翰杰伊刑事司法学院学术副校长。1982年毕业于西安交通大学数学系，留校在数学系计算数学教研室任教，1984年公派到美国明尼苏达大学攻读博士。

研究所发展过程中调离的有3人：任春风、张武和郑海标；过世1人：马逸尘；又相继退休4人：黄庆怀、黄艾香、刘之行、李开泰；目前在职的有16人：

何银年　侯延仁　梅立泉　李东升　王立周　张正策　苏　剑　贾惠莲

晏文璟　洪广浩　刘庆芳　郭士民　尤　波　陈　洁　杨家青　王　飞

进入21世纪，计算数学学科被国务院学位委员会审定为全国四个重点计算数学学科（北京大学、西安交通大学、吉林大学和大连理工大学的计算数学学科）之一。西安交通大学计算数学学科研究方向包括：(1)偏微分方程数值计算的理论与方法；(2)智能计算的数学理论与方法；(3)最优化理论与方法；(4)统计计算与数据分析理论及方法等。偏微分方程理论及现代数值方法是西安交通大学计算数学学科的第一个研究方向，下面是申报重点学科时该方向的相关材料。

学科简介及其人员配备基本情况

I-1概述本学科点形成的历史、现状，主要研究方向的特色及发展前景；目前在国内同类学科中所具有的优势与今后5年建设的主要目标、思路和预期成效。

西安交通大学计算数学专业创办于1957年，是全国最早设立计算数学专业的三所高等院校之一。该学科从20世纪60年代起开始培养研究生；1982年获博士学位授予权，1998年建立博士后流动工作站，是西安交通大学"211工程"重点建设学科和陕西省重点学科，也是陈省身先生亲自倡导并亲临主持开幕式的"西安交通大学应用数学研究中心"（现已改为"西安交通大学基础科学研究中心"，由李大潜院士任主任）的核心依托单位。已毕业硕士研究生300余名、博士研究生56名。现在校硕士研究生74名、博士研究生57名。现包括"科学计算系""信息科学系""信息与计算科学实验室"，44名教师，其中博士生导师10名，教授16名，具有博士学位的21名，曾在国外作过博士后研究的11名。

在长期的发展中，本学科依托所在理工科大学的优势，坚持以有重大实际背景（围绕国家目标）的计算数学问题为主攻方向，坚持瞄准本学科和现代科学技术前沿展开综合性、交叉性、边缘性研究，坚持以培养理工复合型人才为目标，形成了"特色鲜明、意义重大、应用直接"的一批新兴学科、交叉学科研究方向，取得了一系列有国际影响的成果。这些学科方向包括：(1)偏微分方程理论与现代数值方法；(2)智能计算的数学理论与方法；(3)最优化理论与方法；(4)统计计算与数据分析理论与方法等。它们的特色为：(1)紧密结合科学与工程问题，探索与发展大规模科学与工程计算的数学理论与方法，注重探索创新模型和高效算法；(2)紧密结合以信息技术为核心的高新技术基础，既突出解决信息、电子技术中的某些核心理论基础问题，更注重从这些高新技术中抽象新的计算数学理论与方法;(3)在保持计算数学主体研究方向(如偏微分方程计算与优化计算)优势的基础上,顺应信息时代从"数值计算"到"数值与数据计算"并存的要求,努力发展数据分析与统计计算研究。

本学科的优势有:(1)已形成若干稳定、能代表本学科发展前沿、有特色的研究方向;(2)已取得一系列具有国际先进水平的研究成果,并得到国内外同行的引用和认可(例如在 N-S 方程和分歧的理论与计算、模拟演化计算的理论基础研究、神经网络的性能评价与复杂性分析、大规模集成电路数值模拟计算方法、数据挖掘与基于视觉模拟的聚类及在最小二乘最优化理论与方法研究等方面),近五年共发表学术论文 349 篇,其中 SCI 检索 42 篇,国务院学位办确定的六种重要数学杂志 56 篇;(3)持续得到国家重大基础研究(攀登和 973 计划)、863 计划以及国家自然科学基金的支持,经费比较充足(1996 年到 2000 年得到纵向研究经费 125.29 万元,国家教育振兴行动计划研究经费 175 万元,香港国际合作基金 224 万港元);(4)研究队伍整齐,年龄结构和知识结构合理,50 岁以下研究人员占 68%,有博士学位的研究人员占 68%,他们已构成本学科主要科研力量,另外,也有若干高水平的学科带头人,并正在形成一或两个创新群体;(5)学术交流广泛,几乎每两年主办一次国际会议,出国参加国际会议、访问、进修平均每年 5 人次以上,与国外知名学者交流较多,有稳定的国际合作渠道。

本学科的不足及与世界一流学科的主要差距表现在:由于地域限制,特别拔尖的人才数量不足;虽然在国际国内一流杂志上发表的学术论文比较多,但在本学科国际顶尖杂志上的学术论文数量还不够;虽然我们提出了不少新理论、新方法,但系统创新不够。

今后五年本学科建设的主要目标是:在保持本学科点已有方向的特色、优势与领先水平基础上,力争在更多研究方向上达到国际先进水平。基本思路是:以实施面向 21 世纪教育振兴行动计划为契机,以着力培养和选聘一批知名青年计算数学专家和学科带头人为重点,坚持"理论上有一个高度,应用上有一个落脚点"的发展模式,努力在流体与分歧计算、生物信息处理、数据挖掘与随机优化等方面取得创新成果与突破。拟加强"信息处理与科学计算融合"的专业方向调整,加大以提高创新素质为目标的教育过程改革与优化,加强基础,不断提高研究生培养质量,力争五年内把本学科建设成为我国计算数学高层次人才的培养基地和承担国家主要相关基础研究的研究基地和中国中西部地区的优秀计算数学人才集聚地。

Ⅱ-Ⅰ-Ⅰ研究方向名称:非线性偏微分方程及其数值解

从事本研究 方向的人员	主要学术带头人 及学术骨干姓名			教　授 人　数	副教授 人　数	博士学位 获得者人数
	李开泰	何银年	张武	6	3	9

目前本方向研究人员所做工作主要内容、特色和可能取得的突破以及主要学术带头人简介。

研究方向:非线性偏微分方程理论和计算,特别是著名的 N-S 方程,分歧问题,磁流体动力学,非线性壳体以及大气和海洋耦合动力学方程组等。

近年研究内容:针对非线性问题的个性和复杂性,构造保结构的算法是我们研究非线性偏微分方程数值解的指导思想;以微分几何为基础、能够和数值分析相辅相成的构造性理论分析方法,是我们研究这些问题的出发点。近年来提出了:(1)可压和不可压缩流动三维 N-S 方程的"流层方法"与"维数分裂算法";(2)"广义极小曲面概念和最佳气动性能叶片几何设计新理论";(3)一类最佳、迟滞近似惯性流形及其算法(比 Marion-Temam 近似惯性流形算法提高收敛速率一阶);(4)N-S 方程分歧问题分裂扩充系统方法(其优点是扩充算子可以分块求逆,而其需要数值求逆的自由度和原问题求解自由度相当);(5)解决了 Dancer 关于锥上分歧的猜想;(6)建立了 N-S 方程外部问题有限元、边界元耦合模型和算法,并进行系统的理论分析和应用。这些新思想与新方法的提出,已得到国际上同行的重视。例如李开泰教授作为中美科学院交换学者访问美国 5 个月,并且是国际计算力学协会理事,应邀为国际著名系列会议"流动问题中有限元方法—2000"组织委员会成员并作大会报告,北海道大学为李开泰教授专门举办"N-S 方程微型研讨会"。仅 2000 年李开泰教授应邀先后在日本 SI-AM 会议作大会报告,以及在美国印第安纳大学、日本京都大学、德国法兰克福大学、法国巴黎第六大学等 12 个大学和研究所作上述研究成果的报告。

本方向特色:(1)有明确的指导思想以及我们一直处在这样一个前沿问题,即几何和拓扑方法更有力地渗透到如流体力学理论与数值方法的研究中;(2)研究问题是当前非线性科学前沿的重大问题;(3)着重提出自己的创新思想和方法,不把注意力倾注于跟着别人的研究问题走;(4)持续获得国家重大基础研究(攀登项目 A4、973 项目 G1999032801)和国家自然科学基金(8 个面上项目)的资助,以及西安交通大学的支持;(5)研究队伍整齐和年轻化,研究人员有 14 名教师,其中 6 名教授(3 名博士生导师),有博士学位的 9 名(有国外博士后经历的 3 名),占总数 69%,年龄 50 岁以下的 9 名,占69%。他们是研究队伍的主体和骨干力量。

本方向研究基础扎实,研究成果丰富。如研究成果获省、部级科技进步一等奖 2 项,二等奖 2 项,三等奖 3 项。研制的核工程程序出口巴基斯坦,也应用于全国 12 座桥梁设计和变压器行业(创造经济效益 2000 多万元人民币和 150 万美元)。1996—2000 年,发表学术论文 69 篇,其中 SCI 检索25 篇,国务院学位办定的 6 种重要数学期刊 16 篇。重视学术交流,主办过 5 次国际会议,有 8 人次在国际学术会议上作大会报告,在国外知名大学作过 70 多次学术报告。

学科带头人李开泰,科学计算研究所所长,国际计算力学学会理事,纽约科学院成员。是国家重大基础研究攀登项目 A4、973 项目 G1999032801 主要研究人员之一。主持过 4 个国际会议,应邀在 8 个国际会议上作过大会报告。所从事的研究工作分别获国家教委和陕西省科技进步一等奖 2 项和二等奖 2 项,出版专著 5 部,在国内外期刊发表学术论文 140 多篇,其中 SCI 检索 26 篇,近三年来发表学术论文 44 篇,其中 SCI 检索 10 篇。

何银年：男，博士，教授，科学计算研究所副所长。1997.3—1998.3 在荷兰埃因霍温理工大学做博士后研究，研究领域：偏微分方程数值分析；计算流体动力学；有限元边界元耦合算法。主持一个国家自然科学基金项目，一个省自然科学基金项目。在加拿大、美国和香港作合作研究，学术研究活跃，在国内外重要杂志发表学术论文 46 篇，被 SCI 检索 11 篇。

张武：教授，博士生导师，北京大学博士后，在美国做合作研究多年，现从事大规模并行计算的研究，曾获得国家自然科学基金、国防预研基金、国家教委优秀青年基金的资助。发表学术论文 10 篇，其中 SCI 检索 2 篇。

Ⅱ-2 本研究方向学术梯队情况

研究方向名称	姓 名	出生年月	最后学位或学历	专业技术职务	目前指导研究生数		目前在研经费总数（万元）	备注
					博士生	硕士生		
	李开泰	1937.12	本 科	教授 博导	7	5	40	
	黄艾香	1935.6	本 科	教授	2	5	10	
	何银年	1953.7	博 士	教 授		2	14	
	张武	1956	博 士	教授 博导	2	3	12	
	马逸尘	1943.9	硕 士	教授 博导	5	5		
	梅立泉	1969.12	博 士	副教授			16	
	周小林	1961.2	博 士	副教授				
	陈红斌	1962.3	博 士	副教授				
	侯延仁	1969.11	博 士	副教授			5	
	李东升	1970.12	博 士	讲 师			1	
	王立周	1972	博 士	讲 师				
	任春风	1972.9	博 士	讲 师				

西安交通大学是"211 工程"首批重点建设的七所大学之一，"985 工程"首批重点建设的九所高校之一。第一期"985 工程"学科建设中，计算数学学科获得 400 万元建设经费，其中 270 万元用于建设"计算科学实验室"（地点在东二楼二层），购买一台工作站和一批微机；130 万元用于一般科研经费，其中计算数学学科教授每位获得 7 万元研究经费。由流体机械教研室、轴承润滑研究所、计算物理研究室和计算机系高性能实验室合作的跨学科"985 工程"建设项目子课题获得一笔科研经

费,购买了一批微机和两套共享软件——"计算流体程序包(FLUNT)"和"有限元程序包(COSMOL)"。

国家重大基础研究项目(攀登 A4)结束后,李开泰继续被聘为国家重大基础研究项目"大规模科学计算"主要研究人员,后来何银年和侯延仁相继加入。王尚锦、李开泰和陈浩博士是国家重点研究发展计划(2011CB706505)的研究人员,承担了"压缩机内部三维流动算法和叶片几何形状最优控制"的研究工作。我们还与成都飞机设计研究所(611 所)合作研究课题"××飞机机身几何外形最优控制"。

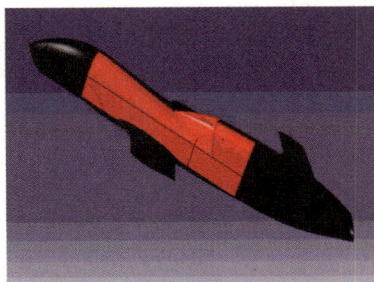

国 防 基 础 科 研

项 目 建 议 书

项目名称:航空航天飞行器流场计算及几何形状数学设计
最终成果形式:理论、方法成果(文章、专利)和软件系统
起止时间:
总经费概算: (其中国拨:)
申请单位:成都 611 所,西安交通大学

主管部门:
项目负责人:成都飞机设计研究所 XXX
联系电话:
申报日期:

国防科学技术工业委员会制

611 航空科研基金

验收报告

项目名称 XX 飞机机身几何外形量优控制的研究
项目负责人 李开泰
起止年限 2009 年 9 月至 2011 年 9 月
所在单位 西安交通大学
联系电话 029-82669051

二○一○年制

飞机外部三维绕流和外形优化是飞机设计的基础要素之一。由于外形几何复杂性、高雷诺数流动、边界层效应与求解区域的无限大,导致计算量巨大和精度差。该项目提出新的边界层方程和新的算法。用人工边界,把无限远领域用 Oseen 流的基本解在人工边界上归为边界积分方程和 N-S 方程耦合的系统,大大缩小求解区域,并提出一个维数分裂法和二度并行算法。在边界层 δ 内速度等展开为关于法向变量的二阶泰勒级数,运用微分几何和张量运算,代入 δ 内 N-S 方程

的变分形式后,得到 3 个二维流形上的 N-S 方程,求解后构造一个阻力速度 u_*,然后在有限区域内在飞机表面 S 用 Dirichlet 条件 $u|_S = u_*$ 代替齐次 Dirichlet 边界条件,求解远场的 N-S 方程。飞机外形优化的目标泛函显示在确保额定升力和体积不变的原则下黏性耗散能量和阻力最小。该项目给出了目标泛函关于 S 的梯度的可计算形式。

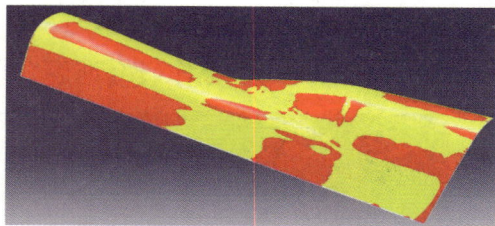

被优化后的机型,黄色为被修正部分

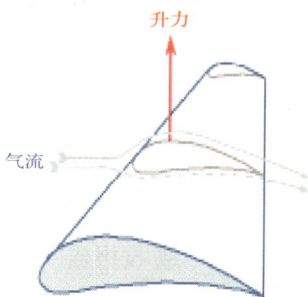

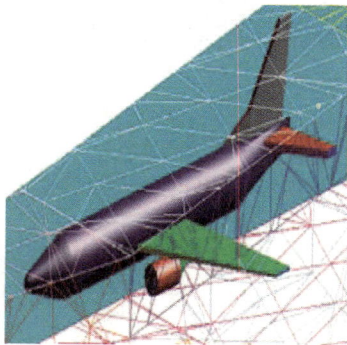

另外,我们还取得以下成绩:

(1)李开泰于 2005 年和 2007 年两次各由五名科学院院士推荐,获中国科学院院士有效候选人资格,获得西安交通大学首届伯乐奖和首届宝钢优秀教师奖;

(2)出版两本重要专著:

①Li Kaitai, Huang Aixiang, Huang Qinghuai. Finite Element Method and its Applications[M]. 北京:科学出版社,牛津:Aplpha-Science 出版社,2015.(该书被列入交大建校 120 周年和迁校 60 周年 60 本经典著作)

②李开泰,黄艾香. N-S 方程边界形状控制和维数分裂方法及其应用[M]. 北京:科学出版社,2013.

会议合影

（3）2000—2016 年间，共举办 6 次国际会议。

①ICM 2002-Beijing Satellite Conference on Scientific Computing，August 15－18，2002，the 24th International Congress of Mathematicians。第 24 届世界数学家大会，西安科学计算卫星会，主席 Douglas Arnold。

到会国际著名数学家有 Jr. Douglas，Douglas Arnold，R. Glowinski，Mary F. Wheeler，M. Luskin，H. Fujita，Osher，石钟慈，林群，鄂维南，舒其望，许进超，张平文和杜强等。会议获中国数学会、数学天元基金、国家自然科学基金委员会、国家教委和西安市人民政府资助。

②International Conference on Symbolic Operation and its Numerical Computation，July 19－22，2005。符号运算及其数值计算国际会议，由中科院数学与系统科学研究所、北京数学会和西安交通大学联合举办，会议主席吴文达教授。

③International Workshop on Computational Methods in Geosciences on Occasion for Jr. Douglas's 80th Birthday，July 6－9，2007。地球科学中的计算方法国际研讨会——祝贺 Jr. Douglas 80 寿辰，会议主席李开泰和凤小兵。

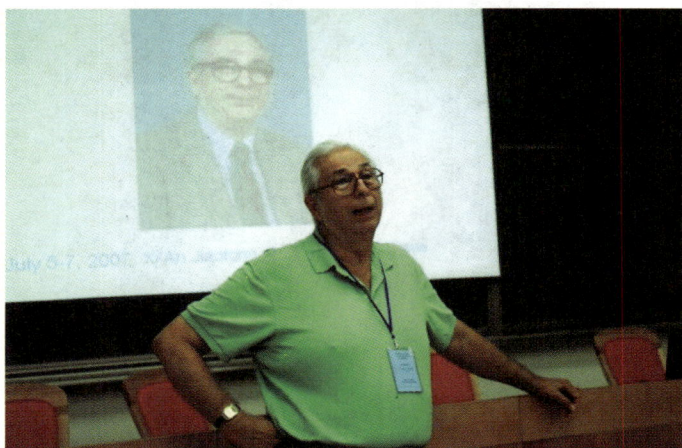

Douglas 教授作报告

④International Conference on Modeling and Simulation on Occasion for R. Glowinski's 70th Birthday，July 9－12，2008. 模型和模拟国际会议——祝贺 R. Glowinski 70 寿辰，会议主席李开泰、Pan Tsorng-Whay 和 He Jiwen。

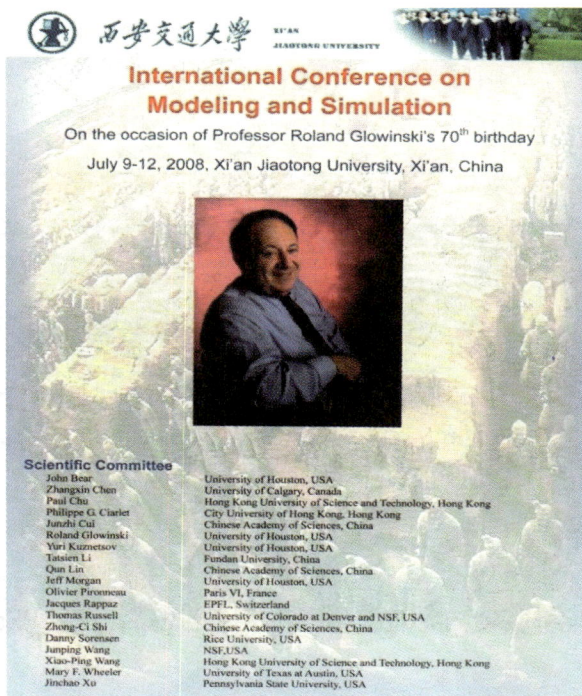

会议通知

⑤ China-Brazil Symposium on Applied and Computational Mathematics，Xian Jiaotong University，August 1 – 5，2009。中国–巴西应用和计算数学双边讨论会，中方主席黄艾香，巴方主席袁锦昀。

⑥Symposium on Geophysical Flows，Xian Jiaotong University，July 22 –
24,2012。地球物理流动国际学术讨论会，主席陈掌星，西安交通大学和加拿大
卡尔加里大学联合主办。

（4）我们培养的许多研究生在 21 世纪取得了优异成绩（详细介绍见第八章）：

①陈掌星，当选加拿大工程科学研究院院士，获得加拿大自然科学与工程研
究基金会"协同创新奖"（相当于中国的国家科学技术奖）、加拿大工业与应用数
学菲尔兹奖。

②江松，当选为中国科学院院士，获得国家自然科学二等奖，现为国家自然
科学基金委数理学部主任。

③郝建学，优秀的创业者，为西安交通大学数学学科的发展捐资 100 万元。

④何银年，获评西安交通大学优秀博士生导师；2007 年获国家自然科学二
等奖（第五完成人）；2011 年获教育部自然科学二等奖（独立完成）；2016 年获陕
西省科学技术一等奖（第一完成人）；2014—2018 年连续五年入选"爱思唯尔中
国高被引学者数学领域榜单"。

⑤张波，西安交通大学理学硕士，英国思克莱德大学博士，英国考文垂大学
讲座教授，中国科学院"百人计划"研究员、应用数学研究所副所长、偏微分方程
及其应用中心副主任，反问题国际联合会东亚分会副主席，中国工业与应用数
学学会常务理事兼副秘书长、奖励委员会副主任。

⑥石东洋，西安交通大学理学硕士、博士，日本东京工业大学博士后，郑州大

学数学系教授,河南省特聘教授。

⑦凤小兵,西安交通大学理学学士、硕士,美国普渡大学博士,美国田纳西大学教授,2016年至今为中国西北工业大学"长江学者奖励计划"特聘教授。

⑧吴宏春,西安交通大学学士、计算数学专业硕士、核能专业博士,留学日本大阪大学,西安交通大学核科学研究院教授,西安交通大学研究生院常务副院长,"863计划"项目首席科学家。

⑨蒲春生,西安交通大学计算数学学士、硕士,西南石油大学博士。中国石油大学(华东)石油工程学院教授、博士生导师、学术委员会主任,校学术委员会委员,"复杂油气开发物理-生态化学技术与工程研究中心"学术带头人。

⑩王卫东,西安交通大学计算数学学士、硕士、博士,曾任交通银行海南省分行行长,现任交通银行信用卡中心总经理、党委书记。

⑪赵琳巧,西安交通大学科学计算应用软件专业学士、硕士,卡耐基梅隆大学统计学博士,现任美国摩根大通投资银行量化研究技术支持部执行董事。

二、研究方向和研究领域

在计算机出现以前,实验和理论这两种创造知识的方法一直受到很大限制。计算科学突破了实验和理论科学的局限性,从而大大增强了人们从事科学研究的能力,加速了把科技转化为生产力的进程,深刻地改变着人类认识世界和改造世界的方法和途径。科学和工程问题对计算不断地提出愈来愈高的要求,使其应用程序能完成三维高分辨和高逼真的建模和模拟。在这个潮流推动之下,我们选择几个关系到国家重大科学与工程的问题,研究其数学方法和计算,推动问题的深化直至解决,包括流体工程和地球物理中几个重大问题的数学方法及其数值方法的研究:

- 潜艇发射导弹水下和水面水动力及其稳定性分析和计算;
- 广义极小曲面理论与叶轮机械叶片最佳设计新方法;
- 一个新的边界层方程并运用于飞行器外部绕流和外形最佳形状控制;
- 全局地球物理流动的全三维大气和海洋耦合系统数学方法和计算;
- 分歧和湍流过程的新算法的研究。

这些问题的科学与实际意义不言自明,我们取得的标志性成果包括:

▼解决间断密度的 N-S 方程理论和交界面的几何形状以及计算问题；解决导弹通过水面时的水动力奇性问题；

▼解决广义极小曲面解的存在问题，给出广义极小曲面的欧拉–拉格朗日方程并给出曲面生成的计算方法和程序；

▼给出一个求解三维的大气–海洋耦合系统的并行算法和程序；给出海面几何形状的微分方程理论和计算；

▼提出一个新的边界层方程以及外部绕流维数分裂和边界几何形状最佳控制问题。

（一）潜艇发射导弹水下和水面水动力及其稳定性分析和计算

中外发展潜射导弹的历史上，都发生过出水时爆炸事件。研究此问题是发展新型潜射导弹必不可少的知识准备。我国为了保证核威慑，必须发展第二次核打击力量，潜艇发射弹道导弹是首选的方案。

水下发射导弹的示意图

这个问题的复杂性在于：

• 水动力问题是高度非线性问题；

• 导弹水下行进期间受到海水天文流和气候波浪的严重干扰；

• 导弹出水时，由于空气与海水密度的跳跃等系统的奇性，水下和水上是不可压缩和可压缩的 N-S 方程和能量守恒方程的耦合方程组，导弹表面法向应力不同，由此所产生的弯矩和阻力也不同；

• 这是一个外部的三维无界问题。

为了克服上述困难，必须解决三维无界区域上间断的 N-S 方程理论和计算问题。这是一种新的挑战。

(二)广义极小曲面理论与叶轮机械叶片最佳设计新方法

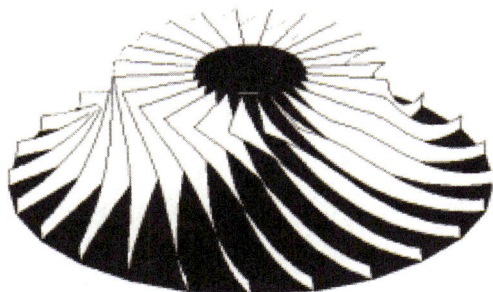

标准叶轮示意图

叶轮机械

我们的问题是：设 $J(S)$ 是涉及到流动和叶片形状的一个目标泛函，H 是一个允许有边界的二维流形组成的空间，我们要求一种曲面 S^*，它也是流动的边界，使得 $J(S)$ 达到极小，即使得

$$J(S^*) = \inf_S J(S) \qquad\qquad (Q)$$

我们称问题（Q）为广义极小曲面问题，也是几何形状的最优控制问题。这里状态方程是三维可压缩流动的 N-S 方程。

我们的创新点在于：

- 如何设计一个理想的非线性目标泛函 $J(S)$；
- 对这个最优控制问题是否可控，如何使得曲面 S 成为可计算的。

问题（Q）是一个最优控制问题，而 N-S 方程是这一最优控制问题的状态方程。由于通道进出口压差非常大，因此通道内的流动一定是湍流，而湍流流动所形成的涡在涡心会形成负压。为了提高效率，尽可能设计曲面 S，使得在 S 的负压面产生负压涡心。这就是我们称问题（Q）为湍流边界控制问题的原因。

这是一个困难但科学意义非常重大的具有挑战性的问题：

- 给控制论专家提出形状控制的新问题；
- 给几何分析专家提出比极小曲面观点更高深的几何学问题；
- 给科学计算专家、计算机专家提出目标泛函复杂、状态方程是著名的 N-S 方程的计算问题。

（三）地球物理流动的全三维大气和海洋耦合系统数学方法和计算

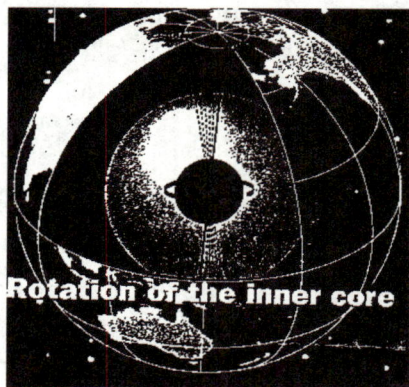

地球旋转内核示意图

大气流动

海洋流动

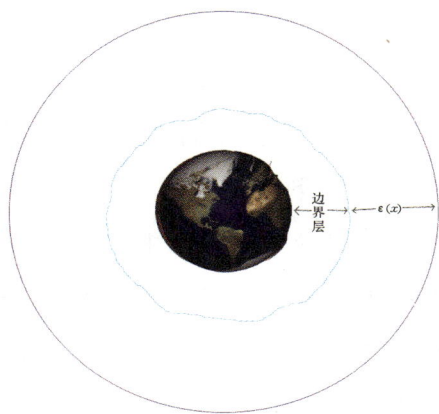

计算区域示意图

　　人类赖以生存的空间,涉及地球及其周围空间。对它们的自然演化规律、地球物理流动规律的研究,是当前人类极为关注的重大问题。用数学的理论和方法,对相关问题进行数学理论分析、数值计算模拟,对于人类了解相关的自然规律,对人类利用资源,预防灾害,可以提供一种理论方法和预测。

　　尤其是气候系统动力学的研究。气候系统动力学包括地球大气、海洋、冰川、陆地等之间相互作用而形成的热力动力过程,它还涉及生物圈和人类活动等。在这些动力过程中,外部能源的供给是太阳辐射和地球自转。气候系统的状态和演变决定着全球和区域性的气候变化,气候系统动力学研究涉及到大气科学、海洋科学、地理学、冰川学、沙漠学、地球化学和生态学等学科,是地球学科中一项综合性的大气科学研究。例如,世界气象组织(WMO)和国际科学联盟(ICSU)提出的世界气候研究计划(WCRP)包括了完整的海—陆—气—生态的复杂气候系统的动力学行为。

　　全局地球物理流动受到了全世界的关注,在了解人类的生存环境、与灾害作斗争、研究人类可持续发展方面,必须把地球及其周围空间放在太阳系中,作为一个整体来研究。

　　全局地球物理流动的大气和海洋耦合问题是一个可压缩的黏性 N-S 方程组和不可压缩的黏性 N-S 方程组耦合求解的问题。全局气候动力学问题,体现了太阳辐射、地球旋转、地球表面复杂的几何结构、地球内部的演化、大气和海洋相互作用的深沉的相互影响而产生的全局地球物理的长时间演化过程。这些因素均以严格的数学和物理形式被包含在数学模拟之中,这个模型是全物理、全三维的。

我们的目标就是要对这个模型进行系统的、有自己特色的研究,力图对诸如热带风暴产生机理、厄尔尼诺现象给予科学解释和数值预报。

在当时的最强大的计算条件下,还无法解决全三维的大气和海洋的耦合系统问题,我们的创新是:

▼ 用现代的几何方法将三维问题分解成一维和二维问题;

▼ 将大气和海洋的交界面作为一个流面,建立这个二维流形的耦合系统,既能解决交界面的流动问题,又能求出交界面的几何形状。

我们分以下阶段进行研究:

(1)两个同心旋转球之间单流体流动的稳定性和计算方法;

(2)两个同心旋转球之间两种流体流动的稳定性和算法,主要研究对象是两种流体分界面运动形式的突变,即分歧的发生和条件,以及相关算法的研究;

(3)内核表面近似于地球,研究在重力、太阳辐射和地球旋转作用下,水和空气的运动稳定性,即分界面的运动形式和突变;

(4)真实的地球海洋和大气耦合动力学行为的研究和计算。

(四)湍流过程和分歧理论及算法的研究

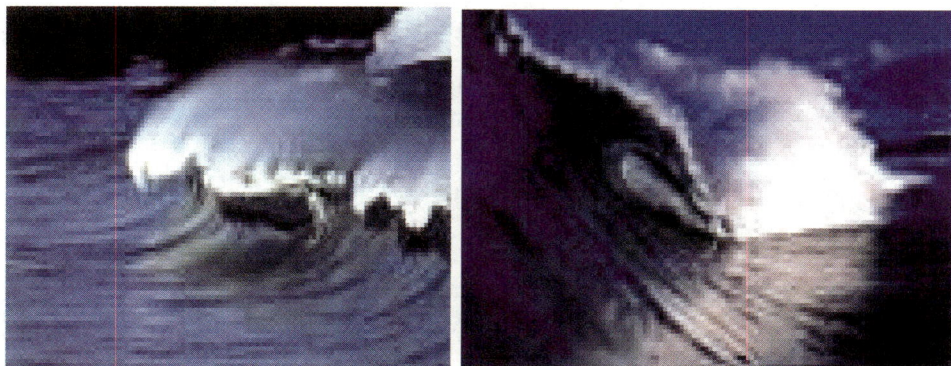

流动分歧示意图

流动现象是人类科研生产活动及自然界中最为常见的一种物理现象。流动稳定性是流动现象中最为关键的问题之一,它发生在流动形态发生突变的时候,其理论和应用价值是众所周知的,其在理论和计算上的复杂性以及难度一直到现在仍然困扰着物理学家和数学家。

流动稳定性问题有非常重要的理论和应用价值。稳定性发生变化,流动的形态(pattern)将发生突变。有人曾提出,逐次分叉会导致向混沌过渡,与此有关的数学理论可用来说明湍流生成的机理。N-S 方程无论在理论上还是计算上都是物理和工程科学中的重大难题。

20 世纪 70 年代初,国际著名数学家 J. Marsden 等把几何和拓扑方法引入到流体力学中,给解决流体力学理论难题和计算难题带来了新的希望,很多数学家和物理学家都沿着这个方向进行了艰苦的探索。

在分歧点邻域内,由于在分歧点的线性化方程是奇异的,通常牛顿型的迭代方法不再适用,发展计算分歧点及分歧点邻域内解分支的有效算法,则是分歧数值模拟的重大课题之一,也是流动发生失稳时要解决的重大问题。

无穷维非线性动力系统解的长时间行为及其数值逼近是非线性科学中又一重大课题,它在理论上和应用上都极其重要。其数值计算要求在误差界与时间无关,这就给计算数学提出非常重大的问题。冯康院士曾对有限维的 Hamilton 系统提出一个 Hamilton 算法(辛几何算法,保结构算法),能够达到这一要求。

无穷维非线性动力系统问题是一个未解的公开课题。对这个问题,我们的创新点在于:

由于 N-S 方程具有耗散结构(这种结构的精细的数学描述尚未完成),高效且稳定(长时间)的算法的离散格式必须也应具有相同或相近的耗散结构,原有的一些方法无法实现上述目标。正是注意到这些研究耗散型非线性发展方程的新思想,在耗散型非线性发展方程惯性流形、近似惯性流形理论基础上,我们将几何与拓扑方法更有力地渗透到流体力学方程组及其数值方法的研究中,针对非线性问题的个性和复杂性构造保持耗散结构的高性能算法。

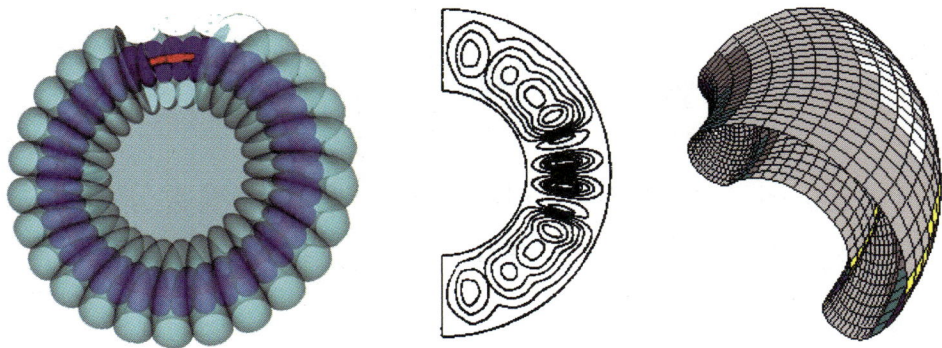

两个同心旋转球之间三维流动的流面图流动形态发生突变

由此我们提出下面三种方法。

(1)维数分裂法。提出了三维流动流层概念,并应用微分几何方法,将三维流动问题分解为二维流形上的流动和一维问题。在此基础上,提出了维数分裂算法和渐近分析方法,克服了高维数的困难,并为研究薄流层内 N-S 方程解的存在性和奇异吸引子及其维数估计提供了新的研究方法。

(2)渐近分析方法。对固体绕流问题,提出一个新的固壁边界上的边界层方程(是一个二维流形上的非线性系统),与远离边界的 N-S 方程和无穷远领域内归结为人工边界上的积分方程(用无穷远领域内的 Oseen 或 Stokes 流)耦合求解。

(3)建立在现代超级计算机基础上的一种双向并行算法。

(五)三维弹性壳体的数学理论和一个维数分裂方法

弹性壳体和板的理论是弹性理论中最重要的课题之一,也是现代工程中最重要的课题之一。例如,它出现在火箭、导弹、航空航天飞行器,同样也出现在汽车、高速火车、轮船和舰艇等中。

三维弹性壳体由于在一个方向的尺度相比其它两个方向的尺度要小得多,给结构强度分析和变形计算带来极大困难。我们的研究建立了嵌入高维空间二维流形上的混合张量分析,给出一个在半测地坐标系下的线性和非线性弹性壳体的维数分裂方法,把一个弹性算子分裂为一个膜弹性算子和弯曲弹性算子之和,假设三维弹性壳体的解可以展开为关于贯截变量的 Taylor 级数,若取前三项,那么可以给出关于首项的一个二维偏微分方程,而其它两项可以通过代数运算得到。

三、研究成果

(一)提出一个新的边界层方程、三维 N-S 方程维数分裂方法并
应用于飞机外形控制、叶轮叶片几何形状设计

(1)建立一个新的边界层方程。应用建立在边界二维流形基础上的半测地坐标系,将三维 N-S 算子分裂为二维曲面切空间上的膜算子和法线方向的弯曲

算子,从而可得到一个边界层方程和构造维数分裂的方法。

(2)流动边界几何形状控制。应用微分几何方法和二维流形上的混合张量分析方法,建立了一个流动固壁边界几何形状的最优控制的数学模型和算法,应用到叶轮机械叶片几何形状设计中,可以得到叶片几何形状应满足的 Euler-Lagrange 方程;应用到飞机的外形几何形状控制中,建立了 N-S 方程解关于边界几何形状的 Gateaux 导数所满足的方程,以及阻力泛函关于边界形状的第一变分。它的状态方程是无界流动的 N-S 方程,关于它的求解,建立了不重叠的三个子区域的区域分裂方法,在不同的区域上应用不同的数学模型,从而解决了外形几何最佳设计和三维 N-S 方程求解的困难。

(二)建立在惯性流形基础上 N-S 方程和湍流新算法的研究

(1)证明了一类非线性发展方程时间离散惯性流形的存在性、稳定性和光滑性。

(2)证明了非定常 N-S 方程的全离散非线性 Galerkin 方法收敛性,并给出了稳定性和在任意实数阶 Sobolev 空间中的误差估计,证明了误差随初始条件光滑性的降低而提高。这就很好地解答了过去曾令人迷惑不解的现象,即非线性 Galerkin 方法(NGM)理论结果很漂亮,但实际计算不能令人满意,从而说明了此方法对湍流计算比传统方法更有效。

(3)提出了一种建立在惯性流形切空间中正交分解之上的新的近似惯性流形及其相应的二重网格校正算法。它比经典的 Galerkin 方法收敛速率提高一倍多,比 M-T 型的非线性 Galerkin 解提高 1/2 阶。

(4)基于时滞近似惯性流形概念建立了一步 Newton 校正算法。

(5)提出 N-S 方程最优控制有限元方法。

(三)外部黏性流动问题的 Oseen 流或 Stokes 流与 N-S 方程耦合方法

在无限远区域内用 Oseen 流或 Stokes 流(依无限远边界条件而定)逼近,将无限区域上的流动归结为一个积分方程和有限区域内的 N-S 方程相耦合。在有限区域内离散化方程是稀疏的,其奇性只限于边界点,即仅占刚度矩阵中少数自由度,因而逼近精度高。建立了耦合方程解的存在性、光滑性和逼近解误差估计等系统理论以及耦合的算法,证明了在这个系统采用非线性 Galerkin 方法与在有限区域上的 N-S 方程具有同样的精度,利用外推技术,使收敛精度提高一个量级。

(四)在非线性问题分歧理论和数值计算方面提出一个二维核空间分歧问题的扩充系统方法

此扩充系统把分歧点变为正则点,特点是可以分块求解,除一子块外,其余子块均可解析求逆,数值求解子块的规模与原问题相当,这种算法也可应用于对称破缺分歧问题。给出了关于 N-S 方程极限点和分歧点以及对称破缺分歧的条件及扩充系统,证明了这个扩充系统的谱方法收敛性并给出误差估计。解析地求出两个同心球之间流动的 Stokes 算子的特征值和特征函数;得到了特征值渐进估计;并运用它进行了正则点和奇异点的谱逼近和分歧计算;得到了五个模块的 Lorenz 吸引子。

(五)提出三维线性和非线性弹性壳体的维数分裂方法

建立嵌入三维空间内二维流形上的混合张量分析。运用建在壳体中心面基础上的半测地坐标系,得到三维度量张量、Christoffel 记号是厚度方向变量的多项式或有理分式,以及变形张量、黎曼张量和李奇张量关于厚度方向的多项式,曲面度量张量、法向量、第二基本型和曲面的平均曲率、高斯曲率关于曲面变形的 Gateaux 导数等。假设三维解可以展成 Taylor 级数,运用张量分析方法,取展开式的前三项,得到它们所满足的一组偏微分方程组。

(六)N-S 方程高效稳定算法研究

针对耗散系统非线性 Galerkin 算法,给出了任意阶 Sobolev 空间中耗散系统非线性 Galerkin 算法的稳定性和最优误差估计,提出了基于时滞惯性流形的动态非线性 Galerkin 算法并且提出了耗散系统小涡校正迭代算法。

针对大雷诺数定常 N-S 方程数值求解的变分多尺度算法,给出了一种等价的变分多尺度算法形式,避免了中间自由度的引入,大大提高了变分多尺度算法的计算效率。

针对定常 Stokes-Darcy 以及 Navier-Stokes-Darcy 耦合模型,提出了基于两重网格的有限元分离算法。特别地,针对带有 Beavers-Joseph-Saffman 交界面条件的定常 Stokes-Darcy 耦合问题两重网格有限元分离算法,第一次获得了该耦合问题两重网格有限元分离算法的最优误差估计。

关于 N-S 方程及相关方程吸引子的研究,首先我们针对某类无界区域上非自治二维 N-S 方程,在有关半过程的理论框架下,首次利用能量方程方法,证明了其一致吸引子的存在性和平行于有界区域上非自治系统的结论,证明了具有拟周期外力的非自治系统的吸引子具有有限豪斯道夫维数,并给出了相应的维数估计。我们还对三维 N-S 方程解的长时间行为进行了一些初步的研究,得到了带有阻尼项的有界区域上自治系统吸引子的存在性,同时针对为研究三维 N-S 方程而给出的所谓 g-N-S 方程的长时间行为进行了比较系统的研究,在有关 pullback 吸引子的理论框架下,研究了无界区域上自治和非自治 g-N-S 方程 pullback 吸引子的存在性,完善了 g-N-S 方程解的渐近行为方面的研究。

(七)不可压缩流动高效数值方法研究及应用

由于不可压缩 N-S 方程的非线性和不可压缩性的困难,提出了求解 N-S 方程组的低阶元局部高斯积分稳定化方法,全离散时空多水平算法,黏性相关迭代法和时空隐式/显式迭代算法,证明了在初值光滑条件下求解非定常 N-S 方程组的线性化隐式、显式全离散有限元解是几乎无条件稳定和收敛的,突破了传统意义上时间步长依赖网格尺度的苛刻约束条件限制。由于这些方法的研究,何银年多年来一直被评为高被引学者。

(八)偏微分方程正则性理论方面的研究

给出使得椭圆(抛物)方程解在边界可微的最优区域边界几何条件;首次发现有界区域上积分方程对区域对称性的要求;在拟区域上得到方程的 L^p 估计,其中方程的系数在穿过一个 Reifenberg 型曲面时,允许有跳跃;推广了 Caffarelli 完全非线性方程的 $W^{2,p}$ 估计;首次得到方向齐次化问题中齐次化方向和非齐次化方向正则性的不同刻画;给出 Calderon-Zygmund 定理及 Harnack 不等式的新证明;证明了 Dancer 关于不动点指标的一个猜想。

第四章　研究成果、获奖项目、基金项目及著作

近四十年来,科学计算研究所(计算物理研究室)的科研成果颇丰,发表学术论文超过 1000 篇,获省部级以上奖项 18 个,出版专著 12 部。最重要的是,我们的研究成果始终围绕"重大装备中的数学模型、它的数学理论、方法和相应算法"这个中心主题进行。

一、提出的具有创新意义的模型、理论和方法

(一)重大装备中的数学模型、数学理论、方法和相应算法

(1)N-S 方程边界形状控制问题及其在工业和国防中的应用。

几何形状控制是重大装备制造中的核心问题之一,例如燃气轮机、蒸汽轮机、航空发动机等叶轮机械的叶片表面几何形状,汽车、潜海飞行器、高速火车头、航空航天飞行器等的外形控制问题,它的目标泛函是固壁边界所受的阻力;流体边界法向应力在飞行相反方向的投影在边界上的积分,既依赖于边界的几何形状,也依赖于边界上的法向应力,它与流体速度沿法向的变化率成正比。这个变化率在边界层内。我们的创新点是应用微分几何和张量分析方法:

A. 给出一个嵌入高维空间二维流形上的混合张量分析和曲面变形的定义,给出二维流形上相关几何量关于曲面变形的第一变分;

B. 提出一个边界层方程,它是一个边界曲面上的二维的偏微分方程。速度 u 在边界曲面上沿法向导数作为一个变量 u_1,满足这个边界层方程;

C. 定义 N-S 方程的解 (u,p) 关于边界曲面几何的 Gateaux 导数,并且给出

了它们满足一类线性化的 N-S 方程的结论;

D. 给出一个阻力目标泛函,它是法向应力在不同法向沿边界的积分,目标泛函通过积分区域和被积表达式而依赖于边界曲面几何,我们给出了目标泛函关于边界变化的第一变分公式,从而可以应用共轭梯度法、梯度法或牛顿迭代求解控制问题。对于叶轮机械叶片几何形状控制问题,我们给出了叶片曲面应该满足的 Euler-Lagrange 方程,它是四阶的拟线性椭圆型方程。

这些内容是与成都飞机设计研究所(611 所)合作的课题"××飞机机身外形的最优控制"(2009—2013 年)的研究内容,同时也包含在国家重点研究发展计划项目(2011CB06505)、国家重大基础研究攀登项目(No. 04)、国家基础研究重大项目(G199032801 - 07)、国家自然科学基金项目(50136030)和国家自然科学基金面上项目(192720527,10791165)的研究内容中。

这些理论和方法已总结在我们的著作以及相应的李开泰发表的学术论文中。

李开泰,黄艾香. N-S 方程边界几何形状控制和维数分裂方法及其应用[M]. 北京:科学出版社,2013.

(2)核反应堆中子迁移、中子扩散、核燃料管理以及水工热力问题。

能量来源于中子裂变,产生中子通量,可以从求解玻尔兹曼方程得到,但是代价太高。也可以从微观向宏观过渡:利用原子核数据库和原子核物理可以生成反应扩散方程的扩散系数和源项,从而把求解玻尔兹曼方程转化为求解反应扩散方程,它可以用核物理相关理论和核数据库构造。中子产生的热量使循环水加温到 300 多摄氏度,压力达到 200 多个大气压,通过锅炉将热量用水蒸气传送到蒸汽轮机。

扩散系数 $D^{(i,j)}(x,\varphi)$ 在每根铀组件中都不同,消耗到一定程度时,这个组件必须撤换。可通过计算确定被撤换的组件,换上新的组件。$D^{(i,j)}(x,\varphi)$ 随 φ 的变化可以由相关理论计算。

这是一个特征值问题,其特征值要控制在 1.029 左右才能产生适当的功率,使其既不会达到爆炸地步又不至于产生零功率。这是一个控制问题,对应的状态方程是非线性扩散方程,控制参数为 $D^{(i,j)}(x,\varphi)$,即由调整铀组件来达到。

这也是一个非线性扩散方程的周期解计算问题。

我们和第二机械工业部第二研究设计院(北京)就此问题展开了项目合作,这也是黄艾香 1984—1985 年主持的国家自然科学基金项目(No. 84)的研究内容,以及相应的黄艾香发表的学术论文的内容。

(3)柴油发动机气缸内燃湍流和增压的热力气动循环问题(和陕西兴平 408 厂合作项目)。

这是一个燃烧-湍流-热力气动循环过程。油通过喷嘴雾化燃烧产生能量推动活塞对外做功,这一过程是燃烧-湍流过程;然后压缩对外做功,并使排气阀从面积为零逐渐开启到最大值,把气体(有很高的温度和压力)通过排气阀排出;通过管道去驱动涡轮(由转动叶片使得进口的高温高压气体对外做功),带动压气机把新鲜空气压缩到气缸内进行燃烧。

整个热力气动循环过程保持能量平衡,即要使气缸功率、燃气机功率和压气功率到达平衡点。整个燃烧流动过程,在排气阀从面积为零逐渐开启到最大值时的连接条件(边界条件)带有奇性。这是一个带有奇性边界条件的气体黏性流动问题。我们引入一个新的物理量,应用数学方法将带有奇性的边界条件转化为非奇性方程,使得研制的程序可以稳定地计算这个周期流动。

(4)大型轴承润滑的稳定性问题。

轴承润滑是两个非同心圆柱之间黏性流动问题。它的稳定性是非同心圆柱黏性流动的 Taylor 问题。给出 N-S 方程转向点和分歧点的判别方法,分歧参数是转速和偏心率,应用张量分析和修正双极坐标系,得到圆柱度量张量的摄动形式,从而得到判别稳定性参数的 Taylor 数的摄动形式,并且建立了一个针对反应弯曲效应的轴承润滑广义雷诺方程。

(5)大型镗床的刚度分析(和武汉重型机床研究所合作)。

建立了大型薄壁构件三维问题分解为二维和一维耦合求解的数学模型,研制的程序用于武汉重型机床研究所重型机床设计及陕西省公路研究所全国 12 座公路桥梁的设计。

(6)研制复合层介质电场分布有限元计算程序(和西安变压器电炉研究所、沈阳变压器电炉研究所合作),全国有三个厂将其用于变压器和短尾电容器设计。

(7)提出一个线性和非线性弹性壳体的维数分裂方法。

应用嵌入三维空间(欧氏或黎曼空间)的二维流形上的混合张量分析,将弹性力学方程分解为壳体中心面法线方向算子和切空间里的算子,而弹性力学方程的解展开为关于贯截变量的 Taylor 级数,可以得到一系列二阶方程。证明了零阶项的变分形式,得到误差阶为 $O(\varepsilon^{\frac{1}{2}})$,其它的方法对椭圆壳体的误差阶为 $O(\varepsilon^{\frac{1}{5}})$。

以上的成果均体现在我们出版的学术著作和发表的学术论文中。

(二)关于数值方法的创新成果

(1)建立在 N-S 近似惯性流形基础上两重网格的一步牛顿迭代算法,构造一类 N-S 近似惯性流形,证明其存在性,给出近似惯性流形厚度的估计和相应非线性 Galerkin 方程的一步牛顿迭代算法,证明了它比经典的 Galerkin 方法收敛速率提高一倍多,比 Marion-Temam 型的非线性 Galerkin 解提高 1/2 阶。

(2)提出了求解 N-S 方程组的低等阶元局部高斯积分稳定化方法,全离散时空多水平算法,黏性相关迭代法和时空隐式/显式迭代算法,证明了在初值光滑条件下求解非定常 N-S 方程组的线性化隐式、显式全离散有限元解是几乎无条件稳定和收敛的,突破了传统意义上时间步长依赖网格尺度的苛刻约束条件限制。在计算数学、计算物理和计算力学等国际顶尖期刊和其他重要期刊发表 SCI 论文 62 篇,被引用 953 次,其中 20 篇论文被 SCI 他引 491 次,8 篇代表作被 SCI 他引 366 次,3 篇为 ESI 高被引论文。

(3)对非线性方程的分歧问题,特别是 N-S 方程的分歧问题,提出一个二维核空间分歧问题的扩充系统方法。把分歧点变为扩充后的正则点,此扩充系统的特点是可以分块求解,除一子块外,其余子块均可解析求逆,数值求解子块的规模与原问题相当,这种算法也可应用于对称破缺分歧问题。给出了关于 N-S 方程极限点和分歧点以及对称破缺分歧的条件及扩充系统,并且证明了这个扩充系统的谱方法收敛性、给出了误差估计。

(4)提出 N-S 方程时滞近似惯性流形和相应非线性 Galerkin 方程,特别是提出小涡校正迭代法,使得可以在大范围时间内计算。

(5)提出一个线性和非线性弹性壳体的维数分裂方法。

应用嵌入三维空间(欧氏或黎曼空间)的二维流形上的混合张量分析,建立在二维流形的基础上的半测地坐标系,得到一系列高维空间几何量与相应流形上几何量的关系式,它们或是关于贯截变量的多项式,或是有理多项式;给出了当流形发生形变的时候,流形上的几何量关于变形的 Gateaux 导数。

（三）关于偏微分方程的研究

证明了在斜边界导数下完全非线性椭圆型方程古典解的存在。给出散度型椭圆方程的极值原理。

二、获得省部级以上科技奖

四十年来，以上研究成果所获得省部级以上的科技奖有 18 项。

序号	项目名称	所获奖项	获奖时间	获奖人
1	潜艇增压柴油机压力波计算	陕西省科学大会奖	1978 年	李开泰，蒋德明，钱树基（408 厂）
2	分层介质三维电场有限元解及其在变压器引出线端电场分布的应用	陕西省科技成果奖三等奖	1979 年	黄艾香，李开泰，黄庆怀
3	叶轮机械内部三元流动有限元解	机械工业部科技成果奖 三等奖	1981 年	李开泰，黄艾香
4	有限元方法及其应用软件	国家教委科技进步奖 二等奖	1986 年	李开泰，黄艾香，黄庆怀
5	核反应堆物理计算和核燃料管理	国家教委科技进步奖 二等奖	1990 年	黄艾香，黄庆怀，游兆永，汤裕仁和屠柱国（核工业部第二设计研究院），李开泰
6	N-S 方程分歧理论及其数值计算	陕西省科技进步奖一等奖	1991 年	李开泰，黄艾香，每甄，游兆永
7	节点展开法数学基础	陕西省教委科技进步奖 二等奖	1991 年	黄艾香，李开泰，张波，陈安平
8	有限元边界元耦合方法及其应用	陕西省教委科技进步奖 二等奖	1993 年	李开泰，何银年
9	流动问题中稳定性、分歧及其高性能算法	陕西省科学技术奖二等奖	2002 年	李开泰，何银年，黄艾香，侯延仁，刘之行，李东升，王立周

序号	项目名称	所获奖项	获奖时间	获奖人
10	建立在惯性流形基础上 N-S 方程和湍流新算法的研究	国家自然科学奖教育部提名二等奖	2003 年	李开泰,侯延仁,何银年,黄艾香,李东升,马逸尘,王立周,梅立泉
11	复杂约束条件气液两相与多相流及传热研究	国家自然科学奖二等奖	2007 年	何银年(第五完成人)
12	N-S 方程多水平和稳定化算法研究	教育部自然科学奖二等奖	2011 年	何银年(第一完成人)
13	流体固壁边界形状最优控制理论和方法	陕西省高等学校科学技术奖 一等奖	2013 年	晏文璟,苏剑,李开泰
14	N-S 方程高性能算法及长时间行为研究	陕西省高等学校科学技术奖 一等奖	2013 年	侯延仁(第一完成人)
15	椭圆和抛物方程解的边界正则性对区域几何形状的最佳依赖关系	陕西省高等学校科学技术奖 一等奖	2014 年	李东升(第一完成人)
16	椭圆和抛物方程解的边界正则性对区域几何形状的最佳依赖关系	陕西省科学技术奖二等奖	2015 年	李东升(第一完成人)
17	N-S 方程高性能算法及长时间行为研究	陕西省科学技术奖二等奖	2015 年	侯延仁(第一完成人)
18	不可压缩流动高效数值方法研究及应用	陕西省科学技术奖一等奖	2016 年	何银年

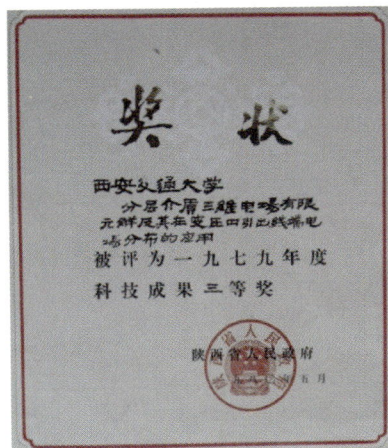

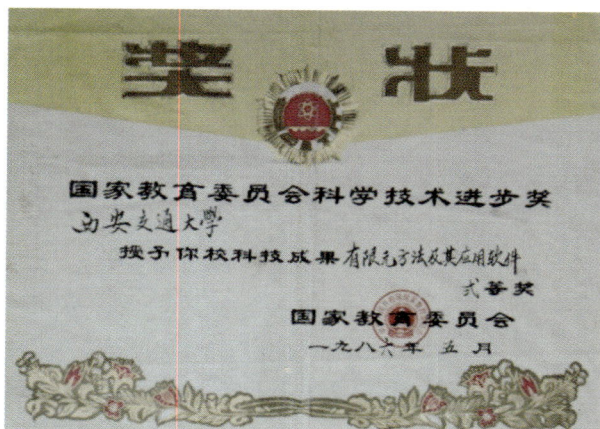

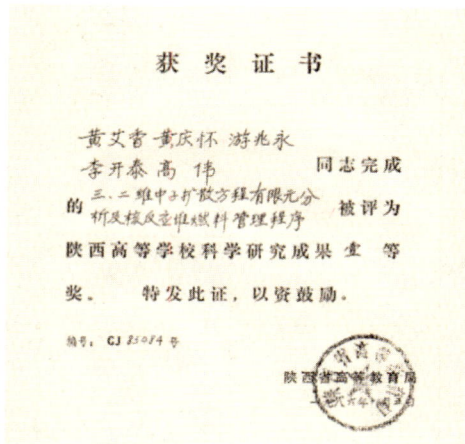

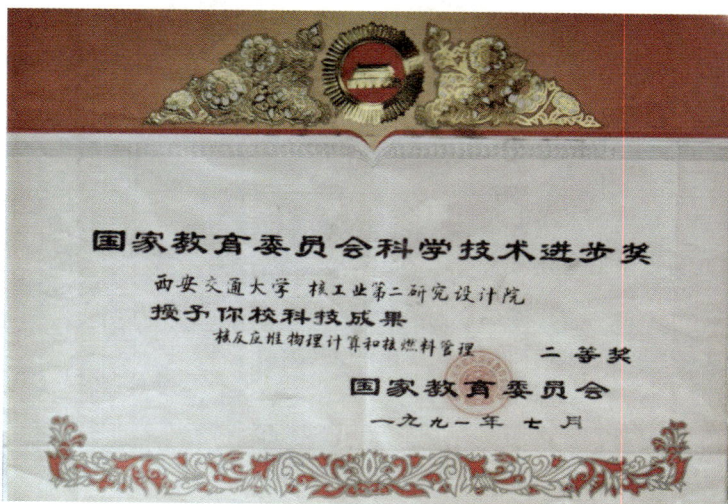

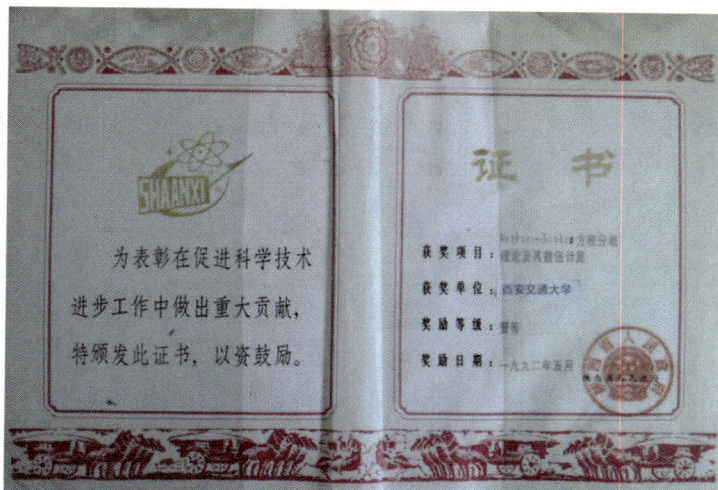

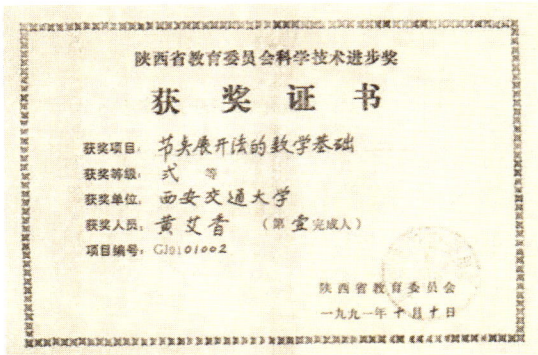

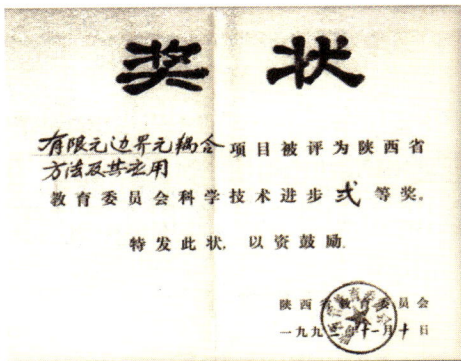

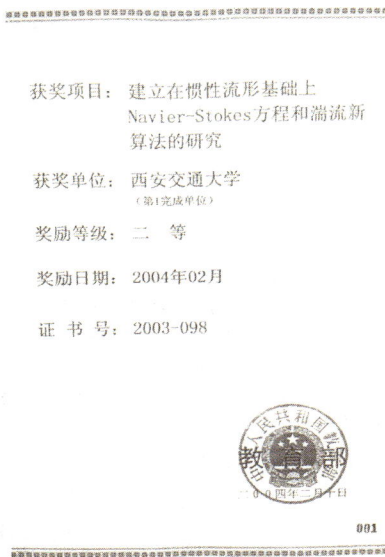

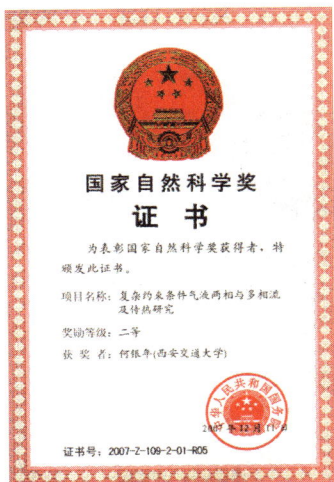

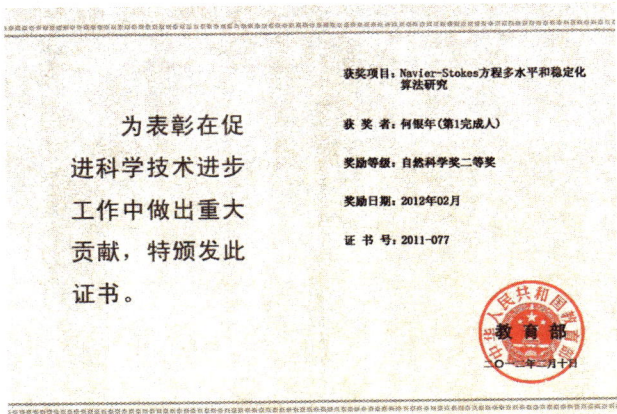

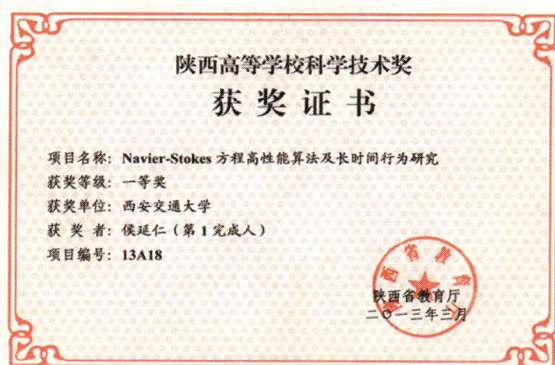

陕西高等学校科学技术奖

获奖证书

项目名称：Navier-Stokes方程高性能算法及长时间行为研究
获奖等级：一等奖
获奖单位：西安交通大学
获奖者：侯延仁（第1完成人）
项目编号：13A18

陕西省教育厅
二〇一三年三月

陕西高等学校科学技术奖

证书

为表彰陕西高校科学技术奖获得者，特颁发此证书。

项目名称：流体固壁边界形状最优控制理论和方法
获奖等级：壹等奖
获奖单位：西安交通大学
项目编号：13A19

陕西省教育厅
二〇一三年三月

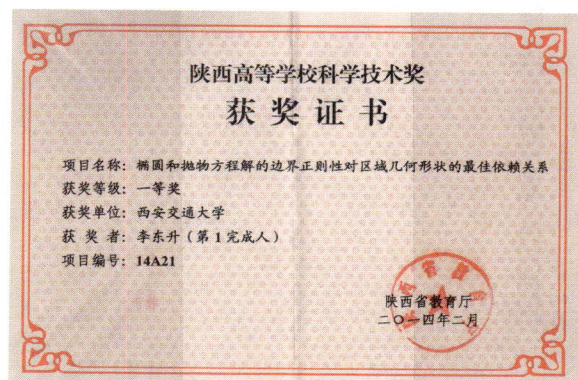

陕西高等学校科学技术奖

获奖证书

项目名称：椭圆和抛物方程解的边界正则性对区域几何形状的最佳依赖关系
获奖等级：一等奖
获奖单位：西安交通大学
获奖者：李东升（第1完成人）
项目编号：14A21

陕西省教育厅
二〇一四年二月

陕西省科学技术奖

证书

为表彰陕西省科学技术奖获得者，特颁发此证书。

项目名称：Navier-Stokes方程高性能算法及长时间行为研究
奖励等级：贰等
获奖者：侯延仁

证书号：14-2-88-R1

陕西省科学技术奖

证书

为表彰陕西省科学技术奖获得者，特颁发此证书。

项目名称：椭圆和抛物方程解的边界正则性对区域几何形状的最佳依赖关系
奖励等级：贰等
获奖者：李东升

2016年2月1日

证书号：2015-2-096-R1

陕西省科学技术奖

证书

为表彰陕西省科学技术奖获得者，特颁发此证书。

项目名称：不可压缩流动高效数值方法研究及应用
奖励等级：壹等
获奖者：何银年

2017年2月4日

证书号：2016-1-36-R1

国家科学技术奖励推荐书

（适用于国家自然科学奖、技术发明奖、科技进步奖）

一、项目基本情况

奖种：自然科学奖　　学科（专业）评审组代码：101　　序号：　　编号：

项目名称 中文	建立在惯性流形基础上 Navier-Stokes 方程和湍流新算法的研究		
项目名称 英文	Study of the New Algorithms Based on the Inertial Manifolds for the Navier-Stokes Equations and Turbulence		
主要完成人	李开泰 何银年 侯延仁 黄艾香 李东升 马逸尘 王立周 梅立泉		
主要完成单位	西安交通大学		
推荐单位（或专家）（盖章）	西安交通大学	项目名称可否公布	可以
		密级及保密期限	无
主题词	Navier-Stokes方程；湍流；近似惯性流形;时滞惯性流形;非线性 Galerkin 方法		
学科（专业）分类名称代码	偏微分方程数值解 1106130	所属国民经济行业	M,N
任务来源	√A、国家计划 B、部、委 C、省、市自治区 √D、基金资助 E、国际合作 F、其他单位委托 G、自选 H、非职务 I、其他		
计划(基金)名称和编号	国家重大基础研究攀登项目（No.A4）：大规模科学与工程计算理论和方法(李开泰) 国家重大基础研究发展规划项目 973：大规模科学计算研究(G1999 032801)(李开泰、侯延仁) 863 计划项目：并行算法研究与实现（No. 2001AA111042）（蒋耀林,何银年） 国家自然科学基金面上项目有： 1. 三维可压和不可压 Navier-Stokes 方程并行算法(李开泰)，18972053 2. 三维透平流动非线性 Galerkin 方法和叶轮最佳设计(李开泰)，59076260 3. 内流问题近代算法研究（黄艾香），19671067 4. Navier-Stokes 方程和湍流结构(李开泰)，19272052 5. 关于 N-S 方程惯性流形算法的研究（何银年），19971067 6. N-S 方程新型近似惯性流形构造及相应高效并行算法研究（侯延仁)，10101020 7. 基于 Newton 法的 N-S 方程新型惯性算法研究（侯延仁)，TY10126004 国家科委项目：Navier-Stokes 方程的分形几何和湍流的数学理论(李开泰) 国防预研基金：非定常大迎角涡流的 N-S 模型（95J13A.2.2JW0802）（黄艾香）		
项目起止时间	起始：1989 年 1 月	完成：2002 年 10 月	

国家科学技术奖励工作办公室制　　1　　003

陕西省科技进步奖推荐书

一、项目基本情况

专业评审组代码：22　　省级成果登记号：陕科 2002-083　编号：

项目名称 中文	流动问题中稳定性、分歧及其高性能算法		
项目名称 英文	Stability、Bifurcation and High Performance Algorithms in Flow Problem		
主要完成人	李开泰、何银年、黄艾香、侯延仁、刘之行、李东升、王立周		
主要完成单位	西安交通大学		
推荐部门	陕西省教育厅	项目名称可否公布	√可　否
主题词	流动、稳定性、分歧、高性能算法		
学科分类	代码 0 [illegible]　名称：数理、天文	所属国民经济行业	1 2 3 4 5 6 7 8 9 10 11 12 13
任务来源	√A、国家计划 B、部、委 C、省、市自治区 √D、基金资助 E、其他单位委托 F、中外合作 G、自选 H、其他 I、非职务		
计划名称和编号	1.国家重大基础研究攀登项目"大规模科学与工程计算理论和方法 A4 2.国家重大基础研究发展规划项目：G1999032801		
项目起止时间	起始：1989 年 1 月 1 日	完成 2001 年 12 月 31 日	

1

002

填表单位：部核物理及核能计算软件研究室　　填表日期：85年11月30日

成果名称	三维、二维中子扩散方程有限元分析及核反应堆燃料管理程序	工作起止时间	1980.12—1985.2
任务来源	核工业部第二研究设计院	建议密级	
负责单位	部核物理及核能计算软件研究室	主要协作单位	核工业部第二研究设计院
课题负责人	黄艾香	课题参加人	黄庆怀、高伟

成果主要内容：（说明意义，国内外水平，特点，技术经济效果对比，成熟程度等）

核反应堆物理计算是反应堆工程和核电站设计运行的理论根据，在国防和能源建设方面有着重要意义。而中子扩散方程求解和核燃料管理是核反应堆物理计算的一个重要方面。

"三、二维中子扩散方程有限元分析及核燃料管理程序"自1980年12月起，经过约四年的努力，现已完成，三维、二维程序先后投入运行，经过国际基准题和实际堆型的检验，程序运行正常，计算精度较高，计算机时也比较节省。由于研制的方向是着眼于构造大型程序系统，故程序功能较强，也很灵活，使用方便。

这个成果是应用有限元方法解决三维反应堆物理计算方面，达到了国内、外先进水平。目前国内没有人做过，国外也只有苏联等先进国家有少数几个程序。由于我们使用并改进了林群加速收敛方法，所得结果和他们比较，计算时间节约了9/10。

本成果在数值分析上做得较完整，理论上进行了深入的研究，证明了新方法的收敛性并给出了误差估计。在实践上取得了较好的效果。

成果内容包括四个部分（见续页、附件）。

附件：

西安交通大学讲义专用稿纸

讲义名称：　　教员姓名：　　续1页

"三、二维中子扩散方程有限元分析及核反应堆燃料管理程序"

课题负责人：黄艾香

参加者：黄庆怀、[illegible]、[illegible]、高伟（[illegible]）

顾问：游兆永、李开泰

自1980年12月开始，经过了四年多的努力，"三、二维中子扩散方程有限元分析及核反应堆燃料管理程序"课题，已基本完成。先后进行了一些堆型的实验，经过国际基准题和实验的检验，程序运行正常，计算精度良好，计算时间节约。

此项成果包括以下四项：

1. 三维少群中子扩散方程本征值问题有限元解及核燃料管理程序——3DFEM-FEDP.

该程序用FORTRAN语言写成，有46个子程序，1961条语句。分为两个独立的程序，第一个程序是前处理程序，计算一些必要的有限元信息；第二个程序是燃料管理的整个过程。这两程序可以独立运行，也可以自动联合运行。内容有：

1) 有限元网格自动剖分（包括全堆、1/2堆、1/4堆、1/6堆），
2) 运用有限元方法和林群加速收敛方法求解中子扩散方程，
3) 调临界（包括调硼、调棒、调堆尺寸）。
4) 燃耗计算。
5) 重水动力反应堆堆型几何结构和有限元剖分的拓扑

附注：(1)本稿纸仅供教员编写本讲义用(2)绘图尺寸请勿超过18.5×18公分　20×25=500

2

三、出版著作

[1]李开泰,黄艾香.张量分析及其应用.西安交通大学出版社,1984;科学出版社,2004.

[2]李开泰,黄艾香,黄庆怀.有限元方法及其应用.西安交通大学出版社,1984,1988,1993;科学出版社,2006,2007.

[3]Li Kaitai,J Marsden,M Golubinsky,G Iooss. Proceedings of the International Conference on Bifurcation Theory and its Numerical Analysis. Xian Jiaotong University Press,1988.

[4]李开泰,马逸尘.数学物理方程 Hilbert 空间方法.西安交通大学出版社,1990,科学出版社,2007.

[5]李开泰,马逸尘.广义函数和 Sobolev 空间.西安交通大学出版社,1990,2009.

[6]Zhangxin Chen,Shui-Nee Chow,Kaitai Li. Bifurcation Theory and its Numerical Analysis——Proceedings of the 2nd International Conference. Singapore:Springer-Verlag,1999.

[7]马逸尘,梅立泉,王阿霞.偏微分方程现代数值方法.科学出版社,2005.

[8]李开泰.重大装备中问题驱动的应用数学理论和方法.西安交通大学出版社,2008.

[9]钟万勰,李开泰.有限元理论与方法(第三分册).科学出版社,2009.

[10]黄艾香,周天孝.有限元理论与方法(第一分册).科学出版社,2009.

[11]李开泰,黄艾香.Navier-Stokes 方程边界形状控制和维数分裂方法及其应用.科学出版社,2013.

[12]Li Kaitai,Huang Aixiang,Huang Qinhui. Finite Element Method and its Applications. Alpha-Science Press(UK),Science Press(China),2015.

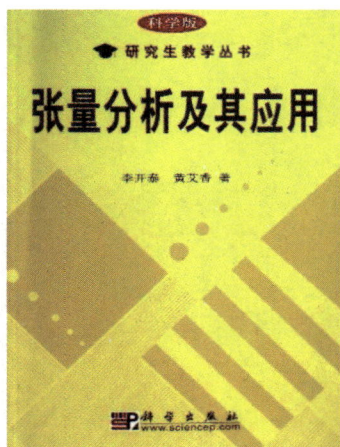

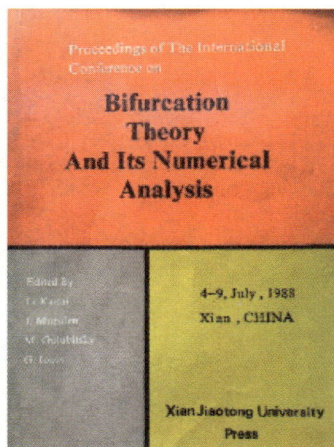

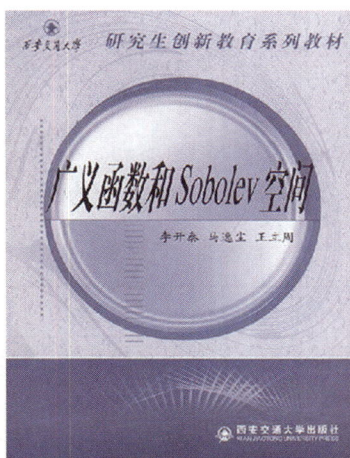

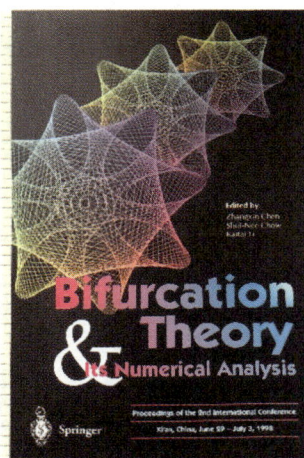

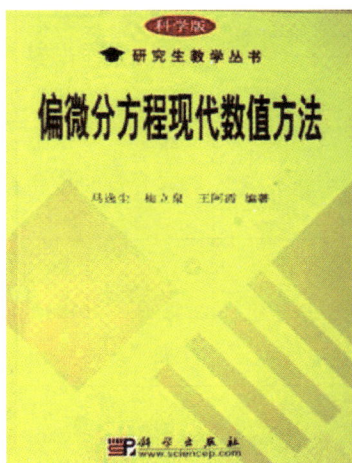

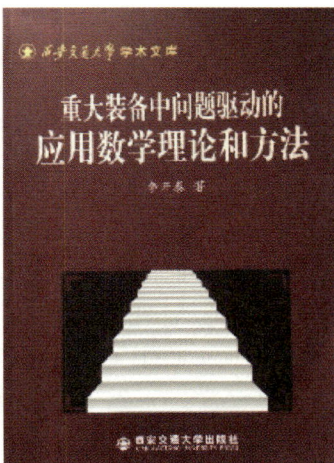

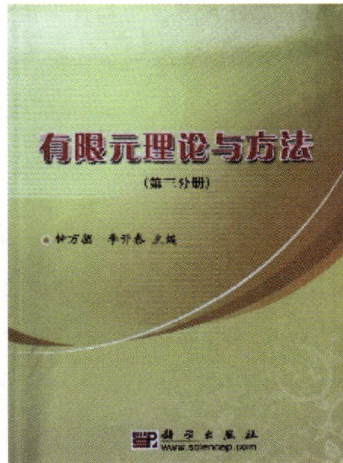

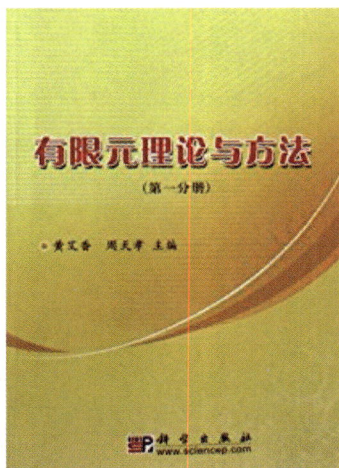

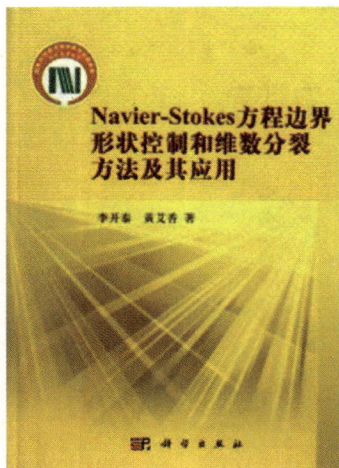

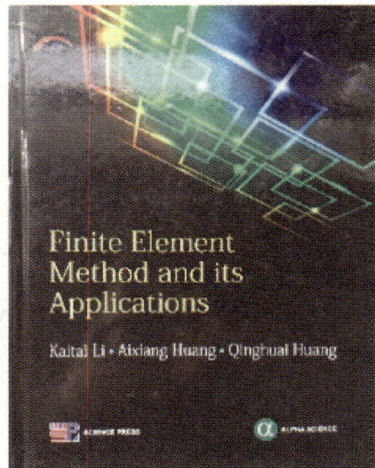

四、基金项目

自 1982 年国家自然科学基金设立以来,计算物理研究室一直得到资助,共主持 58 项面上基金,另有 5 人次参加 3 项国家重点基础研究发展计划项目研究。

重大基础研究项目

项目名称(编号)	来源与级别	参与人	起止时间
大规模科学与工程计算的理论和方法	国家基础性研究重大项目计划(攀登计划)	李开泰	1992/1996—1997/1998
大规模科学计算的研究(G1999032801－07)	国家重点基础研究发展计划	李开泰,何银年,侯延仁	1999 年—2004 年
关键部件高强度大构件保质设计制造技术(2011CB706505)的压缩机内部三维流动算法和叶片几何形状最优控制	国家重点研究发展计划	王尚锦,李开泰,陈浩	2011 年—2016 年
叶轮机气动力学新一代反命题和优化设计研究(50136030)	国家自然科学基金重点项目	李开泰	2002 年—2005 年
"高性能科学计算研究"子课题"复杂流动问题的高性能算法研究"(2005CB321703)	国家重点基础研究发展计划("973 计划")项目	何银年为第三课题组研究骨干	2008.01—2010.12

项目名称（编号）	来源与级别	参与人	起止时间
面向千万亿次高效能计算机的大型流体机械整机非定常流动并行计算软件的研发及应用（2009AA01A135）	国家高技术研究与发展计划（"863 计划"）项目	何银年为数学分课题组长	2010.1—2010.12
并行算法研究与实现（2001AA111042）	国家高技术研究与发展计划（"863 计划"）项目	何银年为课题组副组长	2001.10—2003.12
超高音速火箭撬实验与测试技术（JCKY 2016208A006）	国防科研项目	侯延仁参与	2017 年—2019 年

自然科学基金项目、国家级、省级科研项目

项目名称（编号）	来源与级别	主持人	起止时间
有限元方法及其应用软件（1820427）	国家自然科学基金面上项目	李开泰	1982 年—1985 年
透平机械内部三元黏性流动（85055）	国家自然科学基金面上项目	李开泰	1985 年—1988 年
计算流体力学软件包（8502）	国家教委博士学科点专项科研基金项目	李开泰	1985 年—1988 年
无电极发电 CAD 和数学模型（8869801）	国家教委博士点基金项目	李开泰	1987 年—1990 年
三维可压和不可压 N-S 方程的并行算法（18972053）	国家自然科学基金面上项目	李开泰	1989 年—1991 年
三维透平流动非线性 Galerkin 方法和叶轮最佳设计（58076260）	国家自然科学基金面上项目	李开泰	1991 年—1993 年
N-S 方程和湍流结构（19272052）	国家自然科学基金面上项目	李开泰	1993 年—1995 年
N-S 方程的分形几何和湍流的数学理论	国家科委基础研究项目	李开泰	1993 年—1996 年
近似惯性流型及相关算法（19671067）	国家自然科学基金面上项目	李开泰	1996 年—1998 年
关于 N-S 方程惯性流形算法的研究（19971067）	国家自然科学基金面上项目	李开泰	2000.1—2002.12

项目名称（编号）	来源与级别	主持人	起止时间
潜射导弹水下和出水时固体表面应力分析，流体固体耦合的动力稳定性分析和计算（10571142）	国家自然科学基金面上项目	李开泰	2006.1—2008.12
三维可压和不可压旋转 N-S 方程维数分裂方法（10971165）	国家自然科学基金面上项目	李开泰	2010.1—2012.12
有限元方法的新结构及其在中子扩散方程中的应用（84）	国家自然科学基金面上项目	黄艾香	1984 年—1985 年
透平三维湍流非线性 Galerkin 方程与叶片最佳设计（59076260）	国家自然科学基金面上项目	黄艾香	1990
内流问题近似算法的研究（19671067）	国家自然科学基金面上项目	黄艾香	1996
10210201001	国际合作交流项目	黄艾香	2001
非定常 N-S 方程全离散分层算法研究（10410401033）	国家自然科学基金面上项目	黄艾香	2004
求解 N-S 方程的有效性（10510401142）	国家自然科学基金面上项目	黄艾香	2005
偏微分方程数值解（10610101016）	国家自然科学基金面上项目	黄艾香	2006
三维叶轮机械叶片形状反问题研究（10371038）	陕西省自然科学基金项目	马逸尘	2004
流体中形状优化的算法研究（10671153）	国家自然科学基金项目	马逸尘	2007
湍流的数学理论及其有效算法的研究（99SL05）	陕西省自然科学基金项目	何银年	2000.1—2002.12
关于 N-S 方程惯性流形算法的研究（教外司留[1999]747 号）	教育部留学回国人员基金项目	何银年	2000.1—2002.12
关于 N-S 方程惯性流形算法的研究（19971067）	国家自然科学基金项目	何银年	2000.1—2002.12
黏性不可压缩流动的多层数值方法（2003A01）	陕西省自然科学基金项目	何银年	2004.1—2006.12
非定常 N-S 方程全离散多层算法研究（10671154）	国家自然科学基金项目	何银年	2004.1—2006.12
N-S 方程数值逼近中的大时间步长方法（10671154）	国家自然科学基金项目	何银年	2007.1—2009.12

项目名称(编号)	来源与级别	主持人	起止时间
三维非定常 N-S 方程的隐/显式数值格式的研究(10971166)	国家自然科学基金项目	何银年	2010.1—2012.12
不同黏性的 N-S 方程的有限元迭代算法(11271298)	国家自然科学基金项目	何银年	2013.1—2016.12
三维不可压缩 MHD 方程组的全离散隐式/显式差分有限元算法	国家自然科学基金项目	何银年	2018.01—2021.12
基于 Newton 法的 N-S 方程新型惯性算法研究(TY10126004)	数学天元基金项目	侯延仁	2001.1—2003.12
N-S 方程新型近似惯性流形构造及相应高效并行算法研究(10101020)	国家自然科学基金项目	侯延仁	2002.1—2004.12
建立在时滞惯性流形基础上的 N-S 方程高性能算法研究(10471110)	国家自然科学基金项目	侯延仁	2005.1—2007.12
具有弱耦合特性 N-S 方程两水平算法(10871156)	国家自然科学基金项目	侯延仁	2009.1—2011.12
N-S 方程并行自适应算法研究(20110201110027)	博士点基金项目	侯延仁	2012.1—2014.12
基于两重网格的 N-S 方程并行自适应后处理及变分多尺度算法研究(11171269)	国家自然科学基金项目	侯延仁	2012.1—2015.12
N-S 方程可扩展两重网格并行算法(11571274)	国家自然科学基金项目	侯延仁	2016.10—2019.12
中子输运方程的谱流线扩散有限元耦合方法(10001028)	国家自然科学基金项目	梅立泉	2001.1—2003.12
汽车碰撞模拟的稳定性分析	教育部留学回国人员科研启动基金项目	梅立泉	2005.1—2007.12
叶轮机械内部三维黏性流动的维数分裂方法(10471109)	国家自然科学基金项目	梅立泉	2005.1—2007.12
××在天地力学环境下相似性统计学习的建立方法(61355010202)	国防 973 项目子专题	梅立泉为子专题负责人	2006.1—2009.12
运载火箭多场耦合计算的多尺度有限元方法(10971164)	国家自然科学基金项目	梅立泉	2010.1—2012.12
黑洞吸积流求解的多尺度有限元方法及怪波现象研究(11371289)	国家自然科学基金项目	梅立泉	2014.1—2017.12

项目名称（编号）	来源与级别	主持人	起止时间
关于具有临界指数的半线性椭圆型偏微分方程正解的研究（A0324630）	数学天元青年基金项目	李东升	2003 年
椭圆与抛物方程解的正则性与区域的几何性质（10771166）	国家自然科学基金项目	李东升	2008.1—2010.12
偏微分方程正则性（10911120393）	国家自然科学基金项目	李东升	2010.1—2011.12
椭圆与抛物方程解的边界正则性对区域边界的依赖性（11171266）	国家自然科学基金项目	李东升	2012.1—2015.12
完全非线性椭圆方程解的边界正则性（11671316）	国家自然科学基金项目	李东升	2017.1—2020.12
一类拟线性椭圆型方程的解及其渐近行为的研究（10426027）	国家自然科学基金项目	张正策	2005.1—2005.12
一类非线性椭圆型方程（组）解的性质研究（10701061）	国家自然科学基金项目	张正策	2008.1—2010.12
黏性 Hamilton-Jacobi 方程解的渐近性质研究	教育部留学回国人员基金	张正策	2012.5—2015.4
三类非线性椭圆和抛物方程奇异解的渐近性态与稳定性分析（11371286）	国家自然科学基金项目	张正策	2014.1—2017.12
流场与温度场耦合的最优形状设计问题（20080441176）	中国博士后科学基金项目	晏文璟	2009.1—2010.12
温度变化流场中的形状最优控制（20090201120055）	国家教育部博士学科点新教师项目	晏文璟	2010.1—2012.12
多物理场耦合的最优形状设计方法的研究（10901127）	国家自然科学基金青年基金项目	晏文璟	2010.01—2012.12
基于两重网格的 N-S 方程并行自适应后处理及变分多尺度算法研究（11171269）	国家自然科学基金面上项目	晏文璟为骨干成员	2012.01—201.12
声表面波驱动的生物芯片形状优化设计（1191320003）	中央高校基本科研业务费学科综合交叉项目	晏文璟	2013.01—2015.12
致密油气藏地震资料反演的混合建模与基础算法（A0117）	国家自然科学基金重大研究计划项目	晏文璟为骨干成员	2014.01—2017.12
叶轮叶片与飞机翼型的最优形状控制问题新的理论和方法研究（11371288）	国家自然科学基金面上项目	晏文璟	2014.1—2017.12

项目名称(编号)	来源与级别	主持人	起止时间
Navier-Stokes 方程支配的变分和半变分不等式的自适应间断 Galerkin 方法(11771350)	国家自然科学基金项目	晏文璟为骨干成员	2018.1—
致密油气储层地球物理表征与甜点检测(91730306)	国家自然科学基金项目	晏文璟为骨干成员	2018.1—
拟凸区域上的散度型椭圆方程的正则性(10926079)	国家自然科学基金(天元)项目	贾惠莲	2010.1—2010.12
拟凸区域上的抛物方程的正则性(11101324)	国家自然科学基金(青年)项目	贾惠莲	2012.1—2014.12
基于近似惯性流形的叶轮机械内部三维黏性流动的高性能算法(10926080)	国家自然科学基金专项基金(数学天元基金)项目	苏剑	2010.1—2010.12
流体中形状优化设计问题的自适应伴随算法研究(11001216)	国家自然科学基金青年基金	苏剑	2011.1—2013.12
基于新投影的流体机械内部流动的两重网格算法研究(2013M540750)	中国博士后基金面上项目(一等资助)	刘庆芳	2013.8—2016.7
N-S 方程的稀疏两重网格算法研究(20130201120052)	教育部博士点基金新教师类项目	刘庆芳	2014.1—2016.12
流体机械内部非定常流动问题的高效两重网格算法(11401466)	自然科学基金青年基金项目	刘庆芳	2015.1—2017.12
无穷 Laplace 方程解的边界正则性(A010802)	自然科学基金青年基金项目	洪广浩	2014.1—2016.12
分数阶微分方程的数值方法研究((2014M560756)	中国博士后基金面上项目(一等资助)	郭士民	2015.1—2016.12
复杂物理环境中等离子体模型的怪波解研究(xjj2015067)	中央高校基本科研业务费专项资金项目	郭士民	2015.1—2017.12
等离子体中分数阶微分方程求解的有限元方法研究(11501441)	国家自然科学基金青年科学基金项目	郭士民	2016.1—2018.12
三维分数阶非线性耦合方程组的谱方法研究(2018M631135)	中国博士后基金面上项目(一等资助)	郭士民	2019.1—2020.12

项目名称（编号）	来源与级别	主持人	起止时间
关于大尺度大气本原方程组的研究（2013M532026）	中国博士后基金（二等资助）	尤波	2013.12—2015.12
大尺度大气海洋本原方程组的长时间行为（11401459）	国家自然科学基金青年科学基金项目	尤波	2015.1—2017.12
三维大尺度海洋环流的行星地转方程组的长时间行为（2015JM1010）	陕西省自然科学基金面上项目	尤波	2015.1—2016.12
肿瘤生长扩散界面模型的动力学行为	西安交通大学基本科研业务费	尤波	2018.1—2020.12
层列型液晶流 Ericksen-Leslie 方程组动力学的研究	陕西省自然科学基金	尤波	2018.1—2019.12
一类趋化与主动传输作用下肿瘤生长扩散界面模型的动力学行为研究	国家自然科学基金	尤波	2019.1—2022.12
两相流区域耦合问题的研究（11401467）	国家自然科学基金青年项目	陈洁	2015.1—2017.12
两相两组分流体的模型建立和数值求解（2013M542334）	中国博士后科学基金面上项目（二等资助）	陈洁	2013.9—2015.9
两相两组分流体的数值模拟（xjj2014011）	西安交通大学自由探索项目	陈洁	2014.1—2016.12
两相流区域耦合问题的研究（2015JQ1012）	陕西省青年项目	陈洁	2015.1—2016.12
多孔介质中非常规流体模拟	Computer Modeling Group Foundation	陈洁	2015.1—2018.12
两相流区域耦合问题的模型建立和数值求解（2015T81012）	中国博士后科学基金（特等资助）	陈洁	2015.7—2017.6
变分不等式的自适应间断 Galerkin 方法（11101168）	国家自然科学基金青年基金项目	王飞	2012.1—2014.12
N-S 方程支配的变分和半变分不等式的自适应间断 Galerkin 方法（11771350）	国家自然科学基金面上项目	王飞	2018.1—2021.12

批准科学基金资助项目的通知

(82) 科基金函文淮字第3?0号

西安交大科研处转

李开泰 同志:

您提出的科学基金申请，经科学家同行评议和有关学部科学基金组审查，同意给予资助。请按照右列批准意见制订具体研究工作计划(一式两份)，并填写拨款申请书，尽速报来。如有不同意见，可在一个月内向我会提出。研究工作计划与拨款申请书格式附后。

一九八二年

高等学校科学技术基金批准资助课题列入计划安排的通知

(85) 高校基金准字第2号

西安交大 转
李开泰 同志:

您提出的高校基金资助课题，计算流体力学软件包 的申请，经同行专家评议和有关评审组审查，同意列入85—87年度计划安排项目，经核定批准经费总金额为 0.8 万元，各年度分配为：85年度 0.4 万元，86年度 0.6 万元，87年度 万元，请于一个月内报送85至87年度研究工作实施计划。如有不同意见，请于一个月内提出，否则以自动放弃对待。

高校基金办公室
一九八五年 9 月 20 日

请将"课题登记表"填好后于10月26日前交我科

科研科
85.10.14

中国科学院科学基金资助项目批准意见

课题名称	有限元方法的理论和应用软件的研制
申请者	李开泰
审批单位	中国科学院 数理学部基金组
批准资助总金额	10,000元	批准研究年限	三年

评审意见：

同意资助，但该申请经费数额明显偏高，和数学大亡项目平衡后，批准三年共资助10,000元

国家自然科学基金
资助项目批准通知

李开泰 同志:

您提出的科学基金申请，经同行专家评议，有关学科评审组评审，国家自然科学基金委员会批准，同意给予资助。请按附去的批准意见，填报《国家自然科学基金资助项目研究计划》一式三份，务于11月15日前报来。如有不同意见，可在此期限内提出。逾期不报又不说明理由者，视为自动放弃接受资助。凡接受资助的项目负责人及其所在单位，均须执行国家自然科学基金委员会的各项规定，按时报送有关报告和统计资料。资助经费必须专款专用。受资助期间取得的研究成果应按我委有关规定管理，有关论著应标注"国家自然科学基金资助项目"。

附：1.资助项目批准意见表
    2.资助项目研究计划(格式)
    3.资助项目年度进展情况报告(格式)
    4.资助项目研究工作总结(格式)
    5.资助项目研究成果登记表(格式)

请于11月15日前将表填好交科研处计

一九八六年 十 月六 日

相关文件

国家自然科学基金
资助项目批准意见表

申请者	李开泰	项目编号	18972053
项目名称	三维可压和不可压 Navier-Stokes 方程并行计算		
工作单位	西安交通大学		
资助金额	4.00万元	资助起止年月	1990年01月-1992年12月

对申请书的修改意见：

无

刀 学 处

国家自然科学基金
资助项目批准意见表

批准号	19272052		
项目名称	Navier-Stokes 方程和涡流结构		
项目负责人	李开泰	所在单位	西安交通大学
资助金额	6.0 万元	起止年月	1993年1月-1995年12月

对申请书的修改意见：

通　知

尊敬的 李开泰 教授：

您所申请的数学天元基金 ＿＿＿讲学＿＿＿ 项目（合作者 石钟慈等 ）已获批准，资助额为 1.5 万元。这项经费已于 1997 年 12 月 12 日通过信汇拨到贵校（所）。请您在收到拨款后，尽快将发票寄给：

　　100039 北京 3908 信箱数学部李克正

多谢合作。

　　顺颂

研安！

数学天元基金学术领导小组
1998 年 4 月 4 日

西安交通大学 **2004** 年校级国际合作与交流重点
项目评审结果通知

理学院李开泰老师：

　　您申请的《两种流体交界面动力学和稳定性分析及计算》项目已被批准为"西安交通大学 2004 年校级国际合作与交流重点项目－（3）海外留学人员项目"，该项目经费控制金额为 18000 元。请您按项目要求安排外籍学者来校从事合作与交流工作。待聘请工作完成后，请填写《西安交通大学 2004 年校级国际合作与交流重点项目－（3）海外留学人员项目》，并到国际处国际交流科办理报销手续。

　　该项目结题评估表请在我处网站"资料下载"栏目中下载。

联系人：李晓辉、马淑梅

联系电话：82668236、82668576

国际合作与交流处
2004-4-30

相关文件

国家自然科学基金委员会

国科金地函〔2004〕39号

关于召开国家自然科学基金重大研究计划《全球变化及其区域响应》项目评审会议的通知

王小平 先生：

根据国家自然科学基金重大研究计划的管理办法，定于2004年8月31日~9月4日在北京外国专家大厦(北京朝阳区北四环中路健翔桥东南角)召开《全球变化及其区域响应》基金重大研究计划2004年项目评审会，对初评会初选通过的项目进行评审。特聘请您为评审专家组成员，请拨冗参加会议。会议交通与食宿费用由国家自然科学基金委员会支付，如因故不能参加，请及早通知地球科学部会议联系人。

报到时间：2003年8月31日

会议地点：北京外国专家大厦(北京朝阳区北四环中路健翔桥东南角)

地学部联系人：任建国 (电话 010-62327165)

会务联系人：尹京海 (电话 010-62326949)

二〇〇四年七月二十八日

主题词：重大研究计划 评审会 通知

抄送：主管委领导、计划局、生命科学部、数理科学部、机关服务中心。

国家自然科学基金委员会地球科学部 2004年7月28日印发

国家自然科学基金资助项目批准通知

西安交通大学 科研处转 李开泰 同志：

经同行专家评议、评审，国家自然科学基金委员会批准资助您的申请项目，请您登录基金项目管理 ISIS 网络信息系统 (https://isis.nsfc.gov.cn)，获取《国家自然科学基金委员会资助项目计划书》(以下简称计划书)。《国家自然科学基金委员会以电子邮件方式将登录系统的用户名和密码发送到您在申请书中填写的电子邮箱)。

请您按照本通知的研究期限、资助金额和修改意见填写计划书，要求纸质原件(一式两份)和电子文档同时报送，纸质原件送所在单位审核盖章后，由单位在10月25日之前统一寄至我学部；电子文件由申请者上载到基金项目管理 ISIS 网络信息系统(https://isis.nsfc.gov.cn)，或用电子邮件发送到：report@pro.nsfc.gov.cn，如对批准意见有异议，须在上述日期前提出，未说明理由逾期不报者，视为自动放弃接受资助。请保证纸质原件和电子文档内容一致。

国家自然科学基金委员会
数理科学部
2005年9月22日

附：批准意见表

项目批准号	10571142	归口管理部门	数理科学部	资助领域分类代码	A0103
项目名称	潜射导弹水下和出水时固体表面应力分析, 流体固体耦合的动力稳定性分析和计算				
资助类别	面上项目		亚类说明	自由申请项目	
附注说明					
项目负责人	李开泰		依托单位	西安交通大学	
资助金额	28 万元		研究期限	2006年01月 至 2008年12月	
对研究方案的修改意见：					

国家自然科学基金资助项目批准通知

西安交通大学 李开泰同志：

根据《国家自然科学基金条例》的规定和专家评审意见，国家自然科学基金委员会决定资助您的申请项目，请您登录科学基金项目管理 ISIS 网络信息系统(https://isis.nsfc.gov.cn)，获取《国家自然科学基金资助项目研究计划书》(以下简称计划书)。您登录该系统的用户名和密码以电子邮件方式发送到您在申请书中填写的电子邮箱。

请您按照本通知的研究期限、资助金额和修改意见填写计划书，要求纸质原件(一式两份)和电子文档同时报送(请保证电子文档和纸质文件内容一致)，电子文档由申请者上传到科学基金网络信息系统(https://isis.nsfc.gov.cn)，或用电子邮件发送到：report@pro.nsfc.gov.cn 信箱，电子文档报送截止日期为9月25日；纸质原件送所在单位审核盖章后，由依托单位在9月25日前统一报送；如对批准意见有异议，须在上述日期前提出，未说明理由逾期不报计划书者，视为自动放弃接受资助。

国家自然科学基金委员会
数理科学部
年 9月

附：批准意见表（见背面）

相关文件

7100499H-170-290

国家自然科学基金
资助项目准予结题通知

侯延仁 先生/女士:

您承担的国家自然科学基金项目按有关规定已审核完毕,准予结题。

项目名称:N-S方程新型近似惯性流形构造及相应高效并行算法研究

项目批准号:10101020 项目类型:青年科学基金

项目执行期:2002.01 ~ 2004.12

项目依托单位:西安交通大学

与本资助项目有关的后续成果,请在结题后三年内继续报送。

祝您在研究工作中取得更好的成绩!

国家自然科学基金委员会

数理科学部

2005 年 7 月 15 日

国家自然科学基金资助项目批准通知

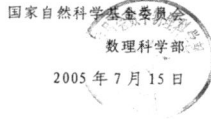

西安交通大学 侯延仁同志:

根据《国家自然科学基金条例》的规定和专家评审意见,国家自然科学基金委员会决定资助您的申请项目。请您登录科学基金项目管理 ISIS 网络信息系统(https://isis.nsfc.gov.cn),获取《国家自然科学基金资助项目研究计划书》(以下简称计划书)。您登录该系统的用户名和密码已通过电子邮件方式发送至您在申请书中填写的电子邮箱。

请您按照本通知的研究期限、资助金额和修改意见填写计划书,要求纸质原件(一式两份)和电子文档同时报送(请保证电子文档和纸质文件内容一致)。电子文档由申请人上传到科学基金网络信息系统(https://isis.nsfc.gov.cn),或用电子邮件发送到:report@pro.nsfc.gov.cn 信箱,电子文档报送截止日期为 9 月 12 日;纸质原件送所在单位审核盖章后,由依托单位在 9 月 12 日前统一报送。

如对批准意见有异议,须在上述电子文档报关截止日期前提出;未说明理由逾期不报计划书者,视为自动放弃接受资助。

国家自然科学基金委员会

数理科学部

2□□□年□月□日

附:批准意见表(见背面)

71004901-170-29

12

国家自然科学基金资助项目批准通知

西安交通大学 侯延仁同志:

根据《国家自然科学基金条例》的规定和专家评审意见,国家自然科学基金委员会决定资助您的申请项目。请您登录科学基金项目管理 ISIS 网络信息系统(https://isis.nsfc.gov.cn),获取《国家自然科学基金资助项目研究计划书》(以下简称计划书)。您登录该系统的用户名和密码以电子邮件方式发送至您在申请书中填写的电子邮箱。

请您按照本通知的研究期限、资助金额和修改意见填写计划书,要求纸质原件(一式两份)和电子文档同时报送(请保证电子文档和纸质文件内容一致)。电子文档由申请者上传到科学基金网络信息系统(https://isis.nsfc.gov.cn),或用电子邮件发送到:report@pro.nsfc.gov.cn 信箱,电子文档报送截止日期为 9 月 25 日;纸质原件送所在单位审核盖章后,由依托单位在 9 月 25 日前统一报送;如对批准意见有异议,须在上述日期前提出;未说明理由逾期不报计划书者,视为自动放弃接受资助。

国家自然科学基金委员会

数理科学部

2008 年 9 月 5 日

附:批准意见表(见背面)

关于国家自然科学基金资助项目批准及有关事项的通知

侯延仁 先生/女士:

根据《国家自然科学基金条例》的规定和专家评审意见,国家自然科学基金委员会(以下简称自然科学基金委)决定批准资助您的申请项目。项目批准号为:11571274,项目名称为:Navier-Stokes方程可扩展两重网格并行算法、直接费用:50.00万元,项目起止年月:2016年01月至2019年12月,有关项目的评审意见及修改意见附后。

请尽早登录科学基金网络信息系统(https://isisn.nsfc.gov.cn),获取《国家自然科学基金资助项目计划书》(以下简称计划书)并按要求填写。对于有修改意见的项目,请按修改意见及时调整计划书相关内容;如对修改意见有异议,须在计划书电子版报送截止日期前提出。注意:请严格按照《国家自然科学基金资助项目资金管理办法》填写计划书的资金预算表。其中、劳务费、专家咨询费科目所列金额与申请书中相比不得调增。

计划书电子版通过科学基金网络信息系统(https://isisn.nsfc.gov.cn)上传,由依托单位审核并提交至自然科学基金委进行审核。审核未通过时,退回修改后再行提交;审核通过后,打印出计划书纸质版(一式两份、双面打印),由依托单位审核并加盖单位公章后报送至自然科学基金委项目材料接收工作组。计划书电子版和纸质版内容应当保证一致。

向自然科学基金委提交和报送计划书截止时间节点如下:

1. 提交计划书电子版截止时间为2015年9月11日16点(视为计划书正式提交时间);

2. 提交计划书电子修改版截止时间为2015年9月18日16点;

3. 报送计划书纸质版截止时间为2015年9月25日16点。

请按照以上规定及时提交计划书电子版,并报送计划书纸质版,未说明理由且逾期不报计划书者,视为自动放弃接受资助。

附件:项目评审意见及修改意见

国家自然科学基金委员会

数理科学部

2015年8月17日

相关文件

以下信息来自国家基础研究自然科学基金委员会数理学部档案。

黄艾香主持/参与的项目

	主持/参与	项目批准号	申请代码1	项目名称	资助类型	负责人	依托单位	起止年月
1	参与人	11571223	A011701	聚合物凝胶非线性分析的维数分裂-无网格方法	面上项目	程玉民	上海大学	2016-01-01/2019-12-31
2	参与人	11271234	A0117	非线性问题的高精度自适应数值流形方法及其误差理论研究	面上项目	魏高峰	齐鲁工业大学	2013-01-01/2016-12-31
3	参与人	11171208	A0117	大跨空间结构非线性分析的无网格方法及其误差估计	面上项目	程玉民	上海大学	2012-01-01/2015-12-31
4	参与人	10971165	A011702	三维可压和不可压旋转N-S方程的维数分裂方法	面上项目	李开泰	西安交通大学	2010-01-01/2012-12-31
5	主持人	10410401033	A01	非常定N-S方程全离散分层算法研究	国际(地区)合作与交流项目	黄艾香	西安交通大学	2004-07-13/2004-08-13
6	主持人	10510401142	A011703	求解N-S方程的有效性	国际(地区)合作与交流项目	黄艾香	西安交通大学	2005-07-06/2005-08-06
7	主持人	59076260	E0602	透平三维湍流非线性Galerkin方程与叶片最佳设计	面上项目	黄艾香	西安交通大学	1991-01-01/1993-12-31
8	主持人	19671067	A011701	内流问题近代算法的研究	面上项目	黄艾香	西安交通大学	1997-01-01/1999-12-31
9	主持人	10610101016	A011701	偏微分方程数值解	国际(地区)合作与交流项目	黄艾香	西安交通大学	2006-04-20/2006-05-20

	主持/参与	项目批准号	申请代码1	项目名称	资助类型	负责人	依托单位	起止年月
10	主持人	10210201001	A01	第二届世界华人数学大会	国际（地区）合作与交流项目	黄艾香	西安交通大学	2001-12-17/2002-01-07
11	参与人	10371095	A011701	非定常 N-S 方程全离散多层算法研究	面上项目	何银年	西安交通大学	2004-01-01/2006-12-31
12	参与人	10571146	A011709	偏微分方程若干区间算法研究	面上项目	林群	厦门大学	2006-01-01/2008-12-31
13	参与人	10871124	A0117	无单元 Galerkin 方法的改进及其误差估计理论	面上项目	程玉民	上海大学	2009-01-01/2011-12-31
14	参与人	10001028	A0117	中子输运方程谱流线扩散有限元耦合方法的研究	青年科学基金项目	梅立泉	西安交通大学	2001-01-01/2003-12-31

主持/参与	项目批准号	申请代码1	项目名称	资助类型	负责人	依托单位	起止年月
参与人	11371289	A011701	黑洞吸积流求解的多尺度有限元方法及怪波现象研究	面上项目	梅立泉	西安交通大学	2014-01-01/2017-12-31
参与人	11371288	A011701	叶轮叶片与飞机翼型的最优形状控制问题新的理论和方法研究	面上项目	晏文璟	西安交通大学	2014-01-01/2017-12-31
参与人	91330116	F020305	基于格子 Boltzmann 方法的大规模可扩展并行计算研究	重大研究计划	张武	上海大学	2014-01-01/2016-12-31
主持人	10971165	A011702	三维可压和不可压旋转 Navier-Stokes 方程的维数分裂方法	面上项目	李开泰	西安交通大学	2010-01-01/2012-12-31
主持人	10571142	A0117	潜射导弹水下和出水时固体表面应力分析,流体固体耦合的动力稳定性分析和计算	面上项目	李开泰	西安交通大学	2006-01-01/2008-12-31
主持人	19272052	A020401	Navier-Stokes 方程和湍流结构	面上项目	李开泰	西安交通大学	1993-01-01/1995-12-31
主持人	18972053	A020415	三维可压和不可压 Navier-Stokes 方程并行计算	面上项目	李开泰	西安交通大学	1990-01-01/1992-12-31
主持人	11026021	A0108	应用数学讲习班	专项基金项目	李开泰	西安交通大学	2010-05-01/2010-12-01
主持人	A0224039		ICM2002 数学卫星会议 20	专项基金项目	李开泰	西安交通大学	2002-10-01/2002-12-31
主持人	10410101044	A011702	Navier-Stokes 方程理论和计算	国际(地区)合作与交流项目	李开泰	西安交通大学	2004-06-18/2004-07-13
主持人	10810301022	A0103	模型和模拟国际会议	国际(地区)合作与交流	李开泰	西安交通大学	2008-07-09/2008-12-12

李开泰国家自然科学基金档案

第五章　艾香-开泰基金

一、基金概况

　　2016 年交通大学建校 120 周年和迁校 60 周年之际,校友们怀着殷殷爱校之心,为建设双一流大学捐资捐物。学校创设了以知名教授命名的基金,为学子们饮水思源、惠教泽学通便利,艾香-开泰基金就是其中之一。捐赠主要来自我们已毕业的学生,到目前已有 117 名捐赠者,共捐献 287149.69 元,现将捐赠者名单列出如下(以姓氏拼音为序),感谢他们资助母校和学科发展之善举:

安　荣	白　文	蔡建刚	蔡晓峰	曹　岗	陈　浩	陈　慧	陈佳杰
陈　琪	陈蕴刚	程玉民	窦海林	窦家维	杜长喜	段献葆	凤小兵
冯民富	冯新龙	冯一凡	冯泳翰	冯祖洪	付永钢	高亚南	高志明
葛新科	葛志昊	郝佳丽	郝毅红	何国良	何银年	侯延仁	化存才
黄艾香	黄鹏展	贾国宝	贾宏恩	贾惠莲	江　松	姜伟峰	李东升
李功胜	李　剑	李开泰	李林瑾	李　瑞	李　颖	李　媛	梁　靓
梁瑞安	刘德民	刘练珍	刘庆芳	梅立泉	每　甄	潘素春	邱邑骐
任雨和	单　丽	尚月强	沈晓芹	石东洋	石剑平	石力行	史　峰
司智勇	宋丽娜	苏海燕	苏　剑	唐　波	王爱文	王川龙	王贺元
王建琪	王均全	王　坤	王绍利	王卫东	王卫东(上海)		王　媛
韦雷雷	魏高峰	文　娟	巫禄芳	吴宏春	吴建华	吴　强	吴　希
徐忠锋	严宁宁	晏文璟	杨　丽	杨　莎	杨晓忠	杨中华	应根军
于翠影	于佳平	余用江	袁慧萍	翟术英	张　波	张承钿	张海亮

099

第五章 艾香-开泰基金

张红锐　张　剑　张　通　张　武　张向阳　张引娣　张运章　赵建平
智　峰　周春华　周　磊　周小林　周　毅　朱　诚

二、基金使用

根据基金章程,成立了由校友基金会、教授及其所在学院组成的基金管理小组,负责制定基金使用原则和日常管理。我们提出如下使用原则。

1. 奖励

数学与统计学院的计算科学系和数学系的教师,从 2017 年开始:

杰出青年科学基金获得者,可以得到艾香-开泰基金五万元奖金;

国家自然科学二等奖获得者,可以得到艾香-开泰基金五万元奖金;

这两个奖金是一次性发放的,直到有人获得为止,否则继续等待。

在 20 世纪 60 年代开始对工业与应用数学研究的基础之上,1982 年成立了计算物理研究室。那时我们的科学研究成果有:1978 年陕西省科学大会奖、1980 年机械工业部的科技成果奖三等奖、陕西省科技成果奖二等奖;成立研究室以后先后得到国家教委科技进步奖二等奖(有限元、核工程)、陕西省科技进步一等奖(N-S 方程分歧问题),以及 2000 年以后陕西省科学技术二等奖和自然科学奖教育部提名二等奖等八个省部级以上的科技成果奖,遗憾的是我们至今没有得到国家级奖项。在 20 世纪 90 年代,时任西安交通大学科研处处长孙国基曾给我们 5 万元启动经费,希望争取到一个国家级的奖项,我们没有做到。

自从 1982 年设立自然科学基金(首批委托中国科学院审批)起,我们得到首批自然科学基金资助,曾作为"攀登计划""国家重点基础研究发展计划(973 计划)"等国家重大基础研究项目的主要研究者,得到过几十个国家自然科学基金面上项目,但从来没有主持过"重点""重大"项目,也没有年轻人员得到过"国家杰出青年基金"。虽然上述的目标不是我们科学研究的最终目标,但是不可否认这是研究质量一个重要的标志。我们创立"艾香-开泰"基金的目的之一,就是为激励科学计算研究所的后继研究者们,实现我们没有完成的目标。

2. 捐献

向西安交通大学西迁博物馆捐献二万五千元。

3. 塑像

这两座铜像分别为朱公谨教授和张鸿教授的半身像，塑像位于数学与统计学院大楼正门两侧花园东西两端。

朱公谨（1902—1961），字言钧，又名霭如。应用数学家、数学教育家。1919 年 9 月考入清华留美预备学校，1922 年赴德国哥廷根大学数学系留学，1927 年毕业获博士学位后回国。1928 年受聘交通大学数学系教授并首任系主任。20 世纪三四十年代在上海多所大学任教，曾担任光华大学执行副校长等职。1952 年全国高校院系调整后，专任交通大学教授（一级教授），1956 年随校西迁。1957 年，教育部批准交通大学恢复理科专业，设立三个专业：

应用数学专业，1957 年开始招生

应用力学专业，1957 年开始招生

应用物理专业，1958 年开始招生

同时设立三个教研室：

应用数学教研室，主任朱公谨

应用力学教研室，主任季诚

应用物理教研室，主任屠善洁

朱公谨作为教研室主任，负责制定应用数学专业教学计划，这是中华人民共和国第一个应用数学专业教学计划。他秉承哥廷根学派理念，教学上数学与物理并重，科学研究上数学与物理相结合。所以，除了数学课程之外，5 年的教学计划中包含两年普通物理学教学。开设数学以外的课程有：解析力学，流体力学和弹性力学，电动力学，统计力学，量子力学（见第一章）。

1958 年、1959 年他还亲自给应用数学专业第一届学生（李开泰是其中之一）讲授两门课：数学物理方程，变分学和积分方程。

1952 年后，朱公谨受教育部委托主持了我国第一部"高等数学"课程教学大纲的制订，并带头编写了《高等数学》教材，该书以科学、严谨、系统为人称道，为交大在我国工科数学界的地位奠定了良好的基础。

朱公谨 1902 年 7 月 8 日出生于浙江余姚的一个书香之家。远祖朱之瑜是著名理学家,因抗清,曾流寓于日本,其学术思想对当时日本及后来的明治维新有很大影响。其祖父为清代四川学政。父亲朱燕生在余姚终生从事小学教育事业。朱公谨自幼在良好家风的熏陶下,聪慧好学。1914 年在家乡小学毕业后到上海南洋中学就读。1919 年以优异成绩考入北京清华学校,潜心学习数理化和外文。他性格内向,不善交际,常流连于学校图书馆,广泛阅读各种书籍,积累知识,开拓思路,为后来的科学研究奠定了良好的基础。

1922 年,朱公谨赴德国留学,进入哥廷根大学哲学院数学系攻读博士学位。哥廷根大学是当时的世界数学中心,世界数学巨匠高斯、黎曼、希尔伯特等先后在这里执教,由他们形成的哥廷根学派在近代数学史上长期处于主导地位。朱公谨在哥廷根大学师从希尔伯特的学生柯朗。后来柯朗到美国从事数学研究与教育,在纽约创办了世界著名的柯朗数学科学研究所,产生重要影响。在哥廷根大学,朱公谨亲耳聆听过数学大师希尔伯特、龙格、兰道和柯朗的教诲。经过近 5 年的发奋学习,1927 年他在柯朗指导下,以学位论文《关于某些类型的单变量函数方程解的存在性证明》取得博士学位。其博士论文的主要内容是用直接法证明一类变分问题解的存在性。变分学是数学领域的一个分支,具有重要的应用价值。过去,这类变分问题的求解通常要用常微分方程来解决。在这篇文章中,朱公谨则采用直接法求证,即直接从问题本身出发,不借助常微分方程。该文还讨论了联立方程的情形及在热弹性现象研究中的应用。朱公谨的博士论文对变分法的研究具有积极意义,可称为我国现代应用数学研究的最早文献。

在德国留学期间,朱公谨不仅学到了高深的数学知识,而且还深受哥廷根学派的传统熏陶和那些数学大师的思想影响。哥廷根学派的传统包括主张数学与物理并重,强调数学与物理相结合,重视数学史研究和数学教育,热衷数学的普及等。哥廷根学派的大师们,无论是希尔伯特还是克莱因、柯朗都写过通俗精彩的数学普及读物。而这些几乎都可以从朱公谨后来的教育思想、学术思想及其活动中清晰地反映出来。

数学之外,朱公谨喜欢哲学。在德国留学时曾与德国哲学家纳尔松结为好友,二人时相往来。受纳尔松影响,朱公谨于哲学亦有研究,回国后曾著《理性批评派哲学家纳尔松——生平与学说》，发表过《从高等数学的观点谈初等数学》《变分学中之直接方法》《数理逻辑纲要》《数理逻辑导论》等一些哲学及数理逻辑方面的论文。朱公谨在哲学上的造诣赋予了他作为一个真正的数学家的深刻思想，从而使他能从哲学这一更高层面上领略到数学的精深、玄妙和美，同时赋予他严谨、高超的教学艺术。举凡有幸听过朱公谨讲课的人，都无不对他高超的教学艺术叹为观止。

中华人民共和国成立以前，中国的数学研究滞留在数论、几何、拓扑和代数等方面。朱公谨怀着为祖国效力的抱负和志向，于获得学位后当年（1927 年）回到上海。1928 年交通大学成立数学系，朱公谨受聘教授并首任系主任。朱公谨长于数学分析，其研究偏重于实用并结合物理学，如偏微分方程、积分方程、理论力学等。当时国内数学界对此门有专长者为数不多。加上他得希尔伯特、柯朗等著名数学大师真传，所研究的变分问题又是新学科，故深受国内学者推崇。他讲授过微分方程、数论初步、解析几何、复变函数、投影几何、应用数学等许多数学课程。由于他讲课条理清楚，评论精辟，具有非同一般的独到之处和魅力，深受学生的好评和欢迎。朱公谨治学严谨，人如其名。教学上独树一帜，他倡导"推科学之本源，并教之以治学方法"。在他的著述中，"显而易见""不证而自明"经常出现。在他的课堂上，"这是十分显然的""不须繁琐证明"是经常听到的。由于他抓住了精髓，进行了深刻的分析，剩下的事就是顺理成章的了。这样，重点突出思路分析，细节有意留给学生自己去咀嚼、去消化、去探索，使学生从中可以得到极好的训练。注重思想实质分析，不被表面推导所掩盖，严密、精炼、准确的科学表达等，就是朱公谨传授给学生的基本方法。

朱公谨是真正视数学能给人带来无限愉悦的人。他认为"数学最准确、最优美，沉醉其中定有无限乐趣"。朱公谨先后撰写过《19 世纪初期的几位大数学家》和《数理学家现状及展望》等文章，在《光华半月刊》《武汉大学理科学刊》和《数学杂志》上发表过《数学认识之本源》《存在释义》等多篇数学论文。

朱公谨还花费许多精力致力于数学普及。他自 1927 年起在《光华学报》连续发表《数理丛谈》系列文章。这些文章通过学者和商人的对话，以通俗的语言，深入浅出地介绍实数理论、复数、群、射影几何、几何学原理及来源、微积分以及统计方法等，有很强的感染力。文章后来结集成册，由商务印书馆列入"算学小丛书"和"新中学文库"出版。该书自 1935 年出版后,到 1948 年 8 月已印第 6 次,深受读者欢迎,具有广泛影响。当时的中学生几乎无人不知这套书。著名数学家冯康就是其中之一。冯康在高三期间仔细阅读了《数理丛谈》系列文章,这令他眼界大开。他首次窥见了现代数学的神奇世界,并深深为之着迷。而这无疑成为冯康后来献身数学并成为著名数学家的重要契机。冯康院士曾告诉过李开泰,朱公谨的应用数学思想深刻地影响了他。

朱公谨还在极其艰难困苦的环境中,着手翻译一些国外数学家的著作。其中最著名的莫过于所译的其导师的名著《柯氏微积分学》。该书详略得当,叙述严谨,尤精于数学思想的分析,一经出版广受好评。他译注的德国数学家狄德金(R. Dedekind)的名著《实数探原》,也被商务印书馆列为汉译世界名著。另外,在商务印书馆出版的师范学校数学教材中,《代数》和《解析几何》两本也是由朱先生编写的。2001 年,荣获"国家最高科学技术奖"的 1940 届交大校友、我国著名数学家吴文俊先生回忆,朱公谨由哥廷根大学毕业后,回国任光华大学教授,积极从事数学普及工作,对他的现代数学观念的形成产生一定影响。吴文俊说:朱公谨撰写的书籍和文章,我是每部必读,一篇都不落下。

除致力于数学的普及之外,朱公谨还努力推动中国数学的发展。20 世纪 30 年代,中国数学界已有相当多学成回国的数学家。为了使他们团结起来,形成一个学术研究与交流的环境,促进数学的发展,他与胡敦复、顾澄等联络国内的数学家于 1935 年 7 月在位于上海徐家汇的交通大学内成立中国数学会。他连任三届常务理事,是中国数学会的发起人和组织者之一,他同时担任学会会刊《数学杂志》的编委,为我国数学普及和教学研究事业做过许多有益的工作。他还是数学名词审查委员会委员,参与数学名词的审定工作,并担任过《德华标准大字典》编辑和《乙酉学社丛书》编辑。

张鸿(1909—1968),江西新建人,1933 年毕业于武汉大学数学系,1934 年留学日本东京帝国大学。1937 年回国。1941 年起执教交通大学,先后任数学系副教授、教授、系主任。中华人民共和国成立后,历任交大校务委员会委员、系主任、理学院院长、副教务长、华东教育部高教处副秘书主任。张鸿长期主管教学工作,积极

开展教学改革,曾任教育部高等数学教学委员会主任,在工科数学教学和教材建设方面做出过突出贡献。他对老交大教学传统作出过精辟的概括,得到交大人的共识,在全国高校中产生过深远的影响。1956年7月西迁到西安工作。1959年任西安交通大学副校长。

1952年,全国高等院校学习苏联进行院系调整,交通大学的理科专业分别调到复旦大学和南京大学。1956年交通大学西迁以后,张鸿教授利用他的影响力,使得当时高等教育部同意交通大学在1957年首先恢复理科专业,设立三个专业:应用数学专业(1957年开始招生),应用力学专业(1957年开始招生),应用物理专业(1958年开始招生)。1958年清华大学和华南工学院也恢复理科专业。西安交通大学师生真诚地怀念张鸿教授为中国工科大学恢复理科所做的富有远见的贡献。

张鸿教授为发展我国的高等教育事业鞠躬尽瘁,孜孜不倦地努力。抗日战争时期,交通大学在重庆创办分校。次年,张鸿受聘交大数学系副教授。分校草创之初,规模很小,学生仅80余人,教师10余人,校舍简陋,经费短缺。但就是在这样艰苦的环境中,张鸿依旧兢兢业业教书育人,与具有优良传统的交大教师一起为抗战培养人才。后来学校规模逐渐扩大,分校发展成本部,校址也从小龙坎迁至九龙坡。到1945年夏,学校有9个系、3个专修科、1个研究所,学生规模达1700多人,教职员280余人。交大是一所具有深厚底蕴和优良传统的学校。张鸿作为一名基础学科的教师,十分赞赏交大重视基础教育的教学传统,同时他深厚的数学功底和简练的课堂风格也吸引了许多学生,使他很快成为交大有名的教师。1945年抗战胜利后,张鸿随渝校师生返回上海,一面继续教学,一面积极参与学校各项恢复工作。1949年,中华人民共和国成立前夕,为防止国民党溃败前对交大进行破坏和将其强行迁往台湾,张鸿以教授会理事会成员身份,积极参加学校的应变工作,为使交大完好无损地跨入新时代做出了贡献。中华人民共和国成立后,人民政府接管了交大。1949年6月19日,军政委员会在交大成立清点委员会,张鸿被任命为委员之一,积极配合政府的清点接管工作。7月29日,上海市军管会主任陈毅和副主任粟裕签署命令,成立交通大学校务委员会,张鸿被任命为委员。1952年底,张鸿被借调到华东军政委员会教育部,任副秘书主任,参加教学改革、院系调整等工作,同时继续担任交大教授。在华东教育部高教局,他具体分管教学工作。那时的张鸿,身体已不是很好,腰经常痛得直不起来，但他贴上膏药，扶着腰还是坚持工作。1955年初，华东高教局撤销，张鸿回到交通大学。同年8月，被任命为副教务长。

张鸿教授长期从事高等数学教学，在工科数学课程的教学和教材建设方面积累了丰富的经验，并且致力于工科数学课程的改革与建设。大学工科的数学课往往在一年级开设，因此张鸿作为教授面临的是一年级新生，而一年级新生初入大学，通常一下子难以适应大学的学习方式。针对这一情况，张鸿就大学学习方法经常给他们作报告，告诉他们应当如何学习。因报告贴近实际，又有很强的针对性，所以深受学生欢迎。

张鸿善于总结和改进教学。交通大学是蜚声中外的知名学府，20世纪30年代曾被誉为东方的MIT（美国麻省理工学院），名师荟萃，人才辈出。学校一贯重视基础理论课的教学和基本技能的训练，当时担任基础课教学的大多是知名教授，如教授物理的裴维裕、周铭，教授化学的徐名材，教授数学的胡敦复、朱公谨、武崇林，教授英文的唐庆诒等，学校门槛之高、考试之难、功课之重、要求之严尽人皆知。张鸿长期担任交大教授和教学管理者，既是老交大的校风、学风、传统的传承人、建设者，又对其有着深刻体会。因此20世纪50年代后期，张鸿在担任交通大学副教务长期间，首次将老交大优良传统总结为"门槛高、基础厚、要求严"三句话。1957年4月，高等教育部部长杨秀峰在研究学制改革问题时曾邀请北京60多位专家、学者、教师召开座谈会，会上他充分肯定了这三句话。1962年初，国防科委主任聂荣臻听取"两弹一箭"的专家学者对高等教育的意见时，也对此给予了充分肯定。后来，交大根据国防科委的要求，将有关情况内容写进《学习讨论高等工业学校工作会议精神的情况简报（一）》里，当时由于"左"的思想影响，没有提"老交大传统"，而是说"老交大的教学特点"。由于"门槛高、基础厚、要求严"这三句话深刻、精辟、准确地概括了老交大的传统，所以一经提出即得到广大交大人和兄弟院校、社会各界的广泛认同。至20世纪80年代，在实际教学工作中，广大教师又继续发展了"重实践""求创新"的新内容，后经不断完善，成为"起点高、基础厚、要求严、重实践、求创新"的15个字，影响深远。

张鸿有着非凡的领导与组织才能，在担任教务长和主管教学工作的副校长期间，他积极开展教学改革，其每一项改革措施出台，几乎都经过"务虚、务实、虚实并举"3个程序。改革中，他贯彻少而精原则，继承老交大传统，注重加强学生

"三基"（基本理论、基础知识、基本训练）训练，同时发挥教师主导作用，调动学生积极性。他善于识人、容人、用人和团结人，调动了一大批高级知识分子的积极性，使许多决策更符合实际和具有较高的可行性。

在全国工科数学课程建设和发展中，1962 年，高教部成立全国工科数学教材编审委员会，由来自教育部直属高校的 10 名数学教师组成，张鸿任主任。为了完成这项直接关系到全国工科数学教学质量、关系到我国工科数学课程建设和发展的重要任务，张鸿在教研室组织了一个教学研究核心组，并称其为教材编审委员会的"试验田"。当时编审委员会发布的对全国工科数学课程建设与教学改革有指导意义的文件，其重要思想都来自这个核心组的研究成果。这些研究成果，为推动我国工科数学的课程建设和教学改革做出了贡献，并得到了教育部多次奖励和广大兄弟院校的高度赞扬。在教学基本建设方面，张鸿教授提出："一门课程的教学是否成熟，教学基本建设是一个重要方面，我们再忙也要抓紧时间搞教材建设和教学资料的积累。"在他的推动和指导下，西安交通大学数学教研室把来西安后编写的《高等数学》《复变函数》等讲义组织人力进行修改，经教材编审委员会审查通过后，分别在 1964 年与 1966 年作为高等学校教材由人民教育出版社出版。这两本书就是以后在全国优秀教材评奖中分别获得国家教委一等奖与全国优秀教材奖的《高等数学》和《复变函数》教材。

此外，当时还组织编写了《矢量分析与场论》《数学物理方程》《特殊函数》《积分方程》《差分方程》《线性代数》《概率统计》《积分变换》《计算方法》《变分法》《张量分析》等一套工程数学教材，供各专业开课需要使用。在教学资料方面，制定了高等数学《执行大纲方案》等，它是大班进行教学的依据。另外，为了帮助学生消化、巩固、深入理解教学内容，培养学生灵活运用所学知识分析和解决问题的能力，还编写了"课外读物"，不定期印发给学生，受到学生的欢迎与喜爱。为保证教育质量，他按照"少而精"的教学原则，根据大纲规定的内容进行分类，分别在各教学环节中贯彻执行，得到上级的肯定。他还提出"教师在教学中起主导作用，学生在学习中发挥积极主动性"的教与学的辩证统一，认为教师要启发学生主动思考。当时，西安交通大学能在贯彻少而精原则、加强学生"三基"训练、发挥教师主导作用、调动学生积极性和实行实验一条龙等方面取得成绩，同他的努力是分不开的。

这些教学基本建设，都是教师在繁重的教学工作之余挤出时间来搞的，无疑对数学教学质量稳定在较高水平上起了很大的作用，同时也提高了教师的教学水平。交大数学课程的教学工作保持了老交大的传统，处于全国领先地位，受到了兄弟院校的好评，这些都是在张鸿领导下狠抓教学的结果。

1955年，为适应大规模的经济建设，调整高等学校布局，国家决定交通大学内迁西安。同年5月，校务委员会召开扩大会议，通过迁校决定。消息传出，不免人心浮动。根据中央要求，迁校工作于1956年开始分批进行，该学年度起就要在西安新址进行教学，1957年暑假前要基本完成搬迁任务。如此大规模的搬迁，要在短时期内完成，并要保证新学校如期开学，学校面临前所未有的困难。一些教师长期生活在上海，突然一下子要去自然和物质条件都相对较差的西安，一时难以接受，也面临许多实际困难：除生活、气候上的不习惯外，还有一些教师年老体弱，家庭困难，需要照顾等。时任交大副教务长的张鸿就是有实际困难的人中的一个，他不仅自己身体不好，而且妻子也体弱有病，家庭经济状况也不好。但他曾在华东教育局等行政领导机关工作过，参与过中华人民共和国成立初的院系调整，能从宏观上理解中央的决策，深知此次迁校的意义，因而积极响应号召，以大局为重，毅然放弃上海相对舒适的生活，带头西迁。1955年7月，张鸿携病妻弱女，克服重重困难，随首批西迁教职员工及家属一起，告别上海奔赴西安。在他的带动和感召下，有些思想上曾经有波动的同志，后来也终于下定决心，迁往西安。

在西安，张鸿先任副教务长，1959年7月交通大学上海部分和西安部分分别独立建校后，又任西安交通大学副校长，既要协助彭康校长贯彻落实党的大政方针，又要具体负责抓教学，工作十分繁重。但他兢兢业业，任劳任怨，他深入课堂，参与教学研究，一心扑在工作上。人们常常看到下班半小时后，他才离开办公室，拎着饭盒去食堂。他勤奋踏实的工作作风和无私奉献的精神给广大师生员工留下深刻的印象。

张鸿生活十分俭朴，爱人因病长期卧床，他坚持自做家务，不请保姆。曾和他共事多年的马知恩教授回忆说，我们吃完饭后经常碰到他，买饭时悄悄地把窗口敲开，经常是买一点剩馒头、剩菜，非常俭朴。"三年困难时期"，党和政府为了保证对高级知识分子的部分副食品供应，采取发"红卡"的特殊措施。他的"红卡"却一直没有用过,宁肯自己生活艰苦一些,也绝不愿给政府增添一点负担。

他严于律己,遇事总先想到国家。女儿在西安交通大学毕业时,学校考虑到她母亲身体有病,照顾她留校,张鸿知道以后坚决拒绝,坚持让女儿服从分配到外省工作。他说:"爱家首先要爱国,没有国哪还有家?青年人应该到艰苦的地方去,到祖国最需要的地方去。"

了解计算科学研究所发展的历史才能使后继者们知道我们应该传承什么,才能使我们的研究人员获得发展的动力。因此,我们要为朱公谨和张鸿教授塑像,纪念和缅怀交大数学专业创建和发展的先驱。

第六章　学术交流

　　计算物理研究室、科学计算研究所成立以来，国内外学术交流一直非常活跃，"走出去、请进来"，每年都有人出国访问、参加国际会议或出国留学，也都有国外学者来访，或者来参加我们举办的国际会议。这些交流活动扩大了我们的视野，给我们科学研究的选题和研究方向带来了极大的好处。

一、主办国际会议

　　1985 年以来，计算物理研究室、科学计算研究所一共主办 17 个国际会议。

会议名称	时间	举办地
China-U. S. Seminar on the Boundary Integral Equations and Boundary Element Methods in Physics and Engineering 中美边界积分方程和边界元讨论会	1985.12.24—29	西安交通大学
International Conference on Bifurcation Theory and its Numerical Analysis 分歧问题理论及其数值分析国际会议	1988.6.24—29	西安交通大学
海外留学生现代数学讨论会	1993.8.1—4	西安交通大学
International Workshop on Inertial Manifold, Approximate Inertial Manifold & Related Numerical Algorithms 惯性流形和近似惯性流形及相关算法国际学术讨论会	1995.6.18—23	西安交通大学
Second International Conference on Bifurcation Theory and its Numerical Analysis 第二届分歧理论及其数值分析国际会议	1998.6.29—7.3	西安交通大学

会议名称	时间	举办地
ISFMA Symposium on Computational Aerodynamics 中法计算空气动力学学术讨论会	1999.9.6—17	西安交通大学
International Colloquium for the 20th Century Mathematics Transmission and Transformation　20 世纪数学传播与交流国际讨论会	2000.10.18—24	西安交通大学
ICM 2002-Beijing Satellite Conference on Scientific Computing, the 24th International Congress of World Mathematicians 24 届世界数学家大会,西安科学计算卫星会	2002.8.15—18	西安交通大学
应用偏微分方程及相关交叉学科国际研讨会	2004.6	西安交通大学
International Conference on Symbolic Operation and its Numerical Computation 符号运算及其数值计算国际会议	2005.7.19—22	西安交通大学
International Workshop on Computational Methods in Geosciences on Occasion for Jr. Douglas'80 Birthday 地球科学中的计算方法国际研讨会——祝贺 Jr.Douglas 80 寿辰	2007.7.6—9	西安交通大学
International Conference on Modeling and Simulation on Occasion for R. Glowinski's 70 Birthday 模型和模拟国际会议——祝贺 R. Glowingski 70 华诞	2008.7.9—12	西安交通大学
China-Brazil Symposium on Applied and Computational Mathematics 中国-巴西应用和计算数学双边讨论会	2009.8.1—5	西安交通大学
应用数学和计算数学国际讨论会	2010.9.24—30	西安交通大学
Symposium on Geophysical Flows 地球物理流动国际学术讨论会——祝贺 Ismael Herrera 80 华诞和李开泰 75 华诞	2012.7.22—24	西安交通大学
The Third China-Brazil Symposium on Applied and Computational Mathematics　第三届中-巴应用数学和计算数学双边讨论会	2015.8.17—20	西安交通大学
科学和技术问题中的数学模型和新型算法研讨会	2017.7	西安交通大学

　　这些会议的主题都切合我们的研究方向,合作的组织者也是我们的合作伙伴,会议都产生了积极的成果,不但加强了国际合作交流,而且促进了我们的科学研究,如中美边界积分方程会议后,我们的成果"N-S 方程边界元和有限元耦

合方法"于 1991 得到陕西省教委科技进步二等奖;两次关于"非线性分歧问题及其数值计算"会议后,于 1992 年得到陕西省科技进步一等奖;关于"基于惯性流形 N-S 方程的数值方法"会议以后,于 2003 年我们得到国家教委自然科学奖提名二等奖;关于地球物理流动的三个国际会议后,组织者之一,我校的"长江学者"特聘教授、"千人计划"特聘教授、加拿大卡尔加里(Calgary)大学教授陈掌星,在美国和加拿大获得四个大奖,并且当选加拿大工程院院士,从 2005 年到现在,我们不断派访问学者和研究生到他那里研究学习。

20 世纪 80 年代至今的三十多年来,科学计算研究所所有的教师都到国外进修、访问过,很多毕业的研究生到国外继续学习。

在我们的建议下,学校授予国内外十多位学者西安交通大学名誉教授称号,其中有国内的 6 位院士:

吴文俊院士,中国科学院数学与系统科学研究院

冯康院士,中国科学院数学与系统科学研究院

石钟慈院士,中国科学院数学与系统科学研究院

林群院士,中国科学院数学与系统科学研究院

郑哲敏院士,中国科学院力学研究所

周恒院士,天津大学

国外的 6 位院士和 1 位教授:

陈省身,美国科学院院士,美国加州大学伯克利分校

邱成桐,美国科学院院士,哈佛大学

G. Strang,美国科学院院士,美国麻省理工学院

R. Glowinski,法国科学院院士,美国休斯顿大学

R. Temam,法国科学院院士,美国印第安纳大学伯明顿分校

P. G. Ciarlet,法国科学院院士,巴黎第六大学

J. Leis 教授,德国波恩大学

原本法国科学院前院长 J. Lions 也接受作为我校的名誉教授,一切手续都已办妥,当年李开泰在法国国家信息与自动化研究所(INRIA)访问时收到 Lions 的一份传真,说他不能如期访问西安交通大学。李开泰从其他 INRIA 的同事那里得知他得了重病,当年收到噩耗,他已病故。我们失去一位真诚的朋友,深为惋惜。

1978—2017 年，应邀来计算物理研究室（科学计算研究所）访问的国外学者有 80 多位，本章后面会详细介绍。

1. China-U. S. Seminar on the Boundary Integral Equations and Boundary Element Methods in Physics and Engineering，Dec 24 – 29，1985，中美边界积分方程和边界有限元讨论会。

中华人民共和国国家教育委员会

034

关于举办"中美边界积分方程和边界元讨论会"事

(四)教外局综字 1 6 3 1 号

西安交通大学：

(四)西交科字第 0 7 7 号函悉。

如果举办"中美边界积分方程和边界元讨论会"的费用（包括接待外宾的费用）你校可以解决，对该讨论会的召开，我无不同意见。讨论会的组织工作和外宾接待工作均由你校负责安排。

国家教育委员会外事局（代章）

一九八五年 月 廿七日

抄送：陕西省高教局，外办

会议中方主席是中国科学院院士冯康，美方主席是美国特拉华大学数学系主任 Kleinman，中方参加的有石钟慈院士，美方参加的有 B. Engquist（瑞典皇家科学院院士，时任加州大学洛杉矶分校数学系教授，现任得克萨斯大学奥斯汀分校计算与应用数学研究所教授），Dongals Arnolds（马里兰大学 Ivo Babuska 教授的博士，曾任明尼苏达大学数学及其应用研究所（美国自然科学基金会）所长，在 2002 年世界数学家大会作一小时邀请报告），肖家驹（美国特拉华大学教授），林叔庆（美国伊利诺伊大学芝加哥分校教授），还有黄友书（Wong Youshu，加拿大阿尔伯塔大学教授），Olof B. Widlund（纽约大学柯朗数学科学研究所）等。冯康院士因应邀访问苏联和西欧几国未能出席，他给李开泰来信，一方面对大会成功举办表示祝贺，另一方面对不能参加表示歉意（见第二章）。

　　计算物理研究室关于"有限元边界元耦合方法及其应用"的研究成果获得1993年陕西省教委科技进步二等奖。

时任副校长汪应洛会见 Kleinman
和石钟慈等会议代表

李开泰、B. Engquist、黄友书和石钟慈等

Widlund 作学术报告

林叔庆作学术报告

李开泰作学术报告

黄艾香作学术报告

时任校长史维祥会见参会者

Arnold 和李开泰、黄艾香

Kleinman、石钟慈、汪应洛、肖家驹和
李开泰在宴会上

2. International Conference on Bifurcation Theory and its Numerical Analysis, June 24 - 29, 1988，分歧问题理论及其数值分析国际会议。

会议论文集 *Proceedings of the International Conference on Birfurcation Theory and its Numerical Analysis* 由西安交通大学出版社出版（1988 年）。

Jerro Marsden 致开幕辞

W. F. Langford 讲话

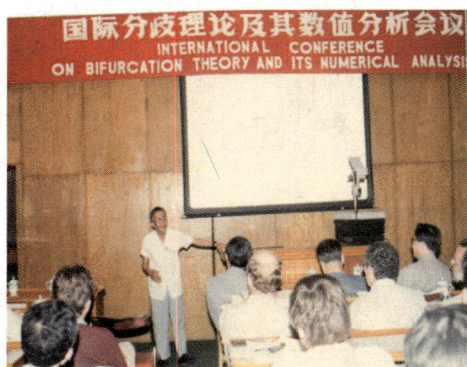

冯康院士作报告

冯康院士在宴会上讲话

史维祥校长宴请 Marsden 和冯康教授

宴会合影

林群、李开泰、Rappaz、Marsden、Ioose、Kirchgässner 等在交谈

冯康院士、交大副校长汪应洛和
J. Marsden 等在宴会上

冯康院士与汪应洛副校长

J. Marsden 和女儿与冯康、李开泰

会议名誉主席冯康,主席 J. Marsden(就职于加州大学伯克利分校,*Foun-dations of Mechnics* 作者之一),副主席 M. Golubinski(当时就职于休斯顿大学,

石钟慈、D. D. Joseph 和游兆永

现在俄亥俄大学），G. Iooss（法国尼斯大学）；参会者 100 多人，其中有很多著名学者，例如，D. D. Joseph 和 D. Sattinger（分别来自美国明尼苏达大学航天与机械工程系和数学系），J. Rappaz 和 J. Descloux（瑞士洛桑理工学院数学系），K. Kirchgässner（德国斯图加特大学数学系），S. Hayes（德国幕尼黑大学数学系），W. E. Labisch（德国鲁尔大学），H. Kokubu（日本京都大学数学系），W. F. Langford（加拿大圭尔夫大学数学与统计系），Tim Healey（美国康奈尔大学理论与应用力学系），E. J. Doedel（加拿大康考迪亚大学计算机科学系），以及武汉大学的雷晋干，北京航空航天大学的陆启韶等。值得一提的是，Fluid Dynamics International 公司的总裁 M. Engelman 向我们赠送了流体力学有限元软件包 FIDAP，并与我们签定协议，只用于学校科研，不作它用。该软件当时在欧洲出售价格为 13 万美元。在此期间，Marsden 了解了冯康提出的辛几何方法，大加

李开泰在会上作学术报告

赞赏,回国后,他提出了椭圆边值问题的辛几何方法。

随后,我们的研究成果"N-S方程分歧理论及其数值计算"获得1991年陕西省科技进步奖一等奖。

3.海外留学生现代数学讨论会。

黄庆怀、徐成贤、李开泰、张波、游兆永、柏颖、毎甄、张文修合影

1993年,为了鼓励海外留学生回国,由国家自然科学基金委员会支持在西安交通大学召开"海外留学生现代数学讨论会",共有60多名海外学者回国参加

会议主持人国家自然科学基金委数理学部副主任、数学处主任许忠勤和黄艾香等

此会，国家自然科学基金委数理学部副主任、数学处主任许忠勤主持会议。

我们的学生每甄回国参加了会议。

李开泰与每甄在德国

李开泰与海外留学生张承钿、江松、每甄合影

4. International Workshop on Inertial Manifold, Approximate Inertial Manifold & Related Numerical Algorithms, June 18 – 23, 1995, 惯性流形和近似惯性流形及相关算法国际学术讨论会。

惯性流形和近似惯性流形方法由 R. Temam 提出，我们是该方法的积极推动力量。参加会议的有美国加州大学尔湾分校的 E. Titi、布朗大学和印第安纳大学伯明顿分校的学者、西班牙马德里大学的 J. L. Gomez 教授和法国的 Alain Leger，以及中国北京应用物理和计算数学研究所的郭柏灵院士等。

计算物理研究室这方面的研究成果"建立在惯性流形基础上的 N-S 方程和湍流新算法的研究"获得 2003 年国家自然科学奖教育部提名二等奖。

批件

会议代表集体照

E. Titi 作学术报告

郭柏灵院士作报告

布朗大学学者作学术报告

印第安纳大学学者作学术报告

5. Second International Conference on Bifurcation Theory and its Numerical Analysis, June 29 – July 3, 1998, 第二届分歧理论及其数值分析国际会议。

主席是 M. Golubinski 和美国佐治亚理工学院数学系主任周修义（Chow Shui-Nee），参加者有佐治亚理工学院易英飞（Yi Yingfei），普渡大学冯芝兰（Feng Zhilan），美国柯朗数学科学研究所林芳华（Lin Fanghua），艾奥瓦大学李亦（Li Yi），美国南卫理公会大学（Southern Methodist University，SMU）陈掌星和 G. W. Reddien，加拿大圭尔夫大学（University of Guelph）W. F. Langford，意大利比萨大学 G. Cicogna，美国杨百翰大学 P. Bates 和 Kening Lu，法国的 Alain Leger，瑞士洛桑理工学院 J. Rappaz，西班牙马德里大学 Julian Lopez Gomez，以及中国北京大学张芷芬和李承治，南京大学的叶彦谦，武汉大学雷晋干，大连理工大学吴微等。

会议论文集主编为陈掌星、周修义、李开泰，由 Springer 于 1999 年在新加坡出版。

计算物理研究室这方面的研究成果"流动问题中的稳定性、分歧及其高性能算法"获得 2002 年陕西省科技进步奖二等奖。

会议全体代表合影

时任校长徐通模致词

Julian Lopez Gomez 作报告

时任校长徐通模会见周修义等代表

6. ISFMA Symposium on Computational Aerodynamics, September 6 – 17, 1999，中法计算空气动力学学术讨论会。

中华人民共和国教育部

关于举办"中法计算空气动力学学术讨论会"的批复

教外司际[1999]488号

交通大学：

西交科[1999]109号文悉。

同意你校于一九九九年九月六日举办"中法计算空气动力学学术讨论会"，会期十二天。会议规模为八十人，其中国外学者二十人，国内六十人。国外学者费用自理，国内学者费用向本单位报销，会议所用由我部资助人民币壹万元，用于补助特邀外国学者在华食宿及交用，其余费用由你单位自筹解决。

请你校认真做好会议前各项准备工作（包括会议通知、中外代表论与会资格审核等），切实做到内外有别、以我为主、为我所用、讲益，遇有重大问题及时汇报，并认真总结经验。

按照教外司专[1994]568号文，请于会议前两个月将《来华出席国议学者名单汇表》、《邀请外国人来华申请表》和《邀请通知书》校银行帐号报我司。会议后将收支情况报我部外事司备查。

请按有关规定和要求，于会议后一个月内由你校主管部门写出会议，填报《会议统计表》，由主持本会议的学术带头人组织写出会议总结，分别寄送我司和华中理工大学《国际学术动态》编辑部各一

教育部国际合作与交流司
一九九九年六月二十四日

：科学技术部、陕西省教委、外办、公安厅、国家安全局

批件

　　会议主席李大潜。法方参加的有巴黎第六大学计算数学实验室、法国国家信息与自动化研究所（INRIA）和法国国立工艺与技术大学（CNAM）的数学家和力学家，如 Francois Dubois 等。INRIA 的 Gauthier Sallet 还赠送给我们一套流体力学有限元自动剖分软件。中方参加的有中科院计算数学所、中国航天研究院、中国航空研究院、西安 631 所的科研人员和西北工业大学的乔志德教授等。

会议集体照

Francois Dubois 作报告

7. International Colloquium for the 20th Century Mathematics Transmission and Transformation ,2000.10.18－24,20 世纪数学传播与交流国际讨论会。

会议主席吴文俊院士,秘书李文林,中科院数学与系统科学研究所、中国数学学会和西安交通大学联合主办。曾任中国科技大学校长的交通大学校友龚昇教授也参加了会议。参加会议的外国学者有柏林科学院院士 E. Knobloch 和日本学者小林龙彦教授等。

中华人民共和国教育部

关于资助你校召开国际会议的函

教外司际（2000）325 号

西安交通大学：

西交科字（2000）65 号文悉。

经研究，我部同意你校 2000 年举办的以下二个国际会议予以资助，我部资助费用主要用于特邀外国学者在华食宿及交通费用补贴。

会议名称	时间	资助金额
21 世纪数学传播与交流会议	10 月 18-21 日	1 万
第 19 届国际真空放电及绝缘会议	9 月 20-25 日	2 万

请你校尽快将银行帐号和收据寄我司，待收到银行帐号和收据后，我司将以上费用汇至你校。

教育部国际合作与交流司

2000 年 6 月 27 日

批件

吴文俊、龚昇和会议代表合影

柏林科学院院士 E. Knobloch 作报告

吴文俊在会议上

龚昇、李文林、胡作应和 Knobloch 等在会议上

时任中国数学会秘书长李文林和小林龙彦在会上

吴文俊、龚昇和会议代表在西安城墙上

8. ICM 2002-Beijing Satellite Conference on Scientific Computing, August 15 – 18, 2002, the 24th International Congress of World Mathematicians, 第 24 届世界数学家大会, 西安科学计算卫星会。

会议主席王建华 (时任西安交通大学副校长), 学术委员会主席 R. Glowinski。出席会议的著名学者有 Douglas Arnold (IMA, 明尼苏达大学数学及其应用研究所)、Jr. Douglas (普渡大学)、E. Tadmor (马里兰大学), Mary Wheeler (得克萨斯大学奥斯汀分校)、C. C. Douglas (耶鲁大学, 肯塔基大学)、S. Amini (英国学者)、S. J. Osher (加州大学洛杉矶分校)、I. Gamba (得克萨斯大学奥斯汀分校),

上午10:30.

科研 字946号
2001年12月11日

科学技术部文件

国科外审字（2001）1041号

关于"2002世界数学家大会——西安卫星会科学计算学术会
议"的批复

陕西省科技厅：

你单位陕科函外字（2001）141号文收悉。

同意有关单位于2002年8月30日在西安举办"2002世界数学
家大会——西安卫星会科学计算学术会议"。会期5天，外宾17人，
会展费用自理。

如有台湾代表参加，请另文报科技部台办，并抄科技部国际合
作司。

2001.12.11

批件

R. C. Ewing（得克萨斯 A&M 大学），T. Arbogast（得克萨斯大学奥斯汀分校），
鄂维南，许进超，杜强，陈掌星，凤小兵，陈志明，陈蕴刚，林群院士，应隆安，张平
文，祝家麟，李治平，郭本瑜，包维柱（新加坡），R. Abgrall（法国），D. B. Duncan
（英国），Takao Hanada（日本），N. Herrmann（德国），Jerome Jaffre（INRIA，法
国），U. Trottenberg（GMD，德国国家信息中心），G. C. Wittum（德国海德堡大
学），A. Bespalov（俄罗斯），G. Castllo（墨西哥），Y. M. Choi（韩国），Subir Das（印
度），Aruna Kapuruge（印度），T. Diogo（葡萄牙），Z. Dostal（捷克），M. Hoke（捷
克），Young Mok Jeon（韩国），P. D. Minev（加拿大阿尔伯塔大学），Hirosh Fujita
（日本东京大学），M. Nakamura（日本大学），T. Van Le（奥地利），Othmar Koch
（奥地利），Mohamed Nour（埃及）等十几个国家和地区的228位参加者，作29个

大会邀请报告，150 个分组报告。

会议获中国数学会、国家自然科学基金委、数学天元基金、国家教委和西安市人民政府以及香港王宽成教育基金会资助。国家科学技术部下发了批件。

2002年国际数学家大会组织委员会

西安交通大学

2002 年国际数学家大会（ICM-2002）组织委员会荣幸地通知你们，经全体会议审议决定，同意你们主办 ICM-2002 卫星会议 *Scientific Computing*。

ICM 是举世瞩目的全球性数学科学盛会，卫星会议则是 ICM 大会的必要补充和有机组成。ICM-2002 组织委员会感谢你们为 ICM-2002 大会的圆满成功而作出的积极配合与宝贵努力，同时希望你们在接到本通知之日起，全力以赴，按照 ICM-2002 组织委员会的要求和国际惯例，做好筹备组织工作（有关注意事项请见附件I），确保 ICM-2002 卫星会议 *Scientific Computing* 的成功举办，为中国数学的进步，同时为本地区的数学发展作出应有的贡献。

2002 年国际数学家大会组织委员会
2000 年 10 月 10 日

附件一：ICM-2002 卫星会议组织工作注意事项
附表一：ICM-2002 卫星会议网页登记表
附表二：ICM-2002 卫星会议组织情况表

批件

党委书记王文生致辞

Jr. Douglas 作报告

R. Glowinski 作报告

Mary Wheeler 作报告

杜强作报告

鄂维南作报告

S. J. Osher 作报告

E. Tadmor 作报告

计算物理研究室和校友合影

计算物理研究室和校友合影

（从左至右：张武、陈蕴刚、马逸尘、李治平、李开泰、黄艾香、李亦、刘之行、张波）

R. Glowinski，M. Wheeler 和 C. C. Douglas 在会上

国外学者作报告

C. C. Douglas 和李开泰

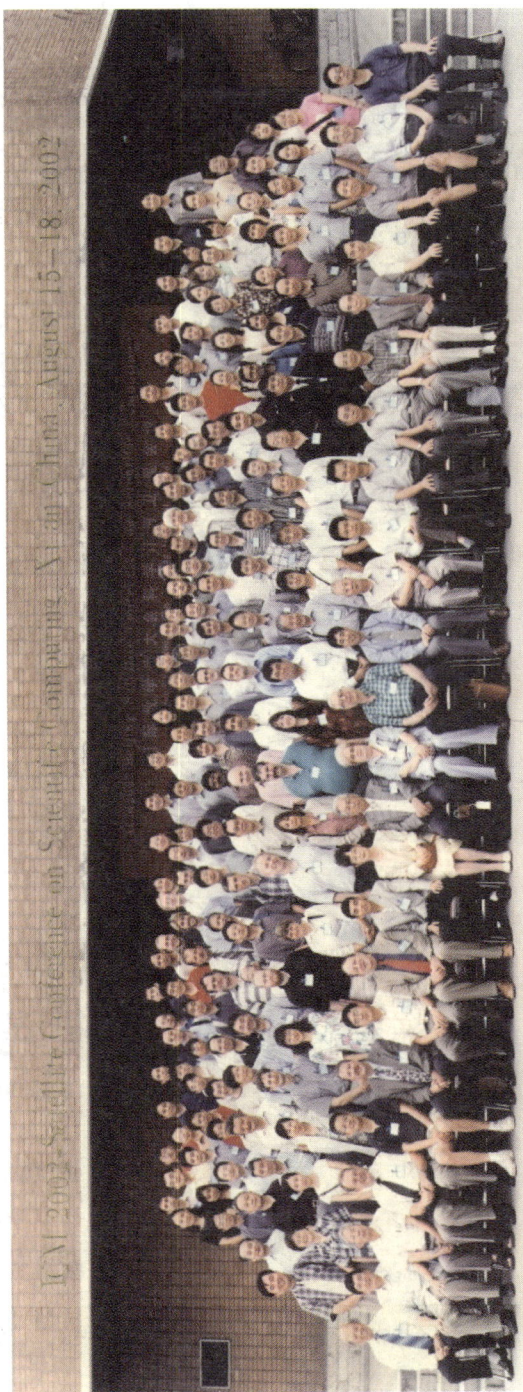

2002世界数学家大会科学计算卫星会议集体照

ICM 2002 Satellite Conference on Scientific Computing. Xi'an China. August 15–18, 2002

9. 应用偏微分方程及相关交叉学科国际研讨会,2009 年。

会议集体照

10. International Conference on Symbolic Operation and its Numerical Computation,July 19 – 22,2005,符号运算及其数值计算国际会议。

会议主席是北京计算数学会主席吴文达,由北京数学会、中科院数学与系统科学研究所和西安交通大学联合主办。

11. International Workshop on Computational Methods in Geosciences on Occasion for Jr. Douglas' 80 Birthday,July 6 – 9,2007,地球科学中的计算方法国际学术研讨会。

时任副校长卢天健在开幕式上致辞

Jr. Douglas 曾任芝加哥大学数学系主任、普渡大学数学系主任和应用数学研究中心主任,是美国石油勘探与开采数学理论、方法和计算领域的领军人物,他的学生遍布各大学和石油工业部门。他是我校校友陈掌星、凤小兵和崔玉亭的博士导师。

Jr. Douglas 作主题演讲

会议代表合影

12. International Conference on Modeling and Simulation on Occasion for R. Glowinski's 70 Birthday,July 9 - 12,2008,模型和模拟国际会议——祝贺 R. Glowingski 70 华诞。

R. Glowinski 是法国科学院院士,冯·卡门奖获得者,他的经典著作有《流体力学的有限元逼近》（J. Lions 和 P. G. Ciarlet 主编的 *Handbook of Numerical Analysis* 第 9 卷）和 *Numerical Methods for Nonlinear Variational Problems*，他的文章和著作被他人引用达 2 万多次。

会议通知

R. Glowinski 作学术报告

13. China-Brazil Symposium on Applied and Computational Mathematics，8.1-15,2009,中国-巴西应用和计算数学双边讨论会。

会议中方主席黄艾香，巴方主席袁锦昀。

会议集体照

会议通知

14.应用数学与计算数学国际讨论会。

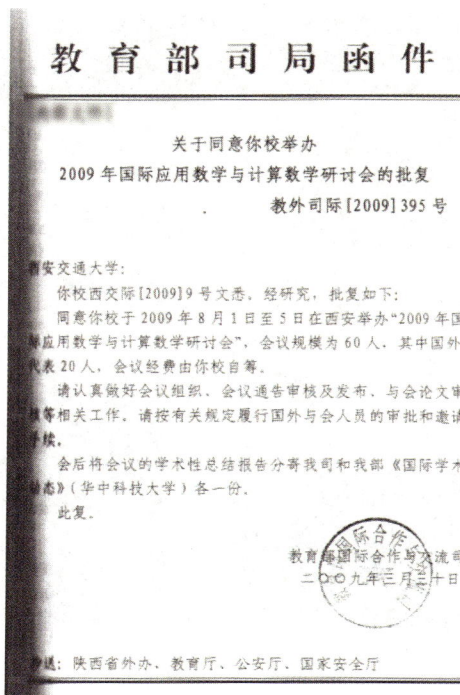

教育部司局函件

关于同意你校举办
2009 年国际应用数学与计算数学研讨会的批复

教外司际 [2009] 395 号

西安交通大学：

你校西交际 [2009] 9 号文悉，经研究，批复如下：

同意你校于 2009 年 8 月 1 日至 5 日在西安举办 "2009 年国际应用数学与计算数学研讨会"，会议规模为 60 人，其中国外代表 20 人，会议经费由你校自筹。

请认真做好会议组织、会议通告审核及发布、与会论文审核等相关工作，请按有关规定履行国外与会人员的审批和邀请手续。

会后将会议的学术性总结报告分寄我司和我部《国际学术动态》（华中科技大学）各一份。

此复。

教育部国际合作与交流司
二〇〇九年三月二十日

抄送：陕西省外办、教育厅、公安厅、国家安全厅

批件

15.Symposium on Geophysical Flows，July 22 – 24，2012，地球物理流动国际学术讨论会——祝贺 Ismael Herrera 80 华诞和李开泰 75 华诞。

会议主席陈掌星。大会邀请报告刊登在 *Numer. Method of PDE* 上。

会议集体照

会议通知

16. The Third China-Brazil Symposium on Applied and Computational Mathematics,2015,8.17－20,第三届中国-巴西应用和计算数学双边讨论会。

会议集体照

17. 科学和技术问题中的数学模型和新型算法研讨会。

参会代表合影

　　由西安交通大学主办的"科学和技术问题中的数学模型和新型算法研讨会"于 2017 年 7 月 25 日至 27 日在南洋大酒店举行,研讨会旨在加强国内外计算数学及其相关领域的学者之间的相互交流与联系,为计算数学领域的青年科研人员提供一个论坛来报告研究成果、交流研究经验和讨论未来的研究趋势。同时,研讨会为研究生们提供了一个学习最前沿研究课题和尖端技术的良好机会。

数学与统计学院计算科学系系主任
侯延仁教授主持开幕式

数学与统计学院陈志平副院长致辞

中国科学院江松院士作报告

　　会议于 7 月 25 日上午开幕,西安交通大学数学与统计学院陈志平副院长出席并致辞,他向与会代表介绍了数学与统计学院的概况,并对来自国内外的 90 多位代表表示热烈欢迎和衷心感谢。开幕式由数学学院计算科学系主任侯延仁教授主持。

　　会议期间共举行了 17 场学术报告,报告内容涉及地球物理流动、流体动力学、数学模型和仿真、科学计算、数值方法、地球勘探,参会的著名学者、青年学者以及博士生就该领域相关前沿热点问题进行了深入广泛的交流和讨论。

　　此次学术会议历经近一年的筹备,数学与统计学院偏微分方程数值计算方向的教师和研究生付出了努力,会议的成功举办促进了数学与地学、流体力学等学科的科研工作者之间的相互合作交流,有利于推进产学研一体化的进程,提升学院以及计算数学学科的影响力。

加拿大工程院院士陈掌星教授作报告

美国田纳西大学凤小兵教授作报告

上海大学张武教授作报告

郑州大学石东洋教授作报告

華北電力大學楊曉忠教授作報告

湘潭大學李明軍教授作報告

二、名誉教授

1. 陈省身 1911 年 10 月 28 日生于浙江嘉兴秀水县，美籍华裔数学大师、20 世纪最伟大的几何学家之一，曾长期任教于美国加州大学伯克利分校和芝加哥大学，并在伯克利建立了美国国家数学科学研究所。为了纪念陈省身的卓越贡献，国际数学联盟（IMU）特别设立了"陈省身奖（Chern Medal Award）"。1926 年，陈省身进入南开大学数学系。1934 年夏，他毕业于清华大学研究院，获硕士学位，成为中国自己培养的第一名数学研究生。1963—1964 年，陈省身担任美国数学会副主席。1995 年陈省身当选为中国科学院首批外籍院士。

陈省身在西安交通大学作学术报告

陈省身教授、吴文俊教授和程民德教授有共识，认为数学研究投资少，我们人才多，可以先赶超世界，但中国数学的发展不应只集中于北京、上海，东北、西北和西南也应该有数学中心。在陈教授建议下，西安交通大学于 1991 年成立了应用数学研究中心，同时，陈教授还向国家教委建议每年开办数学暑期学校，第一期于 1993 年由西安交通大学主办，主题为计算数学，由冯康教授主讲。

陈省身在西安交通大学应用数学研究中心

陈省身与时任党委书记潘季、副校长孙国基和黄艾香等交谈

陈省身教授给交大师生作学术报告

陈省身向南开大学胡国定教授等展示他所赠送的书籍

陈省身在应用数学研究中心学术活动月开幕式上

授予陈省身院士西安交通大学名誉教授

陈省身参观校史展览馆

陈省身参观西安交通大学校园

为陈省身院士祝寿

2. 吴文俊 1919 年出生于上海,中国当代著名数学家,中国科学院院士。吴文俊教授 1940 年毕业于交通大学数学系,1949 年在法国斯特拉斯堡大学获博士学位,1952 年至 1979 年任中国科学院数学所副所长、研究员;1979 年以后任中国科学院系统科学研究所副所长、名誉所长、研究员;1957 年当选中国科学院学部委员;1990 年当选第三世界科学院院士。吴文俊教授的研究工作涉及到数学的诸多领域,其主要成就表现在拓扑学和数学机械化两个方面,为拓扑学做出了奠基性的工作,他的示性类和示嵌类研究被国际数学界称为"吴公式""吴示性类""吴示嵌类",至今仍被国际同行广泛引用。20 世纪 70 年代后期,在计算机技术大发展的背景下,他继承和发展了中国古代数学的传统(即算法化思想),转而研究几何定理的机器证明,彻底改变了这个领域的面貌,取得了一系列国际

在国家科技奖颁奖大会上发言

领先成果,并已应用于国际流行的符号计算软件。2001 年,吴文俊教授获首届"国家最高科学技术奖"。他热爱祖国,具有高尚的科学道德,是数学界德高望重的老前辈,在多年研究工作中,取得了许多原创性研究成果,具有很高的国际声誉并多次获得国际大奖,如 Herbrand 自动推理杰出成就奖、第三世界科学院数学奖等。

吴文俊院士和李开泰教授

时任校长蒋德明授予吴文俊院士名誉教授

吴文俊院士作学术讲演

游兆永主任和吴文俊院士

吴文俊院士和李开泰参观黄帝陵

李开泰与吴文俊及其家人合影

　　吴文俊教授对西安交通大学十分关心。20世纪70年代"文化大革命"期间，他来交大做关于"机器证明"的学术报告；改革开放以后，他作为国家自然科学基金委员会天元基金的领导人，支持陈省身教授的建议，在西安交通大学设立应用数学研究中心。在一次天元基金会议上，当李开泰说西安交大是"第三世界"时，他即席说，西安交大不是"第三世界"，是"第一世界"。有一次李开泰在吴教授办公室谈业务时，他还特地告诉李开泰，严宁宁（她在我们这里获得硕士学

吴文俊给李开泰的信

位)是他们所总支书记。他还曾给李开泰写信,说明为什么 Geometry 翻译为"几何"。交大百年校庆时,他接受采访,为"百年交大"影像现身发表讲话。1997年,交大 101 周年校庆时,吴院士来校作"机械证明"和"中国数学史"的系统讲座,并且提议"20 世纪数学传播与交流国际讨论会"于 2000 年在西安交通大学举行。

3. 冯康 1920 年 9 月 9 日—1993 年 8 月 17 日,数学家,应用数学和计算数学家,浙江绍兴人,中国科学院院士,曾任中国科学院计算数学研究所所长,是中国现代计算数学研究的开拓者,独立于西方创造了中国的有限元方法,提出动力系统的辛几何算法,分别获得国家自然科学奖二等奖和一等奖。他独立地提出有限元法、无穷远边界条件自然归化和自然边界元方法,开辟了辛几何和辛格式研究新领域,为组建和指导我国计算数学队伍做出了重大贡献,是世界数学史上具有重要地位的科学家。冯康教授 1980 年当选中国科学院院士,1985 年被授予西安交通大学数学系名誉教授。

冯康院士在国家教委举办的暑期学校讲课

冯康教授对西安交通大学有特殊的情谊。他与西安交通大学校长史维祥在苏联留学期间共事过。冯先生的一位亲戚是西安交通大学的教授。冯先生曾经对李开泰说,朱公谨(交大一级数学教授,于 20 世纪 20 年代留学德国,在哥廷根大学获得博士学位，是 Hilbert 的学生，R. Courant 的学生）著的《应用数学》对他影响很大，他很赞同哥廷根学派的数学观点。李开泰给冯先生介绍过朱公谨的"应用数学专业"教学计划，他非常欣赏。冯先生于 1985 年从莫斯科寄给李开泰的信中提到，他与时任苏联科学院院士 Arnold 谈话时，Arnold 表示不同意法国布尔巴基（Bourbaki）学派观点，他主张数学要与物理学相互渗透，在 1985 年写给李开泰的信中谈到这些，详见第二章。冯先生对我们在 20 世纪 70 年代和 80 年代所做的工业数学研究非常认可。20 世纪 70 年代我们就在全国推广有限元，将其应用到工业技术中的各个领域。1984 年我们出版了有限元的书籍，不但包含有限元的基本概念、方法和理论，而且有丰富的在工业技术中的应用实例。20 世纪 80 年代，冯先生就对李开泰说，西安交通大学"已经走出国门"；20 世纪 90 年代，冯先生承担国家基础研究攀登计划项目"大规模科学计算的理论和方法"，他对李开泰说"攀登计划"不能没有西安交通大学参加。

国家教育委员会文件

（88）教师管字016号

关于授予冯康同志
西安交通大学名誉教授事

西安交通大学：

你校（88）西交人师字第058号文收悉。经研究，同意授予冯康同志西安交通大学名誉教授。

抄送：中国科学院

批件

冯康院士参观西安碑林博物馆

冯康院士和黄艾香教授在秦始皇兵马俑博物馆

4. Garrett Birkhoff 1911 年生于美国普林斯顿，数学家，美国艺术与科学院院士，美国科学院院士，主要贡献为格子理论，其父 George David Birkhoff 也是著名数学家。他 1932 年在剑桥大学学习数学物理，后转学抽象代数；1933—1936 年在哈佛任教；他和冯·诺依曼是好朋友；他指导的博士 David M. Young 在研究泊松方程的数值解问题时提出了 SOR 算法；他发表超过 200 篇学术论文，指导超过 50 名博士；1966—1968 年任美国工业与应用数学会（SIAM）主席；1974 年获福特奖。他早期研究代数，二战后开始研究工程数学，60 年代后他从事了超松弛方法与潜艇、核反应堆有关的研究。其成就体现在其著作《流体动力学》和《格子理论》等中。1985 年他访问西安交通大学，作学术讲演、召开座谈会，参加的除数学系教师外，还有电机系、动力系和机械系的教师。Birkhoff 是西屋电气公司顾问、美国海军学院（加利福尼亚）顾问，座谈中了解到李开泰在潜艇、核反应堆、轴承润滑以及非线性分歧等领域与其有共同的研究经历，对李开泰的研究非常感兴趣，当场发出邀请，请李开泰作为中美两国科学院交换学者访问美国（批件见图）。他回国后立即完成了邀请程序，李开泰接到相关邀请信后就去北京友谊宾馆，会见美国科学院驻北京办事处人员，并且很快收到美国科学院院长、美中学术交流委员会美方主席 H. A. Simon 的邀请信。同时，Birkhoff 还与明尼苏达大学应用数学研究所所长 Hans Weinberger 联系，

安排李开泰参加该所"科学计算年"活动三个月。（有关信件复印件见第二章第一节）

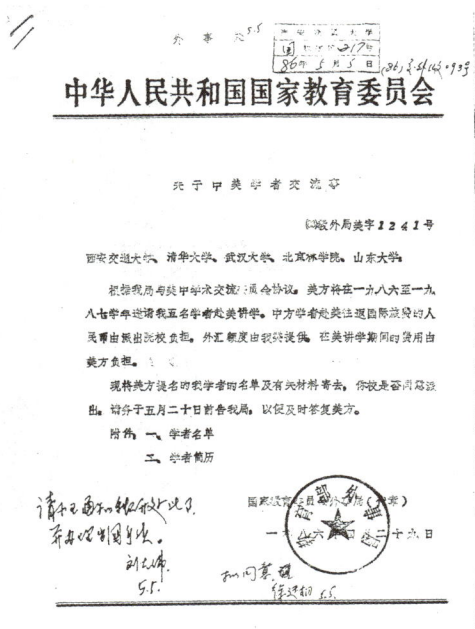

中华人民共和国国家教育委员会

关于中美学者交流事

（教技外局美字）**1241**号

西安交通大学、清华大学、武汉大学、北京林业学院、山东大学：

根据我局与美中学术交流（ ）协议，美方将在一九八六至一九八七学年选请我五名学者赴美讲学。中方学者赴美往返国际旅费的人员费用由无由派校负担。外汇额度由我局提供，在美讲学期间费用由美方负担。

现特将美方提名的我校学者的名单及有关材料寄去，你校是否同意派出，请务于五月二十日前告我局，以便及时答复美方。

附件：一、学者名单

　　　　二、学者简历

　　　　　　　　　　　　　　　附件一

　　　　　　　　　　　　学者名单

西安交通大学　　LI KAITAI
清华大学　　　　LU YINGZHONG
武汉大学　　　　SHIH QUAN
北京林业学院　　SUN XIAOXIANG
山东大学　　　　XU XUDIAN

批件　　　　　　　　　　　　交流学者名单

5. Robert Finn 1922 年生于美国布法罗市，美国数学家，美国科学院院士。1951 年在美国雪城大学获得博士学位；1953 年在普林斯顿高等研究院做博士后研究，1954 年在马里兰大学流体动力研究所做博士后研究；1954 年成为南加州大学助理教授；1956 年成为加州理工

大学副教授；1959 年成为斯坦福大学教授；曾担任波恩大学客座教授，曾赴苏联科学院做交换科学家；1994 年获得莱比锡大学名誉博士学位。

　　陈省身教授把 Finn 教授介绍给李开泰。Finn 研究几何中的偏微分方程，包括毛细现象，特别是高空中的毛细现象，他发表过一篇 N-S 方程的经典论文。1992 年，我们邀请他访问西安交通大学应用数学研究中心，作关于"毛细现象的偏微分方程"的报告，同时来访的还有他的朋友 P. Concus 教授（任职于加州大学伯克利分校和劳伦斯伯克利国家实验室）。李开泰也访问了斯坦福大学和加州

大学伯克利分校,还和应用数学家 J. Keller(J. Keller 是 20 世纪 70 年代访问中国的美国应用数学家代表团的团长,他的弟弟,加州理工大学分歧问题方面的专家 H. B. Keller 应李开泰邀请访问西安交通大学,进行学术交流)。

6. 丘成桐 1949 年 4 月出生于广东汕头,博士,哈佛大学教授,美国科学院院士,美国艺术与科学院院士,中国科学院外籍院士,俄罗斯科学院外籍院士。22 岁获加州大学伯克利分校博士学位;27 岁成为斯坦福大学教授、普林斯顿高等研究院终身教授;1982 年获菲尔茨奖;1994 年获瑞典皇家科学院克拉福德奖(The Crafoord Prize);1997 年获美国国家科学奖;2003 年获得中华人民共和国科学技术合作奖;2010 年获沃尔夫数学奖;2018 年获马塞尔格罗斯曼奖;获"2018—2019 影响世界华人盛典"终身成就奖。他发起并组织成立了国际华人数学家大会,每三年举行一次。由清华大学丘成桐数学科学中心创办了"清华三亚国际数学论坛"。丘成桐是公认的当代最具影响力的数学家之一。他的研究工作深刻变革并极大扩展了偏微分方程在微分几何中的作用,影响遍及拓扑学、代数几何、表示理论、广义相对论等众多数学和物理领域。他对卡拉比猜想的证明标志着一个新的学科——几何分析的诞生(几何分析是用非线性微分方程的方法来系统地解决几何与拓扑中的难题,反过来也用几何的直观与思想来理解偏微分方程的结构)。这一理论的提出将几何分析的发展带到了一个高峰。而卡拉比-丘流形早已成为弦理论学家们研究工作的宝箱,利用它可以不断地变换出炫目的猜想,成为数学与理论物理发展的潮流。

丘成桐与卡拉比教授

丘成桐被授予沃尔夫数学奖

时任交大党委书记王建华授予
丘成桐名誉教授

丘成桐院士在西安交通大学作
"数学与文化"学术讲演

　　丘教授 2007 年应邀访问西安交通大学，作"数学与文化"学术讲演。他希望我们送两名学生去学习，尤其欢迎来自农村的优秀学子。

王建华书记会见丘成桐院士

签字留念

与党委书记及来访的诺贝尔奖获得者
一起种长青树

7. Gilbert Strang：1934 年生于美国芝加哥，是享有盛誉的数学家，在有限元理论、变分法、小波分析及线性代数方面均有建树。1955 年获得麻省理工学院学士学位；1957 年获得牛津大学贝利奥尔学院硕士学位；1959 年获得加州大学洛杉矶分校博士学位，1976 年获美国国家数学协会查文尼特奖；1980 年成为西安交通大学荣誉教授；1985 年成为美国艺术与科学院院士；1999 年被聘为牛津大学贝利奥尔学院荣誉研究员；1999—2000 年任 SIAM 主席；2002 年当选爱尔兰数学协会名誉成员；2003 年获 SIAM 卓越贡献奖；2003—2004 年任美国国家数学委员会主席，国际工业与应用数学会（ICIAM）理事会成员；2003—2005 年任阿贝尔奖（Abel Prize）委员会成员；2005 年获美国国家计算机协会冯诺依曼奖；2006 年获美国国家数学协会海默奖；2007 年获 ICIAM 苏步青奖；2007 年获得赫利奇奖；2009 年获得美国国家科学奖；2009 年被授予图卢兹大学荣誉博士；2009 年成为美国国家科学院院士；2009 年成为 SIAM 会士；2012 年成为 AMS 会士。

Strang 教授对教育的贡献尤为卓著，共著有七部经典数学教材及一部专著。Strang 自 1962 年至今一直担任麻省理工学院教授，其所授课程"线性代数导论""计算科学与工程"均在麻省理工学院开放式课程计划（MIT Open Course Ware）中收录，并获得广泛好评。

Strang 于 20 世纪 80 年代初访问我校，由于他是国际上最早出版数学有限元著作的科学家，在中国影响非常大。他将其经典教材《线性代数及其应用》《应用数学导论》赠送给我校读书馆。

Strang 教授在办公室

8. Rolf Leis 1931 年出生于德国埃森；1952—1955 年在波恩学习数学和物理学；1958—1959 年担任纽约大学研究助理；1961 年获得亚琛工业大学数学特许任教资格；1962—1965 年任亚琛工业大学讲师；1965 年开始任波恩大学教

授；1976—1977 年任波恩大学校长；1981—1990 年任斯特拉斯克莱德大学客座教授；1996 年成为波恩大学名誉教授。

Leis 教授 1985 年应邀访问西安交通大学，被授予名誉教授，访问期间系统地向研究生介绍了他刚出版的一本关于偏微分方程的著作，并赠送给李开泰一本。听课的研究生中，有留校当助教的每甄、江松、张承钰以及马逸尘讲师。Leis 教授接受江松、张承钰和马逸尘作为访问学者，访问波恩大学应用数学研究所两年（来回国际机票和在当地的生活费用都由应用数学研究所提供）。当时每甄已由 K. Bohmer 邀请去马堡大学（University of Marburg）访问（待遇与波恩大学应用数学研究所相同）。这些协议都是李开泰于 1984 年访问波恩大学时谈定的。

这次同时来访的还有德国帕德伯恩（Paderborn）大学的 R. Rautmann 教授。我们所有访问德国的教师都应邀访问过帕德伯恩大学。

R. Leis 作学术报告

时任校长史维祥会见 R. Leis 并为其颁发荣誉教授证书

时任副校长戴景宸宴请 Leis 夫妇和 Rautmann 教授

R. Leis 夫妇

黄艾香教授与 Leis 夫人

R. Leis 夫妇与马逸尘、每甄

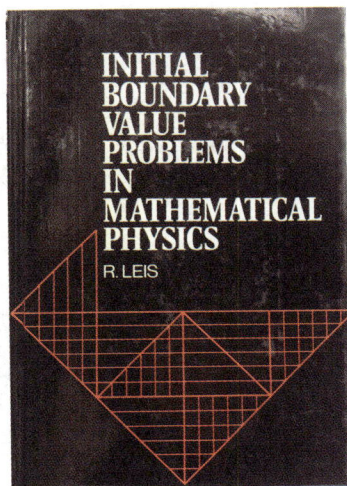

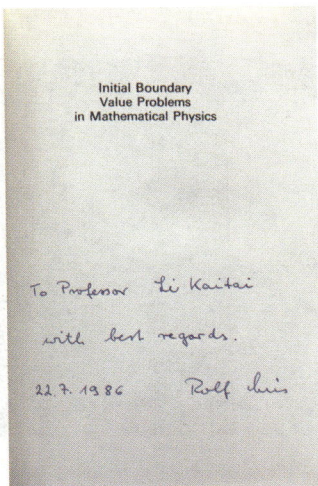

To Professor Li Kaitai
with best regards.
22.7.1986   Rolf Leis

赠书

9. P. G. Ciarlet 1938 年生于巴黎，法国数学家，主要工作是将有限元方法应用到弹性力学研究中，在偏微分方程和微分几何分析上也做了很多贡献。1966 年 Ciarlet 从俄亥俄州克利夫兰凯斯理工学院获得博士学位；1971 年，Ciarlet 在导师 J. L. Lions 的指导下获得了巴黎大学博士学位；1974—2002 年，Ciarlet 在巴黎第六大学担任教授；他目前是香港城市大学数学系特聘教授。Ciarlet 在 1999 年被授予了法国荣誉骑士勋章。他是欧洲科学院、法国科学

院和工程院，以及罗马尼亚、印度、中国等国家科学院的院士。2009 年，他当选为 SIAM 会士；2012 年当选为 AMS 会士。

授予 P. G. Ciarlet 荣誉教授

Ciarlet 在授予仪式上讲话

Ciarlet 的夫人作学术报告

李开泰向 Ciarlet 赠送礼物

Ciarlet 作学术报告

Ciarlet 与沈晓芹　　　　　　　　　Ciarlet 和李开泰

Ciarlet 对弹性力学的微分几何方法的研究取得了杰出成果。他的《数学弹性理论》（三卷）是数学力学的经典著作，他曾赠送一本给李开泰。我们的著作《张量分析及其应用》对他有很大的影响。看了我们文章以后，他很遗憾没有应用曲面的第三基本型和第二、第三基本型的逆矩阵，得不出李开泰所得到的有用的公式。他受聘香港城市大学后写了两本书——《微分几何理论与应用》《非线性泛函分析及其应用》。1986 年起的 30 多年间我们进行了多次互访，包括他的同事 P. A. Raviart、他的学生 M. Bernadou 和 B. Miara 等，李开泰、黄艾香也多次访问巴黎第六大学、巴黎综合理工大学和 INRIA。到香港工作后，法国驻港领事馆曾为庆祝他获得法国科学院院士、获得法国荣誉骑士勋章以及 70 华诞等多次举行鸡尾酒会，都给李开泰发送了请束。

To celebrate the bestowal of the distinction of "Officier de l'Ordre National de la Légion d'Honneur" on Philippe G. Ciarlet, University Distinguished Professor, City University of Hong Kong, Professor Emeritus, Université Pierre et Marie Curie, Member of the French Academy of Sciences, Foreign Member of the Chinese Academy of Sciences, Member of the Academia Europaea, the European Academy of Sciences, the National Academy of Technologies of France, the National Academy of Sciences of India and the Romanian Academy, Associate Fellow of the Academy of Sciences for the Developing World, Fellow of the Hong Kong Institution of Science and the Society for Industrial and Applied Mathematics

Arnaud Barthélémy
Consul-General of France in Hong Kong & Macau
Requests the pleasure of the company of

Prof LI Kai-Tai

For a Cocktail Reception
at the French Residence
On Tuesday, 5 June 2012, from 6:00pm to 7:30pm

Dress code: Business attire
8 Pollock's Path
The Peak
(No parking place)

RSVP by e-mail before May 25th
invitations@consulfrance-hongkong.org

法国驻香港领事馆给李开泰的请束（Ciarlet 教授获得法国"荣誉骑士勋章"庆祝晚宴）

Paris, July 24, 2000

To my respected colleague,
Professor Li Kai-tai,
With my kindest regards,
Philippe G. Ciarlet

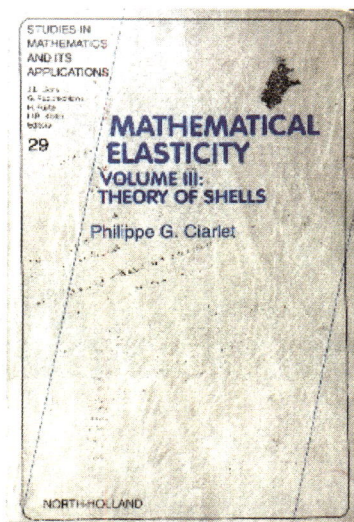

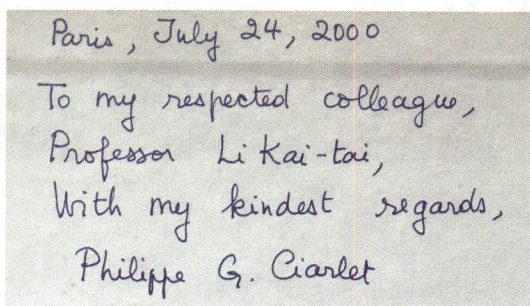

Ciarlet 赠送给李开泰他最得意的著作

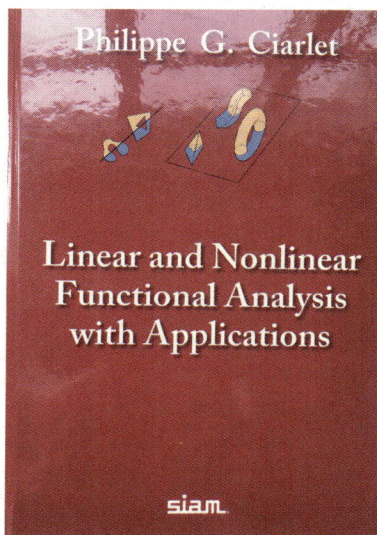

Ciarlet 的新作

10. Roland Glowinski 生于 1937 年 3 月，法裔美国数学家，冯·卡门奖获得者。1970 年，他获得 Jacques-Louis Lions 实验室的博士学位，以应用数学，特别是偏微分方程和变分不等式的数值解和应用方面的研究而闻名，是法国科学院的院士。1985 年以来，他在休斯顿大学担任讲席教授，出版了许多数学方面的书籍。2012

年,他成为美国数学学会的会士,现为休斯顿大学数学与机械工程系教授。

Glowinski 作学术报告

参观钱学森展览馆

Glowingski 和我们也有 30 多年往来的历史。他来访比较多,2007 年我们特意举办一个国际会议来祝贺他七十大寿。Glowingski 教授著作颇丰,著作和文章被引用 2 万多次。他将著作《流体力学中的数值方法(第 3 部分)》(P. G. Ciarlet 和 J. Lions 主编的《数值分析手册》第九卷)赠送给西安交通大学图书馆,并且来校亲自讲授了前三章内容。李开泰也多次应邀访问休斯顿大学。

Glowinski 夫妇在钱学森图书馆前合影

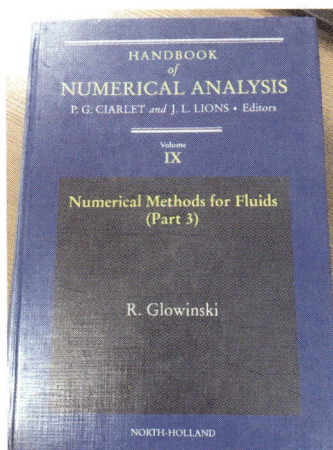

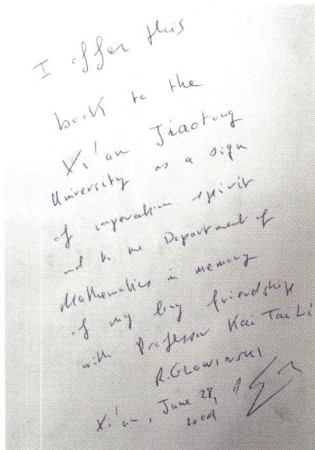

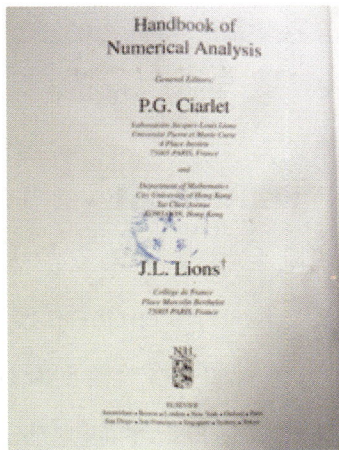

Volume IX

Numerical Methods for Fluids
(Part 3)

NH

2003
ELSEVIER
Amsterdam • Boston • London • New York • Oxford • Paris
San Diego • San Francisco • Singapore • Sydney • Tokyo

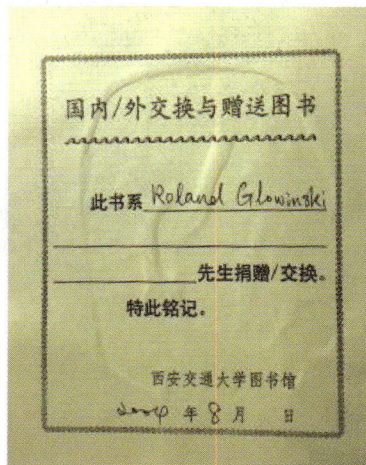

国内/外交换与赠送图书

此书系 *Roland Glowinski*

_____ 先生捐赠/交换。

特此铭记。

西安交通大学图书馆

___年8月 日

R. Glowinski 将其著作赠送给西安交通大学图书馆

R. Glowinski 在讲课

R. Glowinski 与夫人 Ann Gelar 和李开泰
在教学主楼前合影

11. Roger Meyer Temam 生于 1940 年 5 月,法国科学院院士,美国印第安纳大学科学计算与应用数学研究所所长。Roger Temam 教授是享誉世界的数学家,在分析数学、数值计算、数学模型及应用、力学等领域成绩卓著,是许多现代数学概念的创立者,出版著作 20 多部,发表学术论

文 600 多篇。其专著《凸分析》和《Navier-Stokes 方程——它的理论和数值方法》在业内非常著名。

他与他人合作,给出了 N-S 方程奇异吸引子维数估计,提出了非线性动力系统"惯性流形和近似惯性流形"概念。他与 J. Lions 及汪守恒提出的大气海洋耦合系统的数学模型,也是我们的研究目标。

Temam 和我们交往也有 30 多年的历史,我们的胡常兵在他那里读博士,毕业后在密苏里大学工作;李开泰、何银年、侯延仁相继去他那里做短期或长期访问;他的学生汪守恒(后留校当教授)多次访问我们。2010 年 5 月,他 70 岁生日时访问我们学校,时任副省长朱静芝会见了他。陕西省政府和我们为他举办生日宴会,授予他西安交通大学名誉教授。他在宴会上发表了讲演。

Roger Temam 院士名誉教授授予仪式及讲座通知

应我校邀请,法国科学院院士、法国巴黎第 11 大学教授、美国印第安纳大学教授、中国复旦大学名誉教授 Roger Temam 一行将于 5 月 23~28 日来校访问并参加名誉教授授予仪式。此次一同来访的还有 Roger Temam 教授的夫人以及美国普渡大学沈捷教授。Roger Temam 院士一行访问期间将就流体力学相关内容做两场学术讲座。以下为名誉教授授予仪式及学术讲座的具体安排:

Roger Temam 院士名誉教授授予仪式
时　间:5 月 24 日下午 3:00
地　点:教学主楼 B 座—103 室

Roger Temam 院士及沈捷教授学术讲座
讲座名称:Multilevel methods for the inviscid shallow water equations in a limited domain
讲座时间:5 月 24 日下午 3:30~4:30
讲座地点:教学主楼 B 座—103 室
讲　座　人:Roger Temam 院士
讲座内容:In this lecture we will discuss two issues of general interest in scientific computing, namely: - Numerical simulations in a limited domain when the boundary conditions are not well defined at the boundary, and, - The use of multilevel methods for solving partial differential equations. Both problems will be discussed in the context of the inviscid shallow water equations.

讲座名称:Phase-field models for multiphase complex fluids: modeling, numerical analysis and simulations
讲座时间:5 月 24 日下午 4:30~5:30
讲座地点:教学主楼 B 座—103 室
讲　座　人:沈捷教授
讲座内容:I shall present an energetic variational phase field model for multiphase incompressible flows which leads to a set of coupled nonlinear system consisting a phase equation and the Navier-Stokes equations. We shall pay particular attention to situations with large density ratios as they lead to formidable challenges in both analysis and simulation.

I shall present efficient and accurate numerical schemes for solving this coupled nonlinear system, in many case prove that they are, energy stable, and, show ample numerical results (air bubble rising in water, Newtonian bubble rising in a polymeric fluid, etc.) which not only demonstrate the effectiveness of the numerical schemes, but also validate the flexibility and robustness of the phase-field model.

欢迎全校师生踊跃参加。

西安交通大学
2010.5.19

Mr President,
Dear Professors Li Kaitai and Aixing Huang,
Dear Friends and Colleagues,

I am very pleased and very honored to be named Honorary Professor of the Jiatong University in Xi'an and I thank you very much for this honor that I fully appreciate.

For many years I have had many connections with scientists from this University in the area of applied mathematics and scientific computing, and I am pleased to receive this honor consolidating my connections.

I have known Professor Li Kaitai and interacted with him for many years, and during these years I have followed his work and the work of Professor Aixing Huang and of their important group. Through him I have met several of his associates. In particular Prof Yinnian He who visited my institute in the United States for an extended period; his collaborator Changbing Hu who came to Indiana University to work with me and who prepared a PhD at Indiana University, and his student Zhen Qin who is now preparing a PhD with me at Indiana University. Recently I read two articles of Prof. Li Kaitai, and I got acquainted with other of his collaborators. Since my arrival here I also met several more of Prof. Li Kaitai's collaborators.

I was fortunate to start my research at a time when numerical analysis and scientific computing started to develop. I was advised by Prof Jacques Louis Lions at a time when he, himself, was starting to engage in numerical analysis, and I was able to witness the development of his large group of which I benefited. I was also lucky to meet and learn from other famous French mathematicians, such as Prof. Laurent Schwartz who discovered the theory of distributions now used by most applied mathematicians and also Professor Jean Leray who started the the mathematical theory of the Navier Stokes equations, a subject dear to Prof. Li Kaitai's group and to myself. I am happy to have benefited from this valuable inheritance, and I am happy to have passed it and continue to pass it to students bright and talented like the ones I see in this room. During a period of 40 years or so, I have seen a tremendous development of applied mathematics in parallel with the spectacular development of the computers themselves.

In fact all these important developments are just a beginning. The young and eager students that I see here, can be certain that tremendous developments can be expected in years to come as new problems appear almost every day, for which many new tools will be necessary, in physics, chemistry, biology, engineering, to cover such fields as energy, nanotechnologies, medicine and many other fields. This great University is in an excellent position to participate in the new developments to come.

To conclude I would like to thank you again for this honor, I am very pleased to be now officially associated with the Jiatong University and especially its group in applied mathematics. I would like to thank you for your wonderful welcome at our arrival in Xi'an and your wonderful hospitality. My wife and I are also pleased of this opportunity to discover a part of China which we did not know and which has a tremendous and legendary historical importance. We look very much forward discovering the city of Xi'an within the next few days.

The city of Xi'an is becoming more and more famous every day, and more and more people are now familiar with it in Europe. Just talking of my trip with some acquaintances, we found that many of them have already visited Xi'an, and some have already come to Xi'an several times. So we are eager my wife and me to catch up in our turn.

Many thanks again to all of you. Sié Sié.

Roger Temam,
Xi'an, Monday May 24, 2010

授予仪式通知及 Temam 在会议上的发言稿

西安交通大学党委副书记王小力会见 Temam 院士一行并授予他荣誉教授

陕西省副省长会见 Temam 院士一行

陕西省副省长、西安交通大学副校长等和 Temam 一行合影

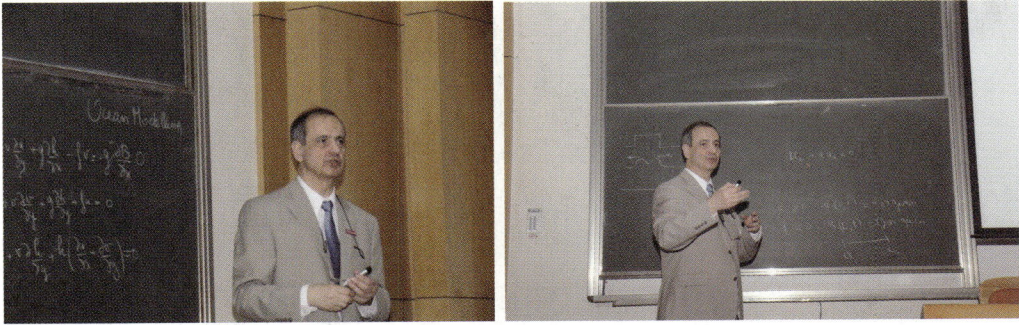

Temam 在授课

Temam 教授在一篇综合性论文中提到我们的工作，引用我们很多文章。对为庆祝他 70 华诞的数学年刊中的李开泰的论文进行了很多修改和修饰（见原稿的复印件）。

R. Temam 为李开泰的一篇论文初稿所做的修改

R. Temam 和科学计算研究所的校友合影

王小力副书记与 R. Temam 夫妇合影

Temam 和学生们

Temam 夫妇与李开泰、黄艾香

Temam 与何银年

12. 张圣蓉（Sun-Yung Alice Chang） 美国科学院院士、普林斯顿大学教授，曾任美国数学会副主席。她曾应邀访问我校，我们的王立周博士应她的邀请访问普林斯顿大学一年。理学院王立河教授曾跟随她做博士后研究。

美国普林斯顿大学数学系张圣蓉教授等与李开泰

13. 郑哲敏 1924 年出生于山东济南，浙江鄞县（今宁波市鄞州区）人，物理学家、力学家、爆炸力学专家，中国科学院学部委员（院士）、中国工程院院士、美国国家工程院外籍院士，中国爆炸力学的奠基人和开拓者之一，中国力学学科建设与发展的组织者和领导者之一，2012 年度国家最高科学技术奖获得者。

1947 年，郑哲敏毕业于清华大学机械系；1949 年，在美国加州理工学院获硕士学位；1952 年，获加州理工学院博士学位；1955 年，在中国科学院力学研究所工作，历任弹性力学组组长、材料力学性能研究室主任、中科院力学研究所副所长、所长等职；1982 年，当选为中国力学学会常务副理事长；1988 年，任中国科学院力学研究所非线性连续介质力学开放研究实验室主任。

郑哲敏早期在水弹性力学研究中取得成就，后长期从事固体力学研究，擅长运用力学理论解决工程实际问题。提出了流体弹塑性体模型和理论，并在爆炸

加工、岩土爆破、核爆炸效应、穿甲破甲、材料动态破坏、瓦斯突出等方面取得重要成果；积极推动海洋工程力学、材料力学性能、环境灾害力学的研究，创建了中国科学院力学研究所非线性连续介质力学开放研究实验室，为中国力学事业的发展作出了贡献。

20 世纪 50 年代，钱学森回国前将部分学术资料交由郑哲敏保管。1996 年，中共中央宣传部批准"西安交通大学图书馆"命名为"钱学森图书馆"，郑哲敏应邀参加交通大学建校 100 周年和迁校 40 周年纪念活动，并且代表钱学森将其在美国托他保管的部分学术资料赠送给西安交通大学钱学森图书馆。郑哲敏教授被授予西安交通大学名誉教授，并且在理学院（包括数学、物理和化学专业）作《钱学森论技术科学》和有关湍流的学术讲演。

郑哲敏院士的报告题目《钱学森论技术科学》

档案资料

14. 周恒 中国科学院院士，天津大学教授，他在非线性理论研究上取得了突出成就，与德国斯图加特大学 K. Kirchgassner 教授、布朗大学流体力学实验室主任 Lawrence Sirovich 和麻省理工学院应用数学系 Burns 教授等有很好的合作关系。20 世纪 80 年代，周院士作为访问学者访问布朗大学和麻省理工学院；80 年代和 90 年代，他两次应邀分别和 K. Kirchgassner 以及 Burns 夫妇一起访问西安交通大学，并被授予西安交通大学荣誉教授。

周恒院士作报告　　　　　　　　　王建华校长授予其西安交通大学荣誉教授

15. 石钟慈　石钟慈院士对西安交通大学计算数学专业的发展给予了非常大的支持，1985 年中美边界积分方程和边界元讨论会时，他用自己的研究经费支持会议 0.7 万元；李开泰作为国家重大基础研究攀登项目和"973 计划"项目的主要研究人员，以及随后何银年、侯延仁相继加入"973 计划"项目，是与石钟慈院士的大力举荐分不开的。我们当时在德国法兰克福、马堡和波恩访学的研究所成员与石钟慈都有密切学术来往和相互支持。

蒋德明校长授予石钟慈院士　　　　石钟慈院士和计算物理研究室教师合影
名誉教授

附：部分名誉教授批件

国家教育委员会文件

教直[1991]10号

关于同意聘请陈省身教授为西安交通大学
名誉教授的批复

西安交通大学：

　　你校(91)外际字019号文收悉。经研究，同意陈省身教授为你校名誉教授。请……举行颁发证书仪式。

国家教育委员会
……月二十三日

主题词：授予　名誉　教授　西安交大　批复

002

兹授予　丘 成桐 教授
为 西 安 交 通 大 学 名 誉 教 授

Dr.　Qiu Chengtong
IS HEREBY CONFERRED THE TITLE
OF HONORARY PROFESSOR OF
XI'AN　JIAOTONG　UNIVERSITY

校　长
PRESIDENT
日　期：**DATE 28/07/2005**

聘请外籍学者为我校名誉教授审批表

(2006) 4012

姓名	中 文	惠利普·希雅莱特			
	外 文	Philippe G. Ciarlet			
性别	男	出生年月	1938 年	国籍	法国
职务及学衔	法国科学院院士；巴黎第六大学教授	拟聘请时间	2006 年 10 月 26 日开始		
现工作单位	法国巴黎第六大学教授；香港城市大学首席教授				
聘请理由	共发表 100 多篇高质量学术论文、出版专著 15 本。Ciarlet 是国际上著名的数学家、有限元专家和弹性力学数学理论专家。他的研究领域和我们很相似，我们在 20 多年前就有来往，他曾来我们学校访问过，本开泰也他那访问过三次。				
推荐学院联系人	李开泰	联系电话	029-82660051		
推荐学院领导意见	同意推荐 张世华 06.10.23				
国际合作与交流处审核意见	……批准 2006.10.23				
校领导审批意见	徐宗本 2006.12.25				
备 注					

国家教育委员会文件

85教师管字016号

关于授予冯康同志
西安交通大学名誉教授事

西安交通大学：

　　你校85西交人师字第058号文收悉。经研究，同意授予冯康同志西安交通大学名誉教授。

中华人民共和国国家教育委员会
……月七日

抄送：中国科学院

三、来校访问的国外学者

下面介绍 20 世纪 80 年代以来,访问计算物理研究室的国外学者。

1. J. T. Oden 得克萨斯大学计算工程和科学研究所(ICES)创建人,领导德州计算和应用数学研究所十余年。他是美国工程院院士,美国艺术与科学院院士,也是美国机械工程师学会的荣誉会员。他是 IACM、AAM、ASME、ASCE、SES、SIAM 和 BMIA 这七个国际科学技术学会的会员,是美国计算力学协会的会员和首任主席,国际计算力学协会的会员、创始人之一和前任主席,也是美国机械学会和工程学会的前任主席。其学术成果获得 A. C. Eringen 奖、沃纳奖(Worcester Reed Warner Medal)、Lohmann 奖、冯·卡门奖、约翰·冯诺依曼奖、牛顿-高斯大会奖(IACM 大会奖)等奖项,并被法国政府授予学术界棕榈叶骑士勋章(Chevalier des Palmes Academiques)。1981 年 Oden 参加于合肥举行的有限元国际会议后应邀访问西安交通大学,并邀请李开泰访问得克萨斯大学奥斯汀分校。此后,他举办的系列会议——流动中的有限元方法,每届都会邀请李开泰参加,其中几届李开泰还当选组委会成员。他创建了国际计算力学协会,并确定李开泰和钟万勰为第一届理事。他曾先后 7 次邀请李开泰访问得克萨斯大学奥斯汀分校。

2. Mutsuto Kawahara 现任教于日本中央大学土木工程系。他在许多领域都有建树,在有限元法方面的杰出成就促进了计算流体动力学和结构力学等学科的发展,是计算工程和科学,尤其是有限元领域的先驱之一。早前,人们认为计算机不能在工程和科学领域进行分析,而只有用模型进行实验才能证明理论。Kawahara 教授和他的同事们面临这样的困境,互相鼓励和支持,证明了先进的技术和计算机有助于计算工程和科学的发展,并让人们知道有限元作为计算工具的重要性和必要性。

他与麻省理工学院的 G. Strang 是最早应邀来讲学的外国学者。在西安交通大学进行了关于"浅水波的有限元分析"的为期两周的讲学,对我们的有限元方法研究有很大的推动。我们的学生樊必健于 1985 年到他那里(日本中央大学)读研究生。1982 年,他主持在东京召开"流动问题中的有限元分析"国际会议,邀请李开泰等四位中国学者参加,李开泰宣读了三篇学术报告。李开泰多次应邀访问日本中央大学。

3. R. Rautmann 德国帕德博恩大学数学系主任,1985 年他和 R. Leis 教授一起访问西安交通大学。20 世纪 80 年代,他多次在黑森林地区举行有关 N-S 方程的学术讨论会,会议论文集由 Springer 出版。李开泰访问他三次,马逸尘、黄艾香都先后访问了他。

4. Carl C. Cowen 1976 年于加利福尼亚大学伯克利分校获得博士学位,是印第安纳大学–普渡大学印第安纳波利斯联合分校(IUPUI)精算科学研究所所长。他对希尔伯特空间上的算子、解析函数和矩阵分析都有兴趣,出版了一些数学专著。他获得很多荣誉,也是许多专业协会委员会的成员。

5. Pierre-Arnaud Raviart 巴黎第六大学 J. L. Lions 实验室教授,师从国际著名数学大师法国科学院院长 J. L. Lions,著有经典专著《Navier-Stokes 方程有限元方法理论及算法》《双曲系统守恒律的数值解法》等,后就职于巴黎高等理工学院。他于 1985 年邀请李开泰访问巴黎第六大学数值分析实验室,李开泰在该实验室做关于"N-S 方程分歧问题"的报告,当时我们的学生项延在读 P. G. Ciarlet 的博士。20 世纪 90 年代,我们邀请他访问我们研究所,但他因足球运动脚受重伤不能出国,和我们直接来往少了。

6. Ulrich Trottenberg 德国科隆大学数学系的全职教授,主要研究数值分析和偏微分方程方面的问题。我们的梅立泉在他那里(德国国家信息技术研究中心,GMD,他是主任)做访问学者 4 年,为奔驰公司做汽车碰撞数值模拟。李开泰曾多次访问他,他也来我们这里访问两次。由于喜欢兵马俑,他买了一对真实尺寸的兵马俑陶俑纪念品运回国,后来李开泰去访问时,在他家花园里看到了这对"兵马俑"。

7. Rolf Rannacher 1948 年生于莱比锡，德国数学家，海德堡大学数学教授。Rannacher 在法兰克福大学学习数学和物理学，并在 1974 年获得博士学位。1980 年晋升教授；1983 年成为萨尔布吕肯大学教授；1988 年成为海德堡大学教授。他特别关注基于泛函分析方法的偏微分方程有限元法的数值分析，他还进行了数值流体力学、包括高性能计算机的软件开发，以及自适应网格求解最优控制问题等；在科学计算跨学科研究中心（海德堡大学）工作时，他也参与了早期的并行计算机算法的开发。1998 年，他应邀在柏林国际数学家大会上作 45 分钟报告。他与 J. Heywood（加拿大不列颠哥伦比亚大学教授，师从 Robert Finn 教授）合作在美国 *SIAM J. Numer. Anal.* 期刊发表关于 N-S 方程有限元分析方面的系列论文，两人还创办了《数学流体力学》国际期刊，R. Finn 教授也是编委。

　　Rannacher 是 J. Frehse 教授的学生，所以和我们学术交往频繁。李开泰曾四次访问海德堡大学，马逸尘也访问过。他来西安访问过我们，也来西安开过会。他非常喜欢西安的美食，每次来西安，他都要去城里吃小吃。

8. Derek B. Ingham 和 John Brindley Ingham 教授，英国利兹大学应用数学系主任；Brindley 教授，利兹大学理学院院长。Ingham 教授致力于工程和应用数学问题的研究。他是 12 个国际期刊的编委，撰写了 16 部研究性书籍，合作发表超过 900 篇学术论文。其在流体方面主要研究：多孔介质中的流体，病态问题，石油固井铸件，二氧化碳捕捉与存储等；在环境方面主要研究：风能，燃料电池，通风设备，过滤器，雾化器等；流体动力系统方面主要研究：有限体积，有限元，边界元，格子-玻尔兹曼方法，湍流，边界层理论等。李开泰应邀去利兹大学访问过，在那里结识了汤涛博士，他当时在那里攻读博士学位。其间，李开泰还参观了约克的古城墙和火车博物馆，在工业革命的发源地格拉斯哥参观交通博物馆，留下了极其深刻的印象。

John Brindley 教授

Derek Ingham 教授

李开泰在格拉斯哥交通博物馆

9. Peter Deuflhard 1944 年出生于德国多尔芬市；1963—1968 年在慕尼黑工业大学学习纯粹物理学，1968 年获得学位；1969—1973 年在科隆大学任数学系科学助理；1972 年获得科隆大学数学博士学位；1973—1978 年在慕尼黑工业大学数学系任高级科学助理；1977 年获得慕尼黑工业大学数学系教授资格；1978—1986 年为海德堡大学正教授；1986—2012 年任柏林自由大学正教授，兼任科学计算所主席。1986 年创办科学研究机构柏林 Zuse 研究所（Zuse Institute Berlin，ZIB），1987—2012 年任 ZIB 主席；2012—2014 年任柏林自由大学资深教授；2015—2016 年任巴黎第六大学（UPMC）资深教授；2015 年任北京科学与工程计算研究所创办主任。2007 年获得 ICIAM 麦克斯韦奖；2009 年当选 SIAM 会士；2010 年当选欧洲科学院院士；2012 年获得柏林自由大学金色荣誉徽章。

Deuflhard 是一位非常有创意的学者，他于 20 世纪 80 年代访问我们，他告诉李开泰他曾在德国接待过华罗庚。李开泰应邀访问了柏林自由大学和 ZIB。

Deuflhard 夫妇和每甄

10. Klaus Böhmer 1956—1962 年在德国卡尔斯鲁厄理工学院学习数学与应用数学、物理学及哲学，1969 年获得博士学位；1972 年获得教授资格；1980 年成为马尔堡大学正教授；2010 年开始在德国、加拿大、中国、捷克、法国、中国香港、波兰、英国、美国主要大学作约 80 场报告，出版和发表多部专著、学术论文、学术报告，涉及数学各个领域，并在不同国家主持过多个国际会议。1985 年应邀访问我校，后多次来访。我们研究室的每甄和柏茵 1985 年到马堡大学访问两年，两人均师从 Böhmer 攻读博士；李开泰、黄艾香和马逸尘多次应邀访问他。他与美国科罗拉多州立大学柯林斯堡分校的 E. Allgower 合作，在马堡举办关于"非线性方程分歧问题"的国际会议，每次都邀请李开泰参加；也和 M. Golubinski 合作举办分歧方面的国际会议并出版会议论文集。

11. Ivo Babuska 美国工程院院士，国际著名的有限元专家。鞍点问题的 LBB 条件就是由苏联数学家 O. A. Ladyzhenskaya、I. Babuska 和意大利数学家 H. Brezzi 三人的名字命名的。Babuska 是美国马里兰大学物理和技术研究所教授，2002 年后，应 J. T. Oden 邀请到得克萨斯大学奥斯汀分校计算与应用数学研究所任资深教授。1982 年在北京举行"中法有限元国际讨论会"时我们结识了他，后来邀请他于 1985 年来校访问。李开泰到马里兰大学物理和技术研究所访问两次。他邀请成圣江访问马里兰大学两年。当时我们的学生、成圣江的大学同班同学陈明三是马里兰大学数学系博士生。

12. R. B. Kellogg 马里兰大学物理与技术研究所教授,曾和 Babuska 一起访问我们。

13. Douglas Arnold 马里兰大学物理与技术研究所博士后,1985 年访问我们,陪同来访的还有他的夫人 Maria-Carme Calderer(乔治梅森大学教授),后来 Arnold 任宾夕法尼亚州立大学数学系教授,2001 年任明尼苏达大学应用数学研究所所长。他与意大利数学家 Brezzi 合作,在 Stokes 鞍点问题上做出了非常重要的贡献。2002 年北京世界数学家大会邀请他做 1 小时报告。他非常热爱中国文化,他知道牡丹花是中国国花,在西安买过一幅牡丹花国画。

14. Jerry Bona 曾任美国宾夕法尼亚州立大学数学系主任,现为伊利诺伊大学芝加哥分校(UIC)教授。早年李开泰曾访问过宾夕法尼亚州立大学,并于 2015 年再度访问 UIC。Bona 访问我们学校两次。

Bona(右四)等和我们在西安交通大学科学馆前合影

15. J. J. Dorning 美国弗吉尼亚大学核工程和工程物理系教授。他从事中子扩散方程的数值扩散方法的研究。20 世纪 80 年代访问我校,李开泰也应邀访问弗吉尼亚大学。

计算物理研究室宴请 Dorning 夫妇

16．N．D．Kazarinoff 和 Y．H．Wan(万叶辉) 美国纽约州立大学布法罗分校教授，1989 年来我校访问。他们都研究非线性分歧问题，并参加我们举办的国际会议。李开泰应邀访问 NYU 布法罗分校，做了关于 N-S 方程分歧问题的报告。

Kazarinoff 夫妇在西安交通大学

17. Gary F. Roach 英国思克莱德（University of Strathclyde）大学教授。

Roach 是波恩大学应用数学研究所所长 R. Leis 的好朋友，李开泰在访问波恩时结识 Roach，后来邀请他来计算物理研究室访问。李开泰于 1986 年访问该校，访问期间，根据西安交通大学与思克莱德大学的校际协议，Roach 承诺提供两名我方人员访问该校的费用，我们推荐徐宗本作为访问学者、张波攻读博士学位赴英。徐宗本访问期间与 Roach 合作完成了一篇学术论文，发表在美国 *SI-AM J．Nume．Analysis* 上，提出了"Xu-Roach 定理"，在西安交通大学出国访问学者中取得国际上认可的突出的成果。

G. F. Roach 和李开泰、黄艾香教授
在东区花园合影

宴请 G. F. Roach 夫妇

18. W. Hackbusch 德国基尔大学教授，应邀于 1985 年来我校举办多重网络学习班。全国一百多名学者前来参加，陈掌星做口头翻译。

Hackbusch 和学生们

19. R. Gorenflo 柏林自由大学教授,20世纪八九十年代多次应邀访问我们,李开泰于1986年和20世纪90年代两次访问柏林自由大学和ZIB。

Gorenflo和李开泰、黄艾香在兴庆公园门口

20. F. Stummel 德国法兰克福大学数学教授,他在非协调有限元方面的研究独树一帜。20世纪90年代初应邀来我校讲学。李开泰多次访问该校。

21. Wolfgang L. Wendland 德国斯图加特大学数学教授,他是边界元边界积分方程专家,20世纪90年代初两次访问我们。

22. K. Kirchgässner 德国斯图加特大学数学教授,是非线性问题分歧理论专家,曾参加我们举办的国际会议和访问我们。他是周恒院士的好朋友。

23. T. Kupper 德国科隆大学数学教授,20世纪90年代曾访问我校。

24. Larg B. Walbin 康奈尔大学教授,20世纪90年代曾访问我校。

25. H. K. Moffatt 英国剑桥大学牛顿数学科学研究所教授,21世纪初曾访问我校。

26. Jerome Jaffre 法国国家信息与自动化研究所(INRIA)教授。他夫妇二人先后访问我们两次,他的夫人是Jr. Douglns的博士。李开泰和黄艾香先后应邀访问INRIA。

27. Alain Leger 法国电力集团研究员,他多次访问我们、参加我们主持的国际会议;李开泰和马逸尘也先后应邀访问法国,并受邀拜访他在农村的家;2009年,李开泰一家人到Alain的家中做客。

Alain 和林群、石钟慈等合影

李开泰夫妇在 Alain 郊区的家中合影

Alain 和李开泰在他家中

28. Jean-Claude Paumier 法国约瑟夫傅里叶大学教授,他曾来我校访问。20 世纪 90 年代,李开泰访问该校一个月,并应邀去他阿尔卑斯山的家中做客。

29. P. Wesseling 荷兰代尔夫特(Delft)理工大学教授,他曾带领一批学生访问西安交通大学。李开泰也应邀访问过荷兰代尔夫特(Delft)理工大学。

30. S. T. M. Ackermans 荷兰埃因霍温理工大学校长(任期四年:1982—1985)。和我校签订校级协议,1985 年首批接收我们两位学生。Ackermans 校长来我校亲自面试,选了刘贵忠和每甄,因每甄已接受去德国马堡大学的邀请,由朱思全接替。李开泰访问德国波恩时由于时间关系不能去荷兰,Ackermans 亲自到波恩相见。

31. J. Rappaz 和 J. Desclous 瑞士洛桑联邦理工学院教授,他们多次来校访问和参加我们主持的国际会议。J. Rappaz 也做非线性分歧的研究,我们举办的两次分歧国际会议他都来参加了,还送给我们一本他的关于分歧问题的著作(M. Crouzeix,J. Rappaz. *On Numerical Approximation in Bifurcation Theory*. Masson,Springer-Verlag,1990)。

32. K. H. Hoffmann 德国奥格斯堡大学教授,是我们的学生刘琨琨的博士生导师,20 世纪 90 年代曾访问我校。

33. G. Opfer 和 L. Collatz 德国汉堡大学教授。李开泰 20 世纪 90 年代访问该校,他们分别于 80 年代、90 年代访问我们。

34. J. Batt 和 E. Zenger 德国慕尼黑大学理学院院长和慕尼黑工业大学《数值数学》杂志主编。

35. H. J. Stetter 奥地利维也纳技术大学,20 世纪 80 年代访问我校,李开泰也访问过该校。

36. R. Seydel 德国维尔茨堡大学教授;**D. Bräss**:鲁尔大学教授。李开泰先后访问这两所大学。

37. Bernadette Miara 法国高等电子工程师学校教授,弹性壳体专家。

38. Martina Marion 里昂中央理工学院数学与信息科学系主任,R. Temam 的学生,是惯性流形和近似惯性流形专家。李开泰曾应邀访问该系。

39. A. Tesei 和 Roberto Natalini 意大利罗马大学教授。

40. Hugo Beirao da Veiga 比萨大学教授。

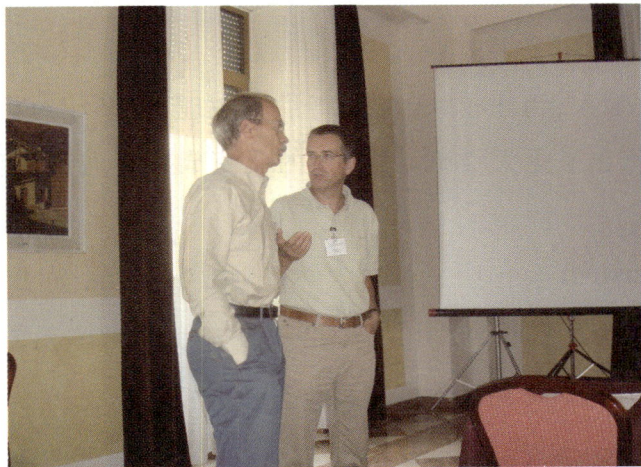

41. Alberto Valli 意大利特伦托大学教授。2009 年他和 da Veiga 联合举办了 The Conference on Mathematical Physics and PDE，邀请李开泰参加。当时李开泰在罗马钱包被盗，他们不但资助李开泰参加会议，还负责其机票和五星级酒店的住宿费。

42. Julian Lopez Gomez 西班牙马德里大学教授。

43. L. Caffarelli 美国科学院院士，得克萨斯大学奥斯汀分校数学系教授。

44. Barbura Lee Keyfitz 美国休斯顿大学教授。

45. Jr Douglas 美国普渡大学应用数学研究中心教授。

46. Max Gunzburger 佛罗里达州立大学 Francis Eppes 杰出教授，获 SIAM W. T. 和 Idalia Reed 奖（W. T. and Idalia Reid Prize）。他主要研究流体控制、有限元分析、超导方程的分析与计算以及非局部问题的分析与计算。Gunzburger 还在空气动力学、材料、声学、气候变化和地下水等领域做出了卓越的贡献。曾在 2006 年的国际数学家大会上作邀请报告。

47. Philip Holmes 普林斯顿大学力学与航空工程 E. H. 主讲教授，曾在康奈尔大学理论和应用数学部工作，是 Charles N. Mellows 工程教授和数学教授，美国艺术与科学院院士，匈牙利科学院院士，美国数学会和美国物理学会的会士，在非线性动力学和微分方程领域有非常扎实的贡献。其与 J. Guckenheimer 合著的《非线性振动、动力学系统和矢量场的分叉》是该领域的里程碑。

48. M. Kruskal 普林斯顿大学教授，后至罗格斯大学任 Hillbert 主讲教授，美国著名的数学家、物理学家，在等离子体物理、广义相对论、非线性分析和渐进分析领域都作出了重大贡献，其突出的研究成果是通过数值模拟丰富了孤立子理论。

49. M. Luskin 美国明尼苏达大学应用数学研究所和数学系教授。

50. Ni Weiming(倪维明) 美国明尼苏达大学数学系教授。

51. Robert. C. Cowen 美国东北大学教授。

52. L. Sirovich 美国布朗大学应用数学部，流体力学实验中心主任兼创始人，洛克菲勒大学客座教授。

53. J. Berns 美国麻省理工学院应用数学系主任。

54. Tony F. Chen（陈繁昌） 曾任加州大学洛杉矶分校理学院院长，香港科技大学校长，现任阿卜杜拉国王科技大学校长。美国工程院院士。

55. Fabio A. Milner 曾任普渡大学教授，现为亚利桑那州立大学教授。

陈繁昌

计算物理研究室宴请 Fabio

56. 丘成栋，林叔庆 丘成栋现任清华大学教授；林叔庆为美国伊利诺依大学芝加哥分校教授。

57. 陈巩 美国得克萨斯州农工大学教授。

陈巩与黄艾香教授

58. 曹崇生 加州大学尔湾分校博士，现任佛罗里达国际大学教授。

59. Claude Bardos 法国巴黎第九大学教授。

60. M. Bernadou 法国 INRIA 研究部主任，曾将他的著作赠送给我们（Michel Bernadou. *Methods d'Elements Finis pour Les Problems de Coques Minces*. Paris, Milan, Barcelobna: Masson, 1994.）

61. John Rice 普渡大学计算机科学系教授。

62. L. B. Walbin 美国康奈尔大学教授。

63. R. D. Russell 加拿大西蒙菲莎（Simon Fraser）大学教授。

64. W. F. Langford 加拿大圭尔夫大学教授。

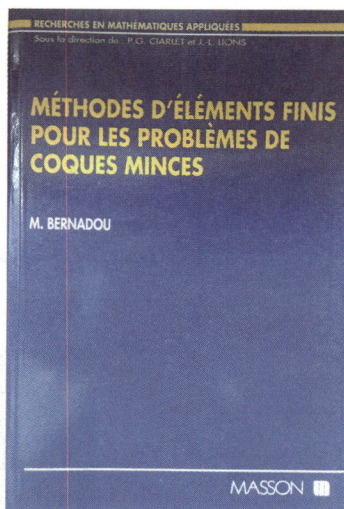

赠书

65. Hiroshi Fujita（藤田宏） 曾任东京大学理学院院长，先后担任日本数学会理事长、日本应用数学会理事长、日本数学教育学会顾问、日本学术会议会员、国际数学教育委员会（International Commission on Mathematical Instruction，ICMI）日本代表、ICMI-9 日本组织委员会会长。

藤田宏夫妇与李开泰、黄艾香合影

66. Teruo Ushijima（牛岛照夫） 日本电气通信大学教授。

67. 鸟居达生 日本名古屋大学教授。

李开泰在名古屋大学作报告时与鸟居达生等合影

68. M. Nakamura 日本大学教授,多次访问我校和参加我们举办的学术会议。

69. Tetsuro Miyakawa(宫川铁郎) 金泽大学(Kanazawa University)教授。

70. 田中 曾任日本东北大学理学院院长,多次访问我校,李开泰应邀参加 2007 年在该校举办的亚洲科学论坛。

71. 许进超 美国宾夕法尼亚州立大学教授。

72. 沈捷 美国普渡大学教授。

73. 刘超群 美国科罗拉多大学丹佛分校、得克萨斯大学阿灵顿分校教授。李开泰、黄艾香分别应邀访问科罗拉多大学,刘之行作为访问学者在该校访问两年。

74. 杜强 美国哥伦比亚大学教授。

75. 林芳华 美国纽约大学柯朗数学研究所教授,美国科学与艺术学院院士。

76. 侯一钊 美国加州理工学院教授。

77. 舒其望 美国布朗大学教授,曾任数学系主任。

78. 李亦 1981 年毕业于西安交通大学数学专业并留校任教,后公派至美国,在明尼苏达大学师从倪维明教授攻读博士。曾任美国艾奥瓦大学数学系主任,加州州立大学北岭分校副校长,西安交通大学"长江学者"特聘教授,现任纽约市立大学约翰杰伊刑事司法学院执行副校长。

79. 凤小兵 美国田纳西大学教授。

80. 汪守恒 美国印第安纳大学伯明顿分校教授。

81. 于刚 美国得克萨斯大学奥斯汀分校教授,20 世纪 90 年代曾为计算数学研究所捐款六千美元。

82. 辛周平 香港中文大学数学科学研究所教授。

83. 刘晓松 美国斯坦福大学教师。

84. 吕克宁 美国杨百翰大学教授。

85. 朱友兰 美国北卡罗来纳州立大学教授。

四、主持国内学术会议

黄艾香教授曾主持了一些全国的有限元学术会议、科学计算学术会议以及西部地区有关学术会议。

会议名称	时间	举办地
国家教委数学暑期班	1993.8	西安交通大学
第四届全国现代科学计算研讨会、第七届西北地区计算数学年会、第七届全国青年计算数学学术研讨会	2004.7	新疆大学
第五届全国现代科学计算研讨会、第二届西部地区计算数学年会暨首届华人青年学者计算数学交流会	2006.8	宁夏大学
第七届全国有限元会议	2008.9	湖南师范大学
计算数学及其应用学术研讨会	2009.11	北方民族大学
第三届海内外华人青年学者计算数学交流会暨第七届全国现代科学计算研讨会、第四届西部地区计算数学年会	2010.7	兰州大学
"科学计算及应用"学术研讨会	2010.9	新疆大学
科学计算研讨会暨庆祝黄艾香教授八十寿辰	2014.6	西安交通大学
第一届有限元和格子 Boltzmann 方法研讨会	2014.12	西安交通大学
第二届应用力学与计算数学学术研讨会	2015.7	北方民族大学
2018 年应用与计算数学学科进展报告会	2018.7	新疆大学

1. 国家教委数学暑期班。

1993年8月在西安交通大学举办的"国家教委数学暑期班",主讲教授为冯康院士,他为学生讲课三个星期,讲授三项内容:

（1）动力系统辛几何算法;

（2）快速傅里叶变换;

（3）无穷远边界条件归属为边界积分方程。

来自全国的200多位学生聆听了冯康院士的讲授,课后由来自中国科学院的年轻学者做辅导,同时还举办多次座谈会,冯康院士回答了学生提出的问题。休息期间冯康院士多次参观陕西省碑林博物馆,因为他酷爱书法,看到一些碑文迟迟不愿离开。冯康院士在西安交通大学"国家教委数学暑期班"之后,回到北京不久就因病去世。我们为失去一位杰出的学者深感内疚和悲痛,为失去一位受人崇敬的导师而无比惋惜。

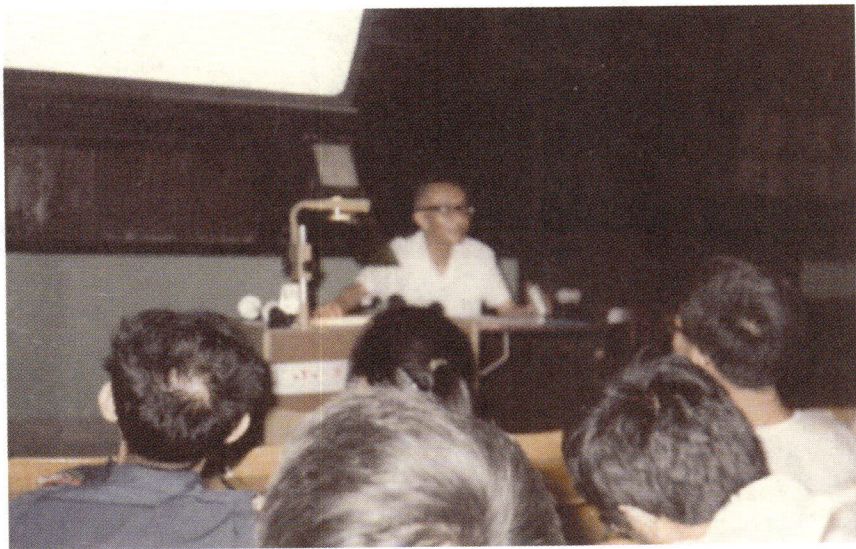

冯康院士给暑期班学生讲课

2. 第四届全国现代科学计算研讨会、第七届西北地区计算数学年会、第七届全国青年计算数学学术研讨会。

第四届全国现代科学计算研讨会、第七届西北地区计算数学年会、第七届全国青年计算数学学术研讨会 2004.7.26 玛瑙桃宾馆

3. 第五届全国现代科学计算研讨会、第二届西部地区计算数学年会。

第五届全国现代科学计算研讨会、第二届西部地区计算数学年会暨首届海内外华人青年学者计算数学交流会 2006.8.9宁夏·银川

4. 第七届全国有限元会议。

第七届全国有限元会议全体代表合影留念 2008.9.25开封·河南大学
热烈欢迎中国计算数学学会常务理事会议的代表

5. 计算数学及其应用学术研讨会

6. 第三届海内外华人青年学者计算数学交流会暨第七届全国现代科学计算研讨会、第四届西部地区计算数学年会。

7. "科学计算及应用"学术研讨会。

8.科学计算研讨会暨庆祝黄艾香教授八十寿辰。

西安交通大学和上海大学于 2014 年 5 月 31 日—6 月 2 日在西安举办科学计算研讨会,同时庆祝黄艾香教授八十寿辰。

黄艾香教授讲话

江松院士作报告

北大张平文教授作报告

香港城市大学孙伟伟教授作报告

梅立泉教授作报告

天津财经大学张书华教授作报告

王贺元教授作报告

吴宏春教授作报告

严宁宁教授作报告

张波教授作报告

史峰作报告

重庆大学王坤教授作报告

苏州大学钱跃竑教授作报告

9. 第一届有限元和格子 Boltzmann 方法研讨会。

10. 第二届应用力学与计算数学学术研讨会。

11. 2018 年应用与计算数学学科进展报告会。

五、参加国际会议和所作学术报告

自 1982 年以来，研究所的成员先后应邀到美国、法国、德国、加拿大、日本、泰国、新加坡、巴西、意大利、俄罗斯、香港、台湾、澳门等国家和地区的近百所大学和研究所进行讲学、合作交流以及参加国际会议。

• 李开泰教授国外访问讲学及参加国际会议

1986 年 9 月—1987 年 5 月，作为中美两国科学院交换学者，赴美国明尼苏达大学应用数学研究所访问并参加"科学计算年"学术活动。

1984 年至今，先后访问德国波恩大学、法兰克福大学、马堡大学、海德堡大学、斯图加特大学、慕尼黑工业大学、柏林自由大学、帕德博恩大学、鲁尔大学、基尔大学、汉诺威大学、蒂宾根大学、汉堡大学、位于波恩的德国数学与数据处理协会（GMD）、荷兰代尔夫特理工大学，法国约瑟夫傅里叶大学、法国国家信息与自动化研究所（INRIA）、巴黎第六大学、尼斯大学、里昂大学、巴黎综合理工大学，意大利罗马大学，奥地利维也纳自由大学，英国利兹大学、牛津大学、思克莱德大学，俄罗斯科学院（莫斯科），日本东京大学、京都大学、北海道大学、东北大学、日本大学、电气通信大学（东京）、爱媛大学、金泽大学，美国明尼苏达大学、伊利诺伊大学（厄巴纳-香槟分校、芝加哥分校）、伊利诺伊理工大学（芝加哥）、佐治亚理工学院、匹兹堡大学、卡内基梅隆大学、宾夕法尼亚州立大学、佛罗里达大西洋大学、纽约州立大学（布法罗分校、石溪分校）、布朗大学、康奈尔大学、弗吉尼亚大学、弗吉尼亚工学院和州立大学、田纳西大学、堪萨斯大学、怀俄明大学、乔治梅森大学、马里兰大学、杨百翰大学、北卡罗来纳州立大学（罗利分校、夏洛特分校）、南卡罗来纳州查尔斯顿学院、得克萨斯大学奥斯汀分校、得州农工大学、南卫理公会大学（SMU）、休斯顿大学、加利福尼亚大学（洛杉矶分校、尔湾分校、伯克利分校）、华盛顿大学西雅图分校、艾奥瓦大学、艾奥瓦州立大学、普渡大学、印第安纳大学伯明顿分校、科罗拉多州立大学、科罗拉多大学丹佛分校，加拿大卡尔加里大学、麦克马斯特大学、康考迪亚大学、不列颠哥伦比亚大学、西蒙弗雷泽大学、阿尔伯塔大学等欧洲、北美洲和亚洲的 80 多所大学和机构，做超过 90 场学术讲演。

李开泰教授部分访问讲演目录

序号	时间	地点	报告主题	邀请人
1	1985.11	科罗拉多州立大学,数学系	Numerical Approximation for Bifurcation Problems in Navier-Stokes Equations	E. Allgower
2	1985.11	特拉华大学,数学科学系	The Coupling of Finite Element and Boundary Element Method	R. Kleinman
3	1985.11	马里兰大学,数学系	Bifurcation Problem in Navier-Stokes Equations	I. Babuska
4	1986.5	巴黎第六大学	Bifurcation Problem for Navier-Stokes Equations	P. A. Raviart 和 P. G. Ciarlet
5	1986.5	尼斯大学,数学与物理科学学院	Bifurcation,Attractor and Chaos for Navier-Stokes Equations	G. Iooss
6	1986.6	维也纳技术大学,应用数学和数值研究所	Bifurcation Problem for Navier-Stokes Equations	H. J. Stetter
7	1986.6	帕德博恩大学,数学系	1) Bifurcation Problems of Navier-Stokes Equations and Taylor Vortex,Some Example for Bifurcation in Navier-Stokes Equation 2)Further Example for Bifurcation in Navier-Stokes Equations	R. Rautmann
8	1986.6	波恩大学,应用数学研究所	Bifurcation for Navier-Stokes Equations	R. Leis 和 J. Frehse
9	1986.6	马堡大学,数学系	Convergence of Multigrid Algorithms for Navier-Stokes Equations	K. Böhmer
10	1986.7	柏林自由大学,数学研究所	The Bifurcation Problem for Navier-Stokes Equations and Taylor Flow	R. Gorenflo
11	1986.7	德国联合电力公司(KWU)	Mathematical Foundation for Nodal Expansion Method	H. Finnemany
12	1986.7	法兰克福大学,数学系	The Coupling Method of FE and BE for Radiation Problem	F. Stummel

序号	时间	地点	报告主题	邀请人
13	1986.7	埃朗根-纽伦堡大学,数学与数据处理研究所	The Convergence of Multigrid Algorithms for Navier-Stokes Equations	F. Durst 和 N. Handler
14	1986.11	纽约州立大学,应用数学与统计学系	Bifurcation, Attractor and Chaos for Navier-Stokes Equations	Cheng Youmin 和 R. T. Twarson
15	1986.11	康奈尔大学,理论与应用力学系	Bifurcation, Attractor and Chaos for Navier-Stokes Equations	Tim Healey 和 P. Holmes
16	1986.11	卡内基梅隆大学,数学系	Bifurcation, Attractor and Chaos for Navier-Stokes Equations	R. C. MacCamy
17	1986.11	特拉华大学,数学科学系	Bifurcation, Attractor and Chaos for Navier-Stokes Equations	R. Kleinman 和 G. C. Hsiao
18	1986.11	马里兰大学,物理科学与技术研究所	The Coupling of FEM and Boundary Integral Equation for Navier-Stokes Equations	I. Babuska
19	1986.11	加拿大麦克马斯特大学(哈密尔顿),数学与统计学系	The Coupling Method of Finite Element and Boundary Element of Radiation Problem	J. Chadam
20	1987.1	田纳西大学,计算流体力学实验室,工程科学与力学系	1) Bifurcation Problems for Navier-Stokes Equations 2) Optimal Control Finite Element Approximation for Navier-Stokes Equations 3) Mathematical Model and Finite Element Approximations in Turbomachinery Flows	A. J. Baker
21	1987.1	弗吉尼亚理工学院,数学系/弗吉尼亚州立大学,数学系	Optimal Control Finite Element Approximation for Navier-Stokes Equations	J. Burns
22	1987.1	佐治亚理工学院,数学学院	Attractor and Chaos for Navier-Stokes Equations	W. F. Ames

序号	时间	地点	报告主题	邀请人
23	1987.1	美国得克萨斯州，IMSL Inc.	Attractor and Chaos for Navier-Stokes Equations	C. Cheng
24	1987.1	得克萨斯大学奥斯汀分校，航空和机械工程系	1）Bifurcation and Attractor for Navier-Stokes Equations 2）Optimal Finite Element Approximation for Turbomachinery Flow	J. T. Oden
25	1987.7	斯坦福大学，计算机科学系	Coupling of FEM and Boundary Integral Equation for Navier-Stokes Equation with Undounded domain	V. Pereyra
26	1987.5	伊利诺伊大学香槟分校，机械与工业工程系	Bifurcation Problems for Navier-Stokes Equations	W. L. Chow（周文龙）
27	1987.5	伊利诺伊大学芝加哥分校，数学、统计与计算机科学系	The Convergence of Multigrid Algorithm for Navier-Stokes Equations	Friedlander Susan
28	1987.10	香港大学	1)Bifurcation Problem of Navier-Stokes Equations 2) The Coupling Method of FEM and BEM and its Extrapolation Theory	Zhang Youqi（张佑启）
29	1988.8	北海道大学	Bifurcation and Attractor for Navier-Stokes Equations	Atsuo Sannami
30	1988.8	日本电气通信大学，数学系	Bifurcation and Attractor for Navier-Stokes Equations	T. Ushijima
31	1989.3	得克萨斯 A&M 大学，数学系	The Taylor Problem Between Two Concentric Rotating Spheres and Its Finite Element Computation	Goong Chen（陈巩）
32	1989.3	田纳西大学诺克斯维尔分校，工程与力学系	Finite Element Solution of the Taylor Problem Between Two Concentric Spheres	A. J. Baker

序号	时间	地点	报告主题	邀请人
33	1989.4	北卡罗来纳州立大学,数学系	Finite Element Computation of Fluid Flow Between Two Concentric Spheres	Stephen Schecter
34	1989.4	普渡大学,数学系,计算机科学系	1）Computing Steady State Flow Between Two Concentric Rotating Spheres Using Finite Element Method 2）Finite Element Domain Decomposition Method for Navier-Stokes Equations and Applications to Euler Equations	Jr. Douglas 和 F. Rice
35	1989.4	弗吉尼亚大学,应用数学系,机械与航空工程系,核工程与工程物理系	The Taylor Problem Between Two Concentric Rotating Spheres and Finite Element Computation	J. J. Dorning
36	1989.5	纽约州立大学布法罗分校,数学系	1）The Taylor Problem Between Two Concentric Rotating Spheres and its Finite Element Computation 2）Finite Element Solution for Compressible Navier-Stokes Equations	Y. H. Wan 和 N. D. Kazarinoff
37	1989.5	科罗拉多州立大学柯林斯堡分校,数学系	The Taylor Problem Between Two Concentric Rotating Spheres and Finite Element Computation	G. D. Taylor
38	1989.5	乔治梅森大学,数学系	Numerical Analysis of a Steady State Flow Between Two Concentric Rotating Spheres	Maria-Carme Calderer（Douglas Arnold 的夫人）
39	1989.10	肯高迪亚大学,计算机科学系	Finite Element Conjugate Gradient Continua Simulation of Spherical Couette Flow Between Two Concentric Rotating Spheres	E. J. Doedel
40	1989.12	加拿大不列颠哥伦比亚大学,数学系	1）Finite Element Simulation of Taylor Problem Between Two Concentric Rotating Spheres 2）Flow-Induced Vibration of Elastic Bodies and Hopf Bifurcations	J. G. Heywood

序号	时间	地点	报告主题	邀请人
41	1989.12	加拿大西蒙弗雷泽大学,数学与统计学系	Fluid Dynamics and Turbulence	R. D. Russell
42	1990	德国海德堡大学,应用数学系	Approximate Inertial Manifold Methods for Turbulent Flow	R. Rannacher
43	1990	德国数学与数据处理协会(GMD)	Approximation Inertial Manifold Method for Turbulence	Ulrich Trottenberg
44	1990	英国利兹大学,应用数学系	Taylor Problem Between Two Concentric Rotating Cylinders and Finite Element Computation	D. Ingham
45	1990	英国思克莱德大学,数学系	Approximation Inertial Manifold Method for Navier-Stokes Equations	G. F. Roach
46	1990	德国海德堡大学,应用数学研究所	Numerical Computation of Bifurcation Problems with Symmetry and Applications to the Flow Between Two Concentric Rotating Spheres	R. Rannacher
47	1990	荷兰代尔夫特理工大学,技术数学与信息学院	Numerical Computation of Bifurcation Problems with Symmetry and Applications to the Flow Between Two Concentric Rotating Spheres	P. Wesseling
48	1990	德国慕尼黑大学,计算机科学学院	Numerical Computationof Bifurcation Problems with Symmetry and Applications to the Flow Between Two Concentric Rotating Spheres	C. Zenger
49	1993	美国印第安纳大学伯明顿分校,应用数学与科学计算研究所	Fictitious Domain Method for Navier-Stokes Equation	R. Temam

序号	时间	地点	报告主题	邀请人
50	1993	美国伊利诺伊大学芝加哥分校,数学、统计与计算机科学系	Approximate Inertial Manifold and Nonlinear Galerkin Method for Navier-Stokes Equation	Charles S. C. Lin
51	1993	美国得克萨斯A&M大学,数学系	Approximate Inertial Manifold and Nonlinear Galerkin Method for Navier-Stokes Equation	Goong Chen（陈巩）
52	1993	美国得克萨斯大学奥斯汀分校,应用数学与计算力学研究所	Approximate Inertial Manifold and Nonlinear Galerkin Method for Navier-Stokes Equation	J. T. Oden
53	1993	美国科罗拉多大学丹佛分校,数学系	1）Approximation Inertial Manifold & Nonlinear Galerkin Methodfor Navier-Stokes Equation 2）Finite Volume Method for Compressible Navier-Stokes Equations Under Curvelinear Coordinate System	Chaoqun Liu
54	1993	美国科罗拉多州立大学柯林斯堡分校,数学系	Approximate Inertial Manifold & Nonlinear Galerkin Method for Navier-Stokes Equation	E. Allgower
55	1993	美国怀俄明大学,数学系	Approximate Inertial Manifold & Nonlinear Galerkin Methodfor Navier-Stokes Equation	Wang Junping（王军平）
56	1993	美国杨伯翰大学,数学系	Approximate Inertial Manifold & Nonlinear Galerkin Method for Navier-Stokes Equation	Lu Kening（吕克宁）
57	1993	美国斯坦福大学,数学系	Fictitious Domain Method for Navier-Stokes Equation	R. Finn
58	1994	香港中文大学,数学科学研究所	Institute for Mathematical Science 讨论会	S. T. Yau

序号	时间	地点	报告主题	邀请人
59	1994	德国马堡大学,数学系	1)Inertial Manifold and Approximation Inertial Manifold for the Nonlinear Evolution 2)Nonlinear Galerkin Method for Navier-Stokes Equations	K. Böehmer
60	1994	德国鲁尔大学,数学系	Nonlinear Galerkin Method & Multilevel Finite Element Method	D. Braess
61	1994	德国波恩大学,应用数学研究所	Approximate Inertial Manifold & Nonlinear Galerkin Method for Navier-Stokes Equation	J. Frehse
62	1994	德国海德堡大学,应用数学研究所	Fictitious Domain Method for Navier-Stokes Equation	R. Rannacher
63	1994	德国慕尼黑工业大学,计算机科学技术学院	Approximate Inertial Manifold and Nonlinear Galerkin Method for Navier-Stokes Equation	C. Zenger
64	1994	法国国家信息与自动化研究所	Approximate Inertial Manifold& Nonlinear Galerkin Method for Navier-Stokes Equation	M. Bernadou 和 J. Jaffre
65	1994	法国约瑟夫傅立叶大学,应用数学研究所	1)A Detection Method for Multiple Singular Point in PC Continuation Method 2)A Asymptotic Expansion Method for Thin Shell	J. C. Paumier
66	1997.12	美国佐治亚理工学院,数学系	1)Global Classical Solution,Blow Up and Bifurcation for Some Nonlinear Evolutionary Equations 2)A New Approximation Inertial Manifold and Post-Galerkin Methods for Nonlinear Evolutionary Equation and Navier-Stokes Equations	S. N. Chow (周修义)
67	1997.11	美国克莱姆森大学,数学系	A New Approximate Inertial Manifoldand Post Galerkin Methods for the Navier-Stokes Equations	J. Duan (段金桥)

序号	时间	地点	报告主题	邀请人
68	1998.1	美国普渡大学，数学系	A New Approximate Inertial Manifoldand Post Galerkin Methods	Jim Douglas 和 Fabio A. Milner
69	1998.1	美国南卫理公会大学，数学系	A New Approximate Inertial Manifold Method and Post Galerkin Methods	G. Reddien 和 Z. J. Chen
70	2000.5	美国南卫理公会大学，数学系	A Geometry Methods and Dimensional Split Algorithm for Turbomachine	陈掌星
71	2000.5	美国艾奥瓦州立大学，数学系	A Geometry Methods and Dimensional Split Algorithm for Turbomachine	Max Gunzburger
72	2000.5	美国艾奥瓦大学，数学系	A Geometry Methods and Dimensional Split Algorithm for Turbomachine	Li Yi（李亦）
73	2000.5	美国印第安纳大学伯明顿分校，数学系	A Geometry Methods and Dimensional Split Algorithm for Turbomachine	R. Temam
74	2000,7	巴黎第六大学，法-中应用数学中心	A Geometry Methods and Dimensional Split Algorithm for Navier-Stokes Equations	P. G. Ciarlet
75	2000.8	法国国家信息与自动化研究所	A Geometry Methods and Dimensional Split Algorithm for Navier-Stokes Equations	Jerome Jaffre
76	2000.8	德国数学与数据处理协会（GMD）	A Geometry Methods and Dimensional Split Algorithm for Navier-Stokes Equations	Ulrich Trottenberg
77	2000.8	德国法兰克福大学，数学系	A Geometry Methods and Dimensional Split Algorithm for Navier-Stokes Equations	F. Stummel
78	2000.12	日本大学，数学系	A Geometry Methods and Dimensional Split Algorithm for Navier-Stokes Equations	M. Nakamura

序号	时间	地点	报告主题	邀请人
79	2000.12	日本中央大学,土木工程系	An Asymptotic Analysis of Nonlinear Elastic Shell and Navier-Stokes Equations with Thin Domain	Mutsuto Kawahara
80	2000.12	东京工业大学/名古屋大学,机械工程系	An Asymptotic Analysis of Nonlinear Elastic Shell and Navier-Stokes Equations with Thin Domain	Hiroshi Sugiura, Yasushi Taniuchi
81	2000.12	北海道大学/北海道东海大学,数学系	An Asymptotic Analysis of Nonlinear Elastic Shell and Navier-Stokes Equations with Thin Domain	Atsuro Sannami
82	2002.12	中国台湾新竹交通大学,数学系	An Asymptotic Analysis of Elastic Shell	
83	2002.12	中国台湾中兴大学	An Asymptotic Analysis of Elastic Shell	
84	2009	意大利罗马大学	An Asymptotic Analysis of Elastic Shell	A. Tesei 和 Roberto Natialini
85	2015.2	中国台湾中山大学	An Asymptotic Analysis of Elastic Shell	李子才
86	2015.2	加拿大阿尔伯塔大学	A Sharp Control of Boundary, Dimensional Splitting Methods and an New Boundary Layer Equations	黄友书
87	2015.3	伊利诺伊理工大学	A Sharp Control of Boundary, Dimensional Splitting Methods and an New Boundary Layer Equations	Li Xiaofan
88	2015.2	艾奥瓦大学	A Sharp Control of Boundary, Dimensional Splitting Methods and an New Boundary Layer Equations	Han Weimin
89	2015.2	华盛顿大学	A Sharp Control of Boundary, Dimensional Splitting Methods and an New Boundary Layer Equations	袁域

李开泰教授参加国际会议和讲演

序号	会议名称	时间	地点	报告名称
1	Finite Element Analysis in Flow Problem	1982 年	日本，东京	
2	International Conference on Finite Element Methods	1982 年	北京	
3	China-U. S. Workshop on Advances in Computational Engineering Mechanics	1983 年	北京	
4	The Second Asian Congress of Fluid Mechanics	1983 年	北京	
5	China-France Symposium on Finite Element Method	1983 年	北京	
6	International Workshop on Applied Differential Equations	1985 年	北京，清华大学	
7	International Conference on Finite Element Analysis in Flow Problem	1985 年	英国，斯旺西（Swansea）	
8	China-U. S. Seminar on Boundary Integral Equations and Boundary Finite Element Methods in Physics and Engineering	1985 年 12 月 31 日—1986 年 1 月 3 日	西安交通大学	Boundary Integral Equations and Boundary finite Element Methods for Navier-Stokes Equations
9	International Conference on Computational Method in Flow Analysis	1988 年 9 月 5 日—8 日	日本，冈山大学	Bifurcation Problem of Navier-Stokes Equations
10	International Conference on Bifurcation Theory and its Numerical Analysis	1988 年	西安，西安交通大学	
11	The Fourth Copper Mountain Conference on Multigrid Methods	1989 年	科罗拉多大学丹佛分校	Convergence on Domain Decomposition for the Navier-Stokes Equation

序号	会议名称	时间	地点	报告名称
12	International Conference on Scientific Computation	1991 年	杭州	
13	The Second conference on Numerical Methods for Partial Differential Equations	1992 年	北京	
14	The First China-Japan Seminar on Numerical Mathematics	1992 年	北京	
15	The Eighth International Conferenceon Finite Element Method in Flow Problem	1993 年	巴塞罗那	Li Kaitai, He Yinnian. The Convergence and Stability on the Inertial Algorithm for Navier-Stokes Equations.
16	The second International Conference on Nonlinear Mechanics	1993 年	北京	Y N He, K T Li. High-Accuracy Nonlinear Galerkin Methods
17	中国工业与应用数学学会 CSIAM 第三届年会	1994 年	西安	Zhou Lei, Li Kaitai, Project Method for Navier-Stokes Equations
18	Domain Decomposition Method in Science and Engineering	1997 年	北京	Kaitai Li, Cuihua Li. Convergence Analysis of Parallel Domain Decomposition Algorithm for Navier-Stokes Equations
19	The 2nd International Conference on Bifurcation Theory and its Numerical Analysis	1998 年	西安，西安交通大学	Mingjun Li, Kaitai Li. Sensitive Dependence on Initial Conditions and Topological Transitivity

序号	会议名称	时间	地点	报告名称
20	International Conference on Finite Elements in Flow Problem	2000 年 4 月 30 日—5 月 4 日	得克萨斯大学奥斯汀分校	A New Approximate Inertial Manifold Method for the Navier-Stokes Equations
21	庆祝苏步青百岁荣寿国际学术会议	2001 年 7 月 29 日—31 日	浙江大学数学系	
22	ICM 2002-Beijing International Congress of word Mathematicians Satellite Conference on Scientific Computing	2002 年 8 月 15 日—18 日	西安交通大学	
23	国际科学计算研讨会 庆贺石钟慈院士 70 寿辰	2003 年 12 月 5 日—6 日	中国科学院数学与系统科学研究院	
24	中法空气动力学讨论会	2000 年	西安，西安交通大学	Li Kaitai, Huang Aixiang and Zhang Wenlin. A Geometric Method and Dimension Split Algorithmfor Turbomachinery Flow
25	The Joint Conference of ICCP6 and CCP2003	2003 年	北京	Li Kaitai, Huang Aixiang. A Dimensional Splitting Method In Linear and Nonlinear Elastic Shell
26	关于喷气发动机的学术会议	2004 年	日本，小仓	Li Kaitai, Gao Limin, Su Jian. A New Geometrical Design Principle of Blade and Boundary Control of Navier-Stokes Equation
27	第三届世界华人数学家大会 晨兴数学奖颁奖典礼	2004 年 12 月 17 日—22 日	香港会展中心	
28	偏微方程及其在微分几何和物理中的应用暨谷超豪 80 寿辰国际学术会议	2005 年 5 月 15 日—17 日	复旦大学数学研究所	

序号	会议名称	时间	地点	报告名称
29	科学计算国际研讨会暨林群院士70诞辰学术研讨会	2006年7月15日—17日	中国科学院数学与系统科学研究院	
30	International Workshop on Computational Methods in Geosciences on Occasion of Professor Jim Douglas Jr.'s 80th Birthday	2007年7月5日—7日	西安交通大学	
31	偏微分方程及数值分析国际会议 庆贺丁夏畦院士八十寿辰	2007年7月27日—30日	济南,山东大学（与中国科学院数学与系统科学研究院合办）	
32	Chinese-German Workshop on Partial Differential Equations and Applications in Geometry and Physics	2007年9月3日—7日	西安,西北大学	Elliptic Boundary Value Problem-Navier-Stokes System and Applications to Design of Geometry Shape
33	N-S方程讨论会	2007年	日本,北海道大学	Applied Mathematical Problem Arising from Industry Technology
34	Asian Science Forum	2007年9月10日—11日	日本仙台国际中心	Applied Mathematics Study Driven by Industry Problem
35	International Workshop on Scientific Computing on the Occasion of Professor Jun-Zhi Cui's 70th Birthday	2008年6月7日—8日	北京,中国科学院	
36	International Conference on Modeling and Simulation on the Occasion of Professor Roland Glowinski's 70th birthday	2008年7月9日—12日	西安交通大学	

序号	会议名称	时间	地点	报告名称
37	The Fourth China-Italy Colloquium on Applied Mathematics	2008 年 10 月 11 日—14 日	重庆，西南大学	Boundary Shape Control and a Dimensional Splitting Method for 3D Navier-Stokes Equations
38	China-Brazil Symposium on Applied and Computational Mathematics	2009 年 8 月 1 日—5 日	西安交通大学	The member of Scientific Committee and Invited Speaker
39	The 2nd International Conference on High Performance Computing and Applications	2009 年 8 月 10 日—12 日	上海大学	Dimension Slitting Method for 3D Rotating Navier-Stokes Equations
40	The Conference on Mathematical Physics and PDE	2009 年 9 月 6 日—11 日	意大利，特伦托	Boundary Shape Control for Navier-Stokes Equations：Theory，Method and Applications
41	The International Conference of Applied Partial Differential Equations and Applications Occasion on 70's birthday of R. Temam	2010 年 4 月 30 日—5 月 3 日	上海，复旦大学	Boundary Shape Control of Navier-Stokes Equations and Application
42	计算数学与科学计算研讨会 纪念冯康先生诞辰九十周年	2010 年 9 月 9 日—11 日	中国科学院数学与系统科学研究院	
43	首届三亚国际数学论坛 （应丘成桐邀请）	2010 年 12 月 21 日—26 日	海南，三亚	
44	International Conference on Scientific Computing in honor of Professor Tony F. Chan at his 60th birthday for his contributions to Scientific Computing	2012 年 1 月 4 日—7 日	香港中文大学	A Mathematical Modeling and Numerical Method for the Boundary Layer with Complex Boundary Geometry
45	International Conference on Computational Sciences On Occasion of professor Ben-yu Guo's 70th Birthday	2012 年 7 月 16 日—20 日	上海师范大学	A Boundary Layer Equations and Applications to the Shape Control

序号	会议名称	时间	地点	报告名称
46	Symposium on Geophysical Flows Dedicated to Professor Kaitai Li on Occasion of his 75th Birthday Dedicated to Professor Ismael Herrera on Occasion of his 75th Birthday	2012 年 7 月 22 日—24 日	西安交通大学	
47	The 6th International Conference on Scientific Computing and Partial Differential Equations on the Occasion of Roland Glowinski's 80th Birthday	2017 年 6 月 5 日—8 日	香港浸会大学	Mixed Tensor Analysis on a 2D-Manifold Embedded into Higher Dimension Space and Application to 3D-Linear and Nonlinear Elastic Shell

李开泰与鸟居达生在名古屋大学

李开泰在名古屋大学作报告

李开泰与名鸟居教授

李开泰作学术报告

李开泰在日本东北大学举办的
亚洲科学论坛上作报告

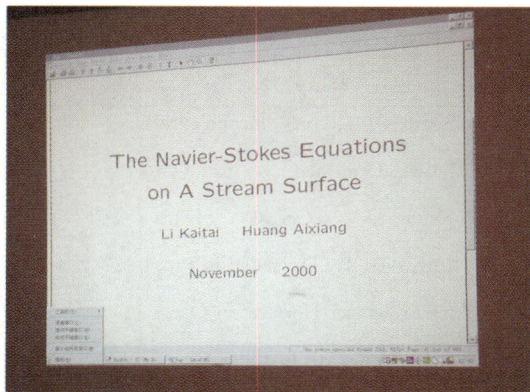

李开泰在北海道大学 N-S 方程
讨论会上的学术报告

李开泰在日本东北大学

开泰在日本大学作学术报告并与 Nakamura 教授合影

The Second China — Italy Colloquium on Applied Mathematics
中国—意大利第二届应用数学双边学术会议
2004.10.13 西安

Welcome to the Second China—Italy Colloquium on Applied Math
热烈欢迎参加中国—意大利第二届应用数学双边学术会议的代

第四届中国—意大利应用数学双边会议合影
2008.10.11 于西南大学
The Forth China-Italy Colloquium on Applied Mathematics

纪念冯康先生诞辰九十周年
计算数学与科学计算研讨会
2010年9月9日-11日

首届三亚国际数学论坛合影

Group Photo of The Inauguration Conference of Tsinghua Sanya International Mathematics Forum

2010.12.23

The 2nd International Conference on High Performance Computing and Applications, HPCA2009

International Workshop on Scientific Computing
On The Occasion of Prof.Jun-Zhi Cui's 70th Birthday
June 7-8, 2008
Institute of Computational Mathematics, AMSS, CAS, Beijing, China

李开泰在济南举行的偏微分学术会议上与丁夏畦夫妇及顾永耕等合影

黄艾香教授出访和参加国际会议

时间	地点	邀请人	备注
1984	波恩大学,应用数学研究所	J. Frehse	三个月
1986	伊利诺伊大学香槟分校	周文龙	两个月
1986	伊利诺伊大学芝加哥分校	林叔庆	
1986	明尼苏达大学 IMA	H. Weinberg	
1989	特拉华大学		
1989	佛罗里达大西洋大学	周文龙	一个月
1989	伊利诺伊大学芝加哥分校	林叔庆	
20世纪90年代	北海道大学,东海大学		参加中日计算数学双边讨论会
	科罗拉多大学	刘超群	参加国际会议并访问
	伊利诺伊大学芝加哥分校	林叔庆	
	宾夕法尼亚州立大学	许进超	
	南卫理公会大学	陈掌星	
	艾奥瓦大学	李亦	
	田纳西大学	凤小兵	
	得克萨斯州立大学	刘超群	
	内华达州立大学	李际春	
2000年前后	台湾省新竹交通大学,台湾省科学研究院,台湾省中山大学	李子才(台湾省中山大学)	参加华人数学家大会
2006	法国国家信息与自动化研究所(INRIA),巴黎第六大学等	Jerome Jaffre	两个月
2009,2013	巴西,顺访几所大学与研究所		参加中巴计算和应用数学双边讨论会
2016	加拿大卡尔加里大学、阿尔伯塔大学、滑铁卢大学,美国田纳西大学、内华达大学		
2017	俄罗斯		中俄应用数学双边讨论会

中俄应用数学双边讨论会参会人员合影

何银年教授出国访问和参加国际会议

时间	地点	邀请人
1997 年 2 月—1998 年 3 月	荷兰埃因霍温理工大学	R. M. M. Mattheij
2000 年 4 月—2000 年 7 月	加拿大阿尔伯塔大学	Yanping Lin
2001 年 4 月—2001 年 7 月	香港城市大学	K. M. Liu
2002 年 7 月—2002 年 12 月	美国印第安纳大学	R. Temam
2003 年 1 月—2003 年 1 月	美国田纳西大学	Xiaobing Feng
2004 年 2 月—2004 年 4 月	香港城市大学	Weiwei Sun
2005 年 4 月—2005 年 5 月	香港浸会大学	Tao Tang
2005 年 7 月—2005 年 8 月	香港城市大学	Weiwei Sun
2006 年 6 月—2006 年 8 月	香港城市大学	Weiwei Sun
2008 年 1 月—2008 年 7 月	美国堪萨斯大学	Weizhang Huang
2008 年 1 月—2008 年 7 月	美国堪萨斯大学	Weizhang Huang

侯延仁教授出国访问和参加国际会议

时间	地点	备注
2003 年 8 月—10 月	香港城市大学,数学系	高级副研究员
2004 年 9 月—11 月	国际理论物理研究中心(ICTP)	国家自然科学基金委资助
2010 年 7 月—8 月	香港城市大学,数学系	研究员
2011 年 7 月—2012 年 1 月	美国印第安纳大学,数学系	高级访问学者,国家留学基金委资助

梅立泉教授出国访问和参加国际会议

时间	地点	备注
2000 年 6 月—2003 年 5 月	德国 FhG-SCAI	博士后
2013 年 5 月—2014 年 5 月	加拿大卡尔加里大学,化学与石油工程系	访问学者

李东升教授出国访问和参加国际会议

时间	地点	备注
2005 年 1 月—2005 年 5 月	美国艾奥瓦大学,数学系	访问副教授
2006 年 8 月—2007 年 5 月	美国艾奥瓦大学,数学系	访问副教授
2009 年 6 月—2009 年 8 月	香港中文大学,数学科学研究所	访问学者
2010 年 4 月—2010 年 5 月	美国艾奥瓦大学,数学系	访问教授
2010 年 5 月—2010 年 6 月	美国华盛顿大学,数学系	访问教授
2011 年 7 月—2011 年 8 月	澳大利亚国立大学,数学研究所	访问教授
2011 年 12 月—2011 年 12 月	美国华盛顿大学,数学系	访问教授

张正策教授出国访问和参加国际会议

时间	地点	备注
2008 年 9 月—2009 年 9 月	美国圣母大学	访问学者
2011 年 3 月—2011 年 3 月	美国艾奥瓦大学	参加美国数学会举办的非线性演化方程的最新进展会议,并作学术报告"Gradient blowup rate for a semilinear parabolic equation(1069-35-128)"
2016 年 7 月—2016 年 7 月		参加第十一届美国 AIMS"偏微分方程在生物、流体力学和材料科学中的应用"学术会议并作题目为"Classification of blow up solutions for a degenerate parabolic equation with nonlinear gradient terms"的学术报告
2016 年 1 月—2016 年 7 月	美国圣母大学	访问客座教授

晏文璟教授出国访问和参加国际会议

时间	地点	备注
2014 年 4 月—2015 年 4 月	美国布朗大学,应用数学系	访问副教授
2017 年 2 月—2017 年 4 月	美国密苏里科技大学数学与统计系	访问教授

贾惠莲出国访问和参加国际会议

时间	地点	备注
2010 年 9 月—2011 年 9 月	美国艾奥瓦大学,数学系	访问学者
2014 年 1 月—2014 年 4 月	英国利物浦大学	访问学者
2017 年 9 月—2018 年 9 月	芬兰赫尔辛基大学	访问学者

苏剑出国访问和参加国际会议

时间	地点	备注
2014 年 1 月—2015 年 1 月	加拿大卡尔加里大学	访问学者

洪广浩出国访问和参加国际会议

时间	地点	备注
2007 年 5 月—2007 年 5 月	美国艾奥瓦大学	第 17 届中西部几何会议
2008 年 4 月—2008 年 4 月	美国阿肯色大学	第三十三届阿肯色春季系列讲座

刘庆芳出国访问和参加国际会议

时间	地点	备注
2009 年 9 月—2010 年 9 月	美国普渡大学(应用数学专业)	访问学者

郭士民出国访问和参加国际会议

时间	地点	备注
2011 年 9 月—2012 年 9 月	荷兰数学与计算机科学国家研究中心(应用数学专业)	访问学者

尤波出国访问和参加国际会议

时间	地点	备注
2014 年 9 月—2015 年 9 月	美国佛罗里达州立大学数学系	访问学者

陈洁出国访问和参加国际会议

时间	地点	备注
2011 年 8 月—2012 年 10 月	香港科技大学	博士后
2012 年 11 月—2013 年 3 月	阿普杜拉国王大学	博士后

杨家青出国访问和参加国际会议

时间	地点	备注
2014 年 6 月—2015 年 6 月	香港中文大学	研究奖学金 由香港中文大学资助

王飞出国访问和参加国际会议

时间	地点	备注
2008 年 9 月—2009 年 9 月	美国艾奥瓦大学,数学系	访问博士生
2013 年 5 月—2016 年 6 月	美国宾州州立大学,数学系	助理研究员
2012 年 1 月—2013 年 5 月	美国爱荷华大学,数学系	访问副教授
2012 年 6 月—8 月	美国科罗拉多大学巨石分校,计算机系	访问学者

下面是部分国际会议和国际学术交流活动的批件。

国家自然科学基金委员会

批准资助对外交流与合作项目

通 知 书

（91）国科金外资助字第　号

主送单位	西安交通大学		
批准项目名称及主持人	三维可压和不可压N-S方程并行算法		
出国人员姓名		单位	
受资助人	来华人员姓名	国别、单位	
	在华会议主办单位		
批准资助内容	协议资助项目	已将本项目纳入一九九　年秋季对科学合作协议（谅解备忘录），资助　　纳入　　人月（或人天）	
	非协议资助项目	批准资助金额	
抄送单位			
项目联系人 黄承镐		联系电话 666421	

用：办理领款手续须知（见背面）

国家自然科学基金委员会
国际合作局
一九九　年　月　日

国家自然科学基金委员会

批准资助对外交流与合作项目

通知书

（93）国科金外资助字第038号

主送单位	西安交通大学		
批准项目名称及主持人	三维可压和不可压N-S方程并行算法		李开泰
受资助者	出国人员姓名	单位	
	来华人员姓名 陈巩	国别单位 美国 Texas A&M大学	
	在华会议主办单位	开户银行 西安工商行东郊路分理处	
		银行账号 235-144211-08	
批准资助内容	协议资助项目	已将本项目纳入一九九　年秋季对科学合作协议（谅解备忘录），资助　　纳入　　人月（天）	
	非协议资助项目	同意资助的人民币 伍仟元元　至　单程/双程机票三联；　外汇额度共计　　其中：日生活费　　；会议注册费　　城市间交通费　　接待费用　　其它费用	
项目执行日期	1993年5月1日至1993年5月20日		
抄送单位			

送：本委员会计划局计划财务处(1份)，　科学部、局(2份)。
国际合作局综合处、地区处(各1份)
项目联系人　　　　　　　　联系电话 202-6381
处审核签字　　　　　　　　局领导审核签字

国家自然科学基金委员会
国际合作局
一九九　年　月　日

附：领款手续须知(见背面)

本项目国际合作局　美大　处编号方案　数03　号

国家自然科学基金委员会

批准资助对外交流与合作项目

通知书

（43）国科金外资助字第890号

主送单位	西安交通大学		
批准项目名称及申国人员	三维可压和不可压 N-S方程并行算法		
受资助者	姓名 李开泰	单位 西安交大	
	来华人员姓名	国别单位	
	在华会议主办单位	开户银行 西安工商行东郊路分理处	
		银行账号 235-144211-08	
批准资助项目内容	协议资助项目	已将本项目纳入一九九　年秋季对科学合作协议（谅解备忘录），资助　　纳入　　人月（天）	
	非协议资助项目	同意资助人民币 壹仟伍佰元　元，单程/双程机票三联；　至　美国　；其中：日生活费　　；会议注册费　　城市间交通费　　接待费用	
项目执行日期	93 年 10月1日至 93年10月1日		
抄送单位			

送：本委员会计划局计划财务处(1份)　教理3 科学部、局(2份)。
国际合作局综合处、地区处(各1份)
项目联系人 李淑兰　　　联系电话 202-6381
处审核签字 袁明亭　　　局领导审核签字 居加建

国家自然科学基金委员会
国际合作局
一九九 年 月 日

附：领款手续须知(见背面)

本项目国际合作局　美大　处编号方案为第　　号

国家自然科学基金委员会

批准资助对外交流与合作项目

通知书

（94）国科金外资助字第19410120698 号

主送单位	西安交通大学		项目执行日期
批准项目名称及申国人员	Navier-Stokes 方程和湍流结构 李开泰		自 94 年 8月1日 至 30
受资助者	出国人员姓名	单位	
	来华人员姓名 陈巩	国别单位 美. Department of Mathematics. Texas A&M University College Section	
	在华会议主办单位	开户银行 西安工商行东郊路分理处	
		银行账号 235-144211-08	
批准资助项目内容	协议资助项目	已将本项目纳入一九九　年秋季对科学合作协议（谅解备忘录），资助　　纳入　　人月（天）	
	非协议资助项目	同意资助人民币 7万陆仟伍佰 元；　至　美国　；出国费 元，　其中；日生活费 6000元；　城市间交通费　会议注册费	
在华资助次数	第一次	第二次	
抄送单位			

送：本委员会计划局计划财务处(1份)，教理　科学部、局(2份)。
国际合作局综合处、地区处(各1份)
项目联系人 袁明亭　　　联系电话 2026381
处审核签字 袁明亭　　　局领导审核签字 居加建

国家自然科学基金委员会
国际合作局
一九九　年　月　日

附：领款手续须知(见背面)

本项目国际合作局　美大　处编号方案为第　106　号

国家自然科学基金委员会
批准资助对外交流与合作项目
通 知 书

（95）国科金外资助字第 号

主送单位	西安交通大学	项目执行日期	
批准项目名称及申请人	惯性尤而，近似惯性流形及其数值逼近的研究		自97年6月起
委派资助者	出国人员 姓名		单位
	来华人员 姓名		国别
	在华会议主办单位	西安交通大学	开户银行 西安工商行互助路分理处
			银行帐号 235-144211-08
协议项目	已将本项目纳入一九九一年签订 科学合作协议（谅解备忘录）。执行 纳入 人月（天）		
批准资助的内容	同意资助人民币 万二仟一佰一拾二元 其中 出国费 元，接待费用 元，资助外汇额度 ，其中 日生活费 ，城市间交通		
在华会议拨款	第一次		第二次
抄送单位			

送：本委员会计划局计划财务处（1份）　数理　科学部、局（2份）
国际合作局综合处、地区处（各1份）

项目联系人 　　　联系电话 7026387
处审核签字 　　　局领导审核签字 刘子楷

国家自然科学基金委员会
国际合作局
一九九 年 月 日

附：拨款手续须知（见背面）

本项目国际合作局 处编号为第 号

国家自然科学基金委员会
批准资助留学人员短期回国工作讲学专项基金项目
通 知 书

（95）国科金外资助留学人员字第9510710545号

主送单位	西安交通大学应用数学研究中心		
批准项目名称及申请人	无穷维动力系统吸引子及其维数，惯性流性，非线性GAlerkin算法		
受资助者	留学人员姓名	许进超	来自国别 美国
	开户银行	西安工商行互助路分理处	银行帐号 235-144211-08
批准资助内容	同意资助人民币 伍仟 元		
项目执行日期	1995年05月20日 至1995年06月20日		
抄送单位			

送：本委员会计划局计划财务处（1份）　数理　科学部、局（2份）
国际合作局综合处、地区处（各1份）

项目联系人 张琳　　　联系电话 2010309
处审核签字 滕锡芬　　局领导审核签字 顾以健

国家自然科学基金委员会
国际合作局
一九九五年 四 月 廿一 日

附：拨款手续须知（见背面）

国家自然科学基金委员会
批准资助留学人员短期回国工作讲学专项基金项目
通 知 书

（95）国科金外资助留学人员字第19510710547号

主送单位	西安交通大学应用数学研究中心		
批准项目名称及申请人	无穷维动力系统吸引子及其维数，惯性流性，非线性GAlerkin算法		
受资助者	留学人员姓名	陈敏	来自国别 美国
	开户银行	西安工商行互助路分理处	银行帐号 235-144211-08
批准资助内容	同意资助人民币 伍仟 元		
项目执行日期	1995年05月 日 至1995年06月20日		
抄送单位			

送：本委员会计划局计划财务处（1份）　数理　科学部、局（2份）
国际合作局综合处、地区处（各1份）

项目联系人 张琳　　　联系电话 2010309
处审核签字 滕锡芬　　局领导审核签字 顾以健

国家自然科学基金委员会
国际合作局
一九九 四月廿一日

附：拨款手续须知（见背面）

国家自然科学基金委员会
批准资助留学人员短期回国工作讲学专项基金项目
通 知 书

（95）国科金外资助留学人员字第19510710548号

主送单位	西安交通大学应用数学研究中心		
批准项目名称及申请人	无穷维动力系统吸引子及其维数，惯性流性，非线性GAlerkin算法		
受资助者	留学人员姓名	吕克宁	来自国别 美国
	开户银行	西安工商行互助路分理处	银行帐号 235-144211-08
批准资助内容	同意资助人民币 伍仟 元		
项目执行日期	1995年05月20日 至1995年06月20日		
抄送单位			

送：本委员会计划局计划财务处（1份）　数理　科学部、局（2份）
国际合作局综合处、地区处（各1份）

项目联系人 张琳　　　联系电话 2010309
处审核签字 滕锡芬　　局领导审核签字 顾以健

国家自然科学基金委员会
国际合作局
一九九五年 四 月 廿一 日

附：拨款手续须知（见背面）

国家自然科学基金委员会
批准资助留学人员短期回国工作讲学专项基金项目
通 知 书

（95）国科金外资助留学人员字第19510710546号

主送单位	西安交通大学应用数学研究中心		
批准项目名称及申请人	无穷维动力系统吸引子及其维数、惯性流性、非线性GAlerkin算法		
受资助者	留学人员姓名	汪守宏	来自国别 美国
	开户银行	西安工商行互助路分理处	银行帐号 235-144211-08
批准资助内容	同意资助人民币 **伍仟** 元		
项目执行日期	1995 年 05 月 20 日 至 1995 年 06 月 20 日		
抄送单位			

送：本委员会计划局计划财务处（1份） **数理** 科学部、局（2份）
国际合作局综合处、地区处（各1份）

项目联系人 **张妍** 联系电话 2010309
处审核签字 **瑞福芳** 局领导审核签字

附：拨款手续须知（见背面）

国家自然科学基金委员会
国际合作局
一九九五年 四月廿一日

国家自然科学基金委员会
批准资助留学人员短期回国工作讲学专项基金项目
通 知 书

（95）国科金外资助留学人员字第19510710549号

主送单位	西安交通大学应用数学研究中心		
批准项目名称及申请人	无穷维动力系统吸引子及其维数、惯性流性、非线性GAlerkin算法		
受资助者	留学人员姓名	沈捷	来自国别 美国
	开户银行	西安工商行互助路分理处	银行帐号 235-144211-08
批准资助内容	同意资助人民币 **伍仟** 元		
项目执行日期	1995 年 05 月 20 日 至 1995 年 06 月 20 日		
抄送单位			

送：本委员会计划局计划财务处（1份） **数理** 科学部、局（2份）
国际合作局综合处、地区处（各1份）

项目联系人 **张妍** 联系电话 2010309
处审核签字 **瑞福芳** 局领导审核签字

附：拨款手续须知（见背面）

国家自然科学基金委员会
国际合作局
一九九五年 四月廿一日

国家自然科学基金委员会
批准资助对外交流与合作项目
通 知 书

国科金外资助字第980310290号

主送单位	西安交通大学	项目执行日期	
批准项目名称及申请人	应用偏微分方程"第2届分校逻理论及数值分析会	98年 6月 29日 至 98年 7月 3日	
出国人员姓名	/	单位	/
受资助者	来华人员姓名	/	国别 单位 /
	在华会议主办单位	李开泰	开户银行 西安工商行互助路分理处 银行帐号 235-144211-08
批准资助内容	已将本项目纳入一九九 年我委对 科学合作协议（该解备忘录）计… 的经费中，合计…		

项目联系人 **王晓丹** 联系电话 6202638
处负责人签字 局负责人签字

附：拨款手续须知（见背面）

国家自然科学基金委员会
国际合作局
一九九八年 三月十日

抄送单位：
本委员会计划局计划财务处 科学部、国际合作局综合处、地区处、国际交流中心。

本项目科学部编号 A01 国际合作局 处编号第 17 号

科外 字12号
98年3月17日

国家自然科学基金委员会
批准资助留学人员短期回国工作讲学专项基金项目
通 知 书

（98）国科金外资助留学人员字第 号

主送单位	西安交通大学		
批准项目名称及申请人	Mathematial and numerial analysis for two phase flow in porous medie 李开泰		
受资助者	留学人员姓名	陈掌星	来自国别 美国
	开户银行	西安工商行互助路分理处	银行帐号 235-144211-08
批准资助内容	同意资助人民币 ***万 **伍 仟** ** 佰 ** 拾 ** 元		
项目执行日期	1998 年 06 月 26 日 到 1998 年 07 月 15 日		
抄送单位			

送：本委员会计划局计划财务处（1份） **数理A01** 科学部、局（2份）
国际合作局综合处、地区处（各1份）

项目联系人 **廖创拓** 联系电话 62016655-2053
处审核签字 **瑞福芳** 局领导审核签字

附：拨款手续须知（见背面）

国家自然科学基金委员会
国际合作局
一九九八年 四月六日

科外 字232号
98年4月27日

表单一

国 家 自 然 科 学 基 金 委 员 会
批准资助留学人员短期回国工作讲学专项基金项目
通 知 书

(98)国科金外资助留学人员字第 ［98］07604899 号

主送单位	西安交通大学			
批准项目名称及申请人	Bifurcation theory and its numerial analysis			
			李开泰	
受资助者	留学人员姓名	李亦	来自国别	美国
	开户银行	西安工商行互助路分理处	银行帐号	235-144211-08
批准资助内容	同意资助人民币 **万 伍 仟 **佰 **拾 **元			
项目执行日期	1998 年 06 月 26 日 至 1998 年 07 月 16 日			
抄送单位				

送：本委员会计划局计划财务处（1份） 数理A01 科学部、局（2份）
国际合作局综合处、地区处（各1份）

项目联系人 麻剑锋 联系电话 62016655-2053

处审核签字 局领导审核签字

附：拨款手续须知（见背面）

国家自然科学基金委员会
国际合作局
一九九 年 月 日

表单二

国 家 自 然 科 学 基 金 委 员 会
批准资助留学人员短期回国工作讲学专项基金项目
通 知 书

(99)国科金外资助留学人员字第 ［98］07600859 号

主送单位	西安交通大学			
批准项目名称及申请人	内流问题近代算法研究			
			李开泰	
受资助者	留学人员姓名	沈文星	来自国别	美国
	开户银行	西安工行互助路分理处	银行帐号	235 144211-08
批准资助	同意资助人民币 **万 伍 仟 **佰 **拾 **元			
项目执行日期	1998 年 06 月 日 至 1998 年 07 月 日			
抄送单位				

送：本委员会计划局计划财务处（1份） 数理A01 科学部、局（2份）
国际合作局综合处、地区处（各1份）

项目联系人 麻剑锋 联系电话 62016655-2053

处审核签字 局领导审核签字

附：拨款手续须知（见背面）

国家自然科学基金委员会
国际合作局
一九九 年 月 日

表单三

国 家 自 然 科 学 基 金 委 员 会
批准资助留学人员短期回国工作讲学专项基金项目
通 知 书

(98)国科金外资助留学人员字第 ［98］07600860 号

主送单位	西安交通大学			
批准项目名称及申请人	On the dynamics of a reaction diffusion system modeling tumor growth			
			李开泰	
受资助者	留学人员姓名	陈祖墀	来自国别	美国
	开户银行	西安工行互助路分理处	银行帐号	235-144211-08
批准资助内容	同意资助人民币 **万 伍 仟 **佰 **拾 **元			
项目执行日期	1998 年 06 月 26 日 至 1998 年 07 月 9 日			
抄送单位				

送：本委员会计划局计划财务处（1份） 数理A01 科学部、局（2份）
国际合作局综合处、地区处（各1份）

项目联系人 麻剑锋 联系电话 62016655-2053

处审核签字 局领导审核签字

附：拨款手续须知（见背面）

国家自然科学基金委员会
国际合作局
一九九 年 月 日

表单四

国 家 自 然 科 学 基 金 委 员 会
批准资助对外交流与合作项目
通 知 书

(2005)国科金外资助字第CC(C)10043号

主送单位	西安交通大学		项目执行日期	
批准项目名称及申请人	来美国参加"流动问题中的有限元会议"		自2000年 4 月 30 日至2000年 5 月 4 日	
受资助者	出国人员姓名	李开泰	单位	/
	来华人员姓名	/	国别单位	
	在华会议主办单位		开户银行	工行互助路分理处
			银行帐号	235-144211-08
批准资助内容	已将本项目纳入 年我委对 科学合作协议（谅解备忘录）。计 人月(天)			
	资助人民币 五拾万伍仟壹佰壹拾壹元 自 至 ( )程飞机			
	票、其中：差旅费 元，国外生活费 元，接待费 元			
	资助外汇额度 ，其中： 日生活费 ，会议注册费			
	城市间交通费			

项目联系人 联系电话 62006978

处负责人签字 局负责人签字

附：拨款手续须知（见背面）

国家自然科学基金委员会
国际合作局
二〇〇 年 月 日

抄送单位：
本委员会计划局计划财务处 数理 科学部、国际合作局综合处、地区处、国际交流中心
本项目科学部编号 A01，国际合作局 处编号 号

国家自然科学基金委员会
批准资助对外交流与合作项目
通知书

国科金数外[2001]（　1010401059　）号

主送单位	西安交通大学		项目申请人	王立河（蒋耀、李开泰）
批准资助项目名称	编造分方程调和分析方法及其在流体力学中的应用			
起始日期	2001/07/01	截止日期		2001/08/30
受资助者	出访人员姓名	***	出访国家、地区	
	来访人员姓名	王立河	来访人员国家、地区及单位	美国
批准资助内容	国际机票	从：***	至：***	（*）程机票（*）张
	人民币	账号：***	接待费：10000	国外生活费：*** 元
		其它：***	总计：壹万元整	
	外汇额度	（***）日国外生活费：***	城市间交通费：*** 元	
	会议注册费：*** 元	其它：*** 元	总计：*** 元	

项目联系人：徐中玲　　联系电话：62327178
学科负责人：徐中玲　　学科负责人签字：
附：资助须知（见背面）
备注：蒋耀人 李开泰

国家自然科学基金委员会
数学科学部
2001年4月17日

抄送单位：基金委财务局经费处

基金项目编号：********　学科代码：A01　受理编号：1059

请项时期门回处
蒋耀 2001.4.23

国家自然科学基金委员会
批准资助对外交流与合作项目
通知书

（2002）国科金数外资助字第（10210201001）号

主送单位	西安交通大学理学院		项目申请人	黄艾香
项目名称	第二届世界华人数学大会			
起始日期	2001年12月17日	截止日期		2002年01月07日
受资助者	出访人员姓名	黄艾香	出访人员国家、地区	台湾
	来访人员姓名		来访人员国家、地区	
批准资助内容	国际机票	从 *** 至	（*）程机票 张	
	人民币	旅费：4000.00元	接待费：***	国外生活费：*** 元
		其它：***元	总计（大写）：肆仟元整	城市交通费：***
	外汇额度	注册费：***	其他：***	城市交通费：***
	纳入	本项目纳入 *** 年我委对 *** 合作协议（谅解备忘录）。		
	协议	计出访 *** 人月（天），来华 *** 人月（天）。		

学科负责人：雷天刚
联系电话：62327178　学部负责人签字：
附：资助须知（见背面）
备注：

国家自然科学基金委员会
数学与物理科学部
2002年01月23日

抄送单位：基金委财务局经费处

基金项目编号：10001028　学科代码：A01　受理编号：10211001

国家自然科学基金委员会
批准资助对外交流与合作项目
通知书

（2002）国科金数外资助字第（10210201002）号

主送单位	西安交通大学理学院		项目申请人	李开泰
项目名称	第二届世界华人数学大会			
起始日期	2001年12月17日	截止日期		2002年01月07日
受资助者	出访人员姓名	李开泰	出访人员国家、地区	台湾
	来访人员姓名		来访人员国家、地区	***
批准资助内容	国际机票	从 *** 至 ***	（*）程机票 * 张	
	人民币	旅费：4000.00元	接待费：***元	国外生活费：*** 元
		其它：***元	总计（大写）：肆仟元整	
	外汇额度	（）日国外生活费：***	城市交通费：***	
	纳入	本项目纳入 *** 年我委对 *** 合作协议（谅解备忘录）。		
	协议	计出访 *** 人月（天），来华 *** 人月（天）。		

学科负责人：雷天刚
联系电话：62327178　学部负责人签字：
附：资助须知（见背面）
备注：

国家自然科学基金委员会
数学与物理科学部
2002年01月23日

抄送单位：基金委财务局经费处

基金项目编号：10101020　学科代码：A01　受理编号：10211002

国家自然科学基金委员会
批准资助对外交流与合作项目
通知书

（2002）国科金数外资助字第（10210401045）号

主送单位	西安交通大学理学院		项目申请人	何银年
项目名称	多种有限元方法及其应用			
起始日期	2002年07月16日	截止日期		2002年08月15日
受资助者	出访人员姓名	***	出访国家、地区	***
	来访人员姓名	陈翠星	来访人员国家、地区	美国
批准资助内容	国际机票	从 *** 至 ***	（*）程机票 * 张	
	人民币	旅费：***元	接待费：7000.00元	国外生活费：*** 元
		其它：***元	总计（大写）：柒仟元整	
	外汇额度	（*）日国外生活费：***	城市交通费：***	
	注册费：***			
	纳入	本项目纳入 *** 年我委对 *** 合作协议（谅解备忘录）。		
	协议	计出访 *** 人月（天），来华 *** 人月（天）。		

学科负责人：张文峰
联系电话：62327191　学部负责人签字：
附：资助须知（见背面）
备注：

国家自然科学基金委员会
数学与物理科学部
2002年04月09日

抄送单位：基金委财务局经费处

基金项目编号：19971067　学科代码：A01　受理编号：10211045

请处日期门回处
蒋耀 2002.4.12

国家自然科学基金委员会
批准资助对外交流与合作项目
通知书

（2002）国科金数外资助字第（10210401166）号

主 送单 位	西安交通大学			项 目申请人	侯延仁
项目名称	N-S方程新型近似惯性流形构造及相应高效并行计算法研究				
起始日期	2002年07月20日		截止日期	2002年08月20日	
受资助者	出访人员姓 名	***		出访国家、地区	
	来访人员姓 名	陈福刚		来访人员国家、地区	日本
批准币种	国际机票	从 *** 至 ***		（*）程机票 * 张	
	人民币	旅费: ***元	接待费: 8000.00元	国外生活费:	***元
	其它:		***元	总计（大写）: 捌仟元整	
资助额度	外汇	（*）日国外生活费: ***		城市交通费:	***
	注册费:	***	其他:	***	总计: ***
内容	纳入协议	本项目纳入 *** 年我委对 *** 合作协议（谅解备忘录）。			
		计出访 *** 人月（天）, 来华 *** 人月（天）。			

学科负责人: 张文岭

联系电话: 62327178　　　学部负责人签字: 张文岭

附: 资助须知（见背面）

备注:

国家自然科学基金委员会
数学与物理科学部
2002年08月26日

抄送单位: 基金委财务局经费处

基金项目编号: 10101026　　学科代码: A01　　受理编号: 10211166

西安交通大学 2004 年校级国际合作与交流重点项目评审结果通知

理学院学院李开泰老师:

您申请的《Navier-Stokes方程的理论和方法》项目已被批准为"西安交通大学2004年校级国际合作与交流重点项目—（1）世界著名学者项目"，该项目经费控制金额为35000元。请您按项目要求安排外籍学者来校从事合作与交流工作。待聘请工作完成后，请填写《西安交通大学2004年校级国际合作与交流重点项目—（1）世界著名学者项目结题评估表》，并到国际处国际交流科办理报销手续。

该项目结题评估表请在我处网站"资料下载"栏目中下载。

联 系 人: 李晓辉、马淑梅

联系电话: 82668236、82668576

国际合作与交流处
2004-4-30

西安交通大学 2004 年教育部国际合作与交流重点项目评审结果通知

李开泰老师:

您申请的《大规模科学计算研究》项目已被教育部批准，该项目经费控制金额为30000元。请您按项目要求安排外籍学者来校从事合作与交流工作。待聘请工作完成后，填写《2004年教育部重点项目结题评估表》，并到国际处国际交流科办理报销手续。

该项目结题评估表请在我处网站"资料下载"栏目中下载。

联 系 人: 李晓辉、马淑梅

联系电话: 82668236、82668576

国际合作与交流处
2004-5-18

（2004）国科金数外资助字第（10410101044）号

主 送单 位	西安交通大学			项 目申请人	李开泰
项目名称	Navier-Stokes方程理论和计算				
起始日期	2004年06月18日		截止日期	2004年07月13日	
受资助者	出访人员姓 名	***		出访国家、地区	
	来访人员姓 名	罗兰·格罗温斯基		来访人员国家、地区	美国
推准资助	国际机票	从 *** 至 ***		（*）程机票 * 张	
	人民币	旅费: ***元	接待费: ***元	国外生活费:	***元
	其它:	13000.00元		总计（大写）: 壹万叁仟元整	
	外汇	（*）日国外生活费: ***		城市交通费:	***
	额度	注册费: ***	其他: ***	总计: ***	
内容	纳入协议	本项目纳入 *** 年我委对 *** 合作协议（谅解备忘录）。			
		计出访 *** 人月（天）, 来华 *** 人月（天）。			

学科负责人: 张文岭　　　　联系电话: 62327178

学部负责人签字: 张文岭

附: 资助须知（见背面）

备注:

国家自然科学基金委员会
数学与物理科学部
2004年04月02日

抄送单位: 基金委财务局经费处

基金项目编号: 10101020　　学科代码: A01　　受理编号: 10411044

国家自然科学基金委员会
批准资助对外交流与合作项目
通知书

（2005）国科金数外资助字第（10510101172）号

主 送 单 位	西安交通大学		项 目 申请人	李开泰
	理学院			
项目名称	Navier-Stokes方程理论和计算			
起始日期	2005年09月01日	截止日期		2005年09月30日
受资助者	出访人员姓名	***	出访国家、地区	***
	来访人员姓名	Tetsuro Miyakawa	来访人员国家、地区	日本
批准资助内容	国际机票	从 *** 至 ***	（*）程机票 * 张	
	人民币元	旅费：***元	接待费：***元	国外生活费：***元
		其它：18000.00元	总计（大写）：壹万捌仟元整	
	外汇额度	（*）日国外生活费：***	城市交通费：***	
		注册费：***	其他：***	总计：***
	纳入协议	本项目纳入 *** 年我委 *** 合作协议（谅解备忘录）， 计出访 *** 人月（天），来华 *** 人月（天）。		

学科负责人： 雷天刚　　　　　联系电话： 62327178

学部负责人签字：

附：资助须知（见背面）

备注：

国家自然科学基金委员会
数学与物理科学部
2005年06月30日

抄送单位：基金委财务局经费处

基金项目编号： 10471110　　学科代码： A01　　受理编号： 10511172

国家自然科学基金委员会
批准资助对外交流与合作项目
通知书

（2006）国科金数外资助字第（10610101058）号

主 送 单 位	西安交通大学		项 目 申请人	李开泰
项目名称	滑制导弹水下和出水时固体表面应力分析、流体固体耦合的动力稳定性			
起始日期	2006年11月25日	截止日期		2006年12月23日
受资助者	出访人员姓名	***	出访国家、地区	***
	来访人员姓名	***	来访人员国家、地区	***
批准资助内容	国际机票	从 *** 至 ***	（*）程机票 * 张	
	人民币元	旅费：***元	接待费：***元	国外生活费：***元
		其它：10600.00元	总计（大写）：壹万元整	
	外汇额度	（*）日国外生活费：***	城市交通费：***	
		注册费：***	其他：***	总计：***
	纳入协议	本项目纳入 *** 年我委 *** 合作协议（谅解备忘录）， 计出访 *** 人月（天），来华 *** 人月（天）。		

学科负责人： 雷天刚　　　　　联系电话： 62327178

学部负责人签字：

备注：资助须知（见背面）

国家自然科学基金委员会
数学与物理科学部
2006年05月23日

抄送单位：基金委财务局经费处

基金项目编号： 10571142　　学科代码： M010Y　　受理编号： 10610164

国家自然科学基金委员会
批准资助对外交流与合作项目
通知书

（2007）国科金外资助字第（10711320250）号

主 送 单 位	西安交通大学		项 目 申请人	李开泰
	***			
项目名称	地球科学中的数值计算方法国际研讨会			
起始日期	2007年07月05日	截止日期		2007年07月07日
受资助者	出访人员姓名	***	出访国家、地区	***
	来访人员姓名	***	来访人员国家、地区	***
批准资助内容	国际机票	从 *** 至 ***	（*）程机票 * 张	
	人民币元	旅费：***元	接待费：***元	国外生活费：***元
		其它：40000.00元	总计（大写）：肆万元整	
	外汇额度	（*）日国外生活费：***	城市交通费：***	
		注册费：***	其他：***	总计：***
	纳入协议	本项目纳入 2007 年我委 NSF 合作协议（谅解备忘录）， 计出访 *** 人月（天），来华 *** 人月（天）。		

项目联系人： 刘文华　　　　　联系电话： 62327017

处负责人签字： 陈皓

局负责人签字：

附：资助须知（见背面）

备注：

国家自然科学基金委员会
国际合作局
2007年06月20日

抄送单位：基金委财务局经费处

基金项目编号： 10610101　　学科代码： A010301　　受理编号： 10710051

国家自然科学基金委员会
批准资助对外交流与合作项目
通知书

（2006）国科金外资助字第（10710101082）号

依 托 单 位	西安交通大学		项 目 申请人	李开泰
项目名称	非线性弹性体的数学理论和有限元数值计算			
开始日期	2007.07	结束日期		2007.08
受资助者	出访人员姓名	***	出访来访国家（地区）	***
	来访人员姓名	Philippe G. Ciarlet	来访人员国家（地区）	法国
批准资助内容	人民币	国际旅费：0.00 元	接待费：0.00 元	会议费：0.00 元
		其它：3000.00 元	总计（大写）：伍仟元整	
	纳入协议	本项目纳入 0 年我委 *** 合作协议（谅解备忘录）， 计出访 0 人月（天），来华 0 人月（天）。		

项目联系人： 雷天刚　　　　　联系电话： 62327178

处负责人签字： 张文峰

局负责人签字：

附：资助须知（见背面）

备注：

国家自然科学基金委员会
数学科学部
2007年10月18日

全托基金项目编号： 10571142　　学科代码： A0103　　受理编号： 10610139

国家自然科学基金委员会
批准资助对外交流与合作项目
通知书

（2007）国科金外资助字第（ 10710401079 ）号

依托单位	西安交通大学		项目申请人	侯延仁
项目名称	建立在时滞惯性流形基础上的 N-S 方程高性能算法研究			
开始日期	2007.07		结束日期	2007.07
受资助者	出访人员姓名		出访/来访国家（地区）	美国
	来访人员姓名	曹崇生		
批准资助内容	人民币	国际旅费：0.00 元 接待费：0.00 元 会议费：0.00 元		
		其它：6000.00 元 总计（大写）：陆仟元整		
	纳入协议	本项目纳入 0 年我委对___合作协议（谅解备忘录）。计出访 0 人月（天），来华 0 人月（天）		

项目联系人： 雷天刚 联系电话： 62327178

处负责人签字： 张文岭 局负责人签字：

附：资助预知（见背面）

备注：

国家自然科学基金委员会
数理科学部
2007 年 10 月 12 日

依托基金项目编号：10471110 学科代号：A0103 受理编号：10710224

国家自然科学基金委员会
批准资助对外交流与合作项目
通知书

（2007）国科金外资助字第（ 10710401078 ）号

依托单位	西安交通大学		项目申请人	梅立泉
项目名称	叶轮机械内部三维黏性流动的谱数分裂方法			
开始日期	2007.07		结束日期	2007.07
受资助者	出访人员姓名		出访/来访国家（地区）	美国
	来访人员姓名	凤小兵		
批准资助内容	人民币	国际旅费：0.00 元 接待费：0.00 元 会议费：0.00 元		
		其它：6000.00 元 总计（大写）：陆仟元整		
	纳入协议	本项目纳入 0 年我委对___合作协议（谅解备忘录）。计出访 0 人月（天），来华 0 人月（天）		

项目联系人： 雷天刚 联系电话： 62327178

处负责人签字： 张文岭 局负责人签字：

附：资助预知（见背面）

备注：

国家自然科学基金委员会
数理科学部
2007 年 10 月 12 日

依托基金项目编号：10471109 学科代号：A040301 受理编号：10710223

国家自然科学基金委员会
批准资助对外交流与合作项目
通知书

（2008）国科金外资助字第（ 10810301022 ）号

依托单位	西安交通大学		项目申请人	李开泰
项目名称	模型和模拟国际会议			
开始日期	2008.07		结束日期	2008.12
受资助者	出访人员姓名		出访/来访国家（地区）	美国
	来访人员姓名			
批准资助内容	人民币	国际旅费：0.00 元 接待费：0.00 元 会议费：0.00 元		
		其它：30000.00 元 总计（大写）：叁万元整		
	纳入协议	本项目纳入 0 年我委对___合作协议（谅解备忘录）。计出访 0 人月（天），来华 0 人月（天）		

项目联系人： 雷天刚 联系电话： 62327178

处负责人签字： 雷天刚 局负责人签字：

附：资助预知（见背面）

备注：

国家自然科学基金委员会
数理科学部
2008 年 6 月 10 日

依托基金项目编号：10571142 学科代号：A0103 受理编号：10810020

第七章　研究所成员

一、研究所成员概况

　　计算物理研究室和科学计算研究所的发展离不开所有成员的不懈努力,而研究所的发展壮大又不断吸引着优秀的科研人员加入。从 20 世纪 80 年代开始,陆续有成员离开和加入,研究所的科研实力也在人员变动中不断积累和增强。目前科学计算研究所共有研究人员 21 人,其中 4 人已退休,1 人已去世。

　　已去世(1 人):马逸尘;

　　已退休(4 人):黄艾香、李开泰、黄庆怀、刘之行;

　　在职人员(16 人):何银年、侯延仁、梅立泉、李东升、王立周、张正策、苏剑、贾惠莲、晏文璟、刘庆芳、郭士民、洪广浩、陈洁、尤波、杨家青、王飞。

　　曾经在计算物理研究所工作过的有:

　　张武:1993 年—2008 年任理学院副院长,科研处副处长,后调到上海交通大学,现在上海大学任教;

　　王立和:2000 年—2005 年"长江学者"特聘教授,现在美国艾奥瓦大学任教;

　　程玉民:1989 年—1994 年任讲师,并在计算科学研究所攻读博士,后在上海大学应用数学与力学研究所工作;

　　陈掌星:2005 年—2010 年"长江学者"特聘教授,2011 年—2016 年"千人计划"特聘教授,现为加拿大卡尔加里大学教授;

　　李亦:2010 年—2015 年"长江学者"特聘教授,曾任艾奥瓦大学数学系主任,加州大学北岭分校副校长,现任纽约市立大学约翰杰刑事司法学院执行副院长。

科学计算与应用软件系 成立纪念
科学计算 研 究 所
1994年4月22日

20 世纪初科学计算研究所成员合影

2018 年科学计算研究所成员合影

二、个人简介

下面是研究所所有成员的个人简介。

李开泰

性别：男

民族：汉族

出生时间：1937 年 12 月 18 日

出生地：福建省仙游县

职务和职称：西安交通大学数学与统计学院教授，曾任西安交通大学应用数学研究中心副主任、理学院院长，现任西安交通大学科学计算研究所所长。

主要学术经历：

1956—1962	就读于西安交通大学数理力学系应用数学专业
1978—1979	复旦大学教师提高班
1962—1980	西安交通大学数理力学系助教、讲师
1980—1985	西安交通大学数学系副教授
1983—1992	西安交通大学计算物理研究室主任
1984—	先后访问欧美、日本等国家和地区的 80 多所大学和机构，做过 90 余场学术讲演。
1985—	西安交通大学数学系教授
1986—	纽约科学院成员
1986.9—1987.5	应美国科学院院长邀请，作为中美两国科学院交换学者访问美国；应 IMA 所长 Hans Weinberger 邀请，访问明尼苏达大学应用数学研究所
1991—	西安交通大学应用数学研究中心副主任
1991—2001	国际计算力学协会理事
1992—1995	西安交通大学科学计算系主任
1992—	西安交通大学科学计算研究所所长
1992—	享受国务院政府特殊津贴
1993—1997	国家基础研究"攀登计划"和 1997—2004"大规模科学计算研究"项目骨干研究成员
1993、1995、1996	陕西省自然科学基础研究计划项目评审员
1994—	西安交通大学数学系博士生导师
1995—1998	西安交通大学理学院院长
1996	西安交通大学工程与科学研究院特聘研究员
1996、1998	第六届、第七届国家自然科学基金委员会学科评审组成员
2005、2007	两次由 5 名院士推荐为中国科学院院士有效候选人
2006	国家科学技术奖评审专家

重要学术任（兼）职或重要学术刊物等的任（兼）职：

1991—2001	国际计算力学学会理事
1997—	北京国际计算物理中心学术委员会委员
1995—2002	《高等院校应用数学学报》编委
1992—2002	《计算物理》编委
1987—2000	《数值计算与计算机应用》编委
1984—1998	《工程数学学报》副主编委
1981—2000	《数学研究与评论》编委

INTERNATIONAL ASSOCIATION FOR COMPUTATIONAL MECHANICS (IACM)

IACM, affiliated to the International Union of Theoretical and Applied Mechanics (IUTAM), is a non-governmental association of individual and corporate members. Its general objectives are: to stimulate and promote research and practice in computational mechanics, to foster the exchange of ideas among the various fields contributing to computational mechanics, and to provide forums and meetings for the dissemination of knowledge about computational mechanics.

Officers

President: J. T. Oden (U.S.A.)
Vice President (Europe) and Past president: O. C. Zienkiewicz (U.K.)
Vice President (Asia): T. Kawai (Japan)
Secretary: A. Samuelsson (Sweden)
J. H. Argyris (Germany), Y. K. Cheung (Hong Kong),
R. Dautray (France), R. H. Gallagher (U.S.A.)(past secretary),
T. J. R. Hughes (U.S.A.), H. Liebowitz (U.S.A.),
W. Zhong (China)

IACM GENERAL COUNCIL

E. Alarcon, Spain
J. H. Argyris, Germany
S. N. Atluri, U.S.A.
I. Babuska, U.S.A.
K. J. Bathe, U.S.A.
O. M. Belotserkovsky, Russia
T. Belytschko, U.S.A.
P. G. Bergan, Norway
D. Beskos, Greece
J. Besseling, The Netherlands
M. Borri, Italy
Y. K. Cheung, Hong Kong
M. Crochet, Belgium
T. A. Cruse, U.S.A.
R. Dautray, France
D. R. de Borst, The Netherlands
C. S. Desai, U.S.A.
J. Donea, Italy
E. Dvorkin, Argentina
R. Ewing, U.S.A.
R. Feijoo, Brasil
R. H. Gallagher, U.S.A.
M. Gerardin, Belgium
R. Glowinski, France
I. Herrera, Mexico
T. J. R. Hughes, U.S.A.
S. Idelsohn, Argentina
C. Johnson, Sweden
W. Kanok-Nukulchai, Thailand
M. Kawahara, Japan
T. Kawai, Japan
M. Kleiber, Poland
V. N. Kukudzanov, Russia
H. Liebowitz, U.S.A.

K. Li, China
J. L. Lions, France
G. Maier, Italy
H. A. Mang, Austria
J. L. Meek, Australia
F. Michavilla, Spain
M. Mikkola, Finland
A. R. Mitchell, U.K.
G. Nayak, India
A. K. Noor, U.S.A.
J. T. Oden, U.S.A.
R. Ohayon, France
E. R. Arantes e Oliveira, Portugal
E. Oñate, Spain
J. Orkisz, Poland
R. Owen, U.K.
J. Periaux, France
J. N. Reddy, U.S.A.
A. Samuelsson, Sweden
E. Stein, Germany
G. Steven, Australia
G. Strang, U.S.A.
B. A. Szabo, U.S.A
B. Tabarrok, Canada
R. L. Tanner, Australia
R. L. Taylor, U.S.A.
S. Valliappan, Australia
J. Whiteman, U.K.
W. Wunderlich, Germany
G. Yagawa, Japan
Z. Yamada, Japan
W. Zhong, China
O. C. Zienkiewicz, U.K.

CONGRESS ORGANIZATION

Organizers

Japan Chapter of the International Association for Computational Mechanics (IACM)
Foundation for Advancement of International Science (FAIS)

Sponsors

The Society of Steel Construction of Japan (JSSC)
The Union of Japanese Scientists and Engineers (JUSE)
The Japan Society for Industrial and Applied Mathematics (Japan SIAM)
The Japan Society for Simulation Technology (JSST)

Co-Sponsors

Atomic Energy Society of Japan (AESJ)
Architectural Institute of Japan (AIJ)
The Ceramic Society of Japan (CerSJ)
The Chemical Society of Japan (CSJ)
The Institute of Electrical Engineers of Japan (IEEJ)
The Institute of Electronics, Information and Communication Engineers (IEICE)
The Institute of Image Electronics Engineers of Japan (IIEEJ)
Information Processing Society of Japan (IPSJ)
The Iron & Steel Institute of Japan (ISIJ)
The Institute of Television Engineers of Japan (ITE of Japan)
Japan Aeronautical Engineers' Association (JAEA)
Japanese Society of Tribologists (JAST)
Japan Concrete Institute (JCI)
The Japan Institute of Metals (JIM)
The Physical Society of Japan (JPS)
Society of Automotive Engineers of Japan, Inc. (JSAE)
Japanese Society for Artificial Intelligence (JSAI)
The Japan Society of Applied Physics (JSAP)
The Japan Society for Aeronautical and Space Sciences (JSASS)
Japan Society of Civil Engineers (JSCE)
The Japan Society of Mechanical Engineers (JSME)
Japan Society of Medical Electronics and Biological Engineering
The Society of Materials Science, Japan (JSMS)
The Japanese Society for Non-Destructive Inspection (JSNDI)
The Japan Society of Precision Engineering (JSPE)
The Japanese Society of Soil Mechanics and Foundation Engineering (JSSMFE)
The Japan Society for Technology of Plasticity (JSTP)
The Japan Welding Engineering Society (JWES)
Japan Welding Society (JWS)
The Marine Engineering Society in Japan (MESJ)
Mining and Material Processing Institute of Japan (MMIJ)
The Magnetics Society of Japan (MSJ)
The Mathematical Society of Japan (MSJ)
The Operations Research Society of Japan (ORSJ)
The Society of Chemical Engineers, Japan (SCEJ)
The Surface Finishing Society of Japan (SFJ)
The Society of Heating, Air-Conditioning and Sanitary Engineers of Japan (SHASE)
The Society of Instrument and Control Engineers (SICE)
The Society of Naval Architects of Japan (SNAJ)

李开泰当选国际计算力学协会理事

August 12, 1986

Professor Li Kaitai
Institute for Computational and Applied Mathematics
Xi'an Jiaotong University
Xi'an, Shaanxi Province
People's Republic of China

Dear Professor Li:

On behalf of the Committee on Scholarly Communication with the People's Republic of China (CSCPRC) and its sponsors, the National Academy of Sciences, the Social Science Research Council, and the American Council of Learned Societies, it is my pleasure to invite you to the United States under the auspices of the U.S.-China Visiting Scholar Exchange Program (VSEP). We are honored you have agreed to participate in this exchange of outstanding American and Chinese scholars. Since 1979 over 200 American scholars and 160 Chinese scholars have participated in a program of lecturing, exploratory research and meeting professional colleagues. This year we are pleased that the Chinese Academy of Sciences, the China Association of Science and Technology, the Chinese Academy of Social Sciences, and the State Education Commission will continue to cosponsor the program.

At present the CSCPRC is working with your host, Professor Hans Weinberger of the University of Minnesota, to plan your visit. According to our agreement with the State Education Commission, we will sponsor your visit to the United States for two months, providing funds to cover your one-way travel across the United States, your living expenses (based on an average per day expense rate), and local transportation. Professor Weinberger will send you an IAP-66 form which will enable you to apply for a visa at the U.S. Embassy in Beijing. Upon your arrival you will receive your grant check. Enclosed is a copy of the grant terms, including financial and travel guidelines. The director of the Visiting Scholar Exchange Program, Patricia Tsuchitani, and Pam Peirce, Program Assistant, will assist you during your stay.

Li Kaitai
August 12, 1986
Page 2

In addition to contacting your host in the United States, we also encourage you to call on the National Academy of Sciences/CSCPRC Office, located at the Friendship Hotel, Building 4, Room 4525 (telephone number: 890621). The CSCPRC Associate Director, Robert Geyer, our representative in China, will be pleased to meet you.

May I take this opportunity to express our sincere wishes for a pleasant and successful visit. The Committee on Scholarly Communication with the People's Republic of China and its sponsors believe this exchange of scholars will strengthen the ties of friendship between our two peoples and lead to future and mutually beneficial research in the sciences, social sciences, and humanities.

Sincerely,

Herbert A. Simon
Herbert A. Simon
Chairman

Enclosure

中美学者交流美方邀请信

中华人民共和国国家教育委员会

关于中美学者交流事

[教外局美字 1241 号]

西安交通大学、清华大学、武汉大学、北京林业学院、山东大学：

附件一、学者名单
     二、学者简历

附件二

学者名单

西安交通大学	LI KAITAI
清华大学	LU YINGZHONG
武汉大学	SHIH QUAN
北京林业学院	SUN XIAOXIANG
山东大学	XU XUDIAN

中美学者交流项目批件

国家自然科学基金委的回信

1986 年李开泰晋升教授

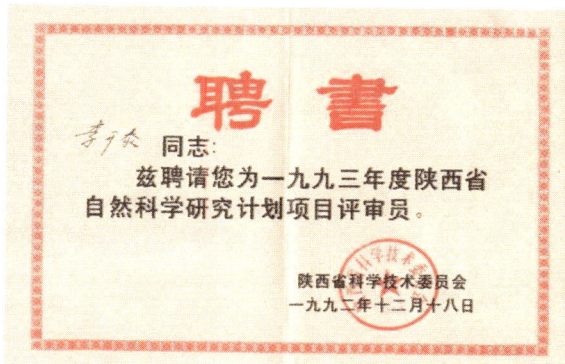

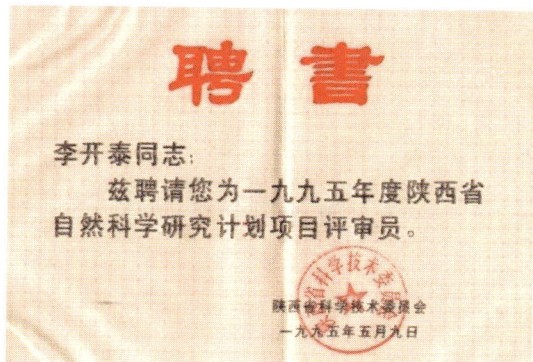

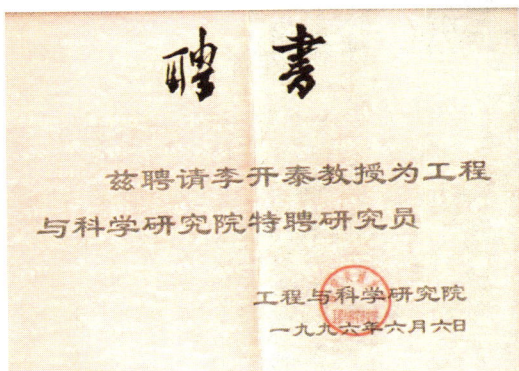

聘 書

兹聘请李开泰教授为工程
与科学研究院特聘研究员

工程与科学研究院
一九九六年六月六日

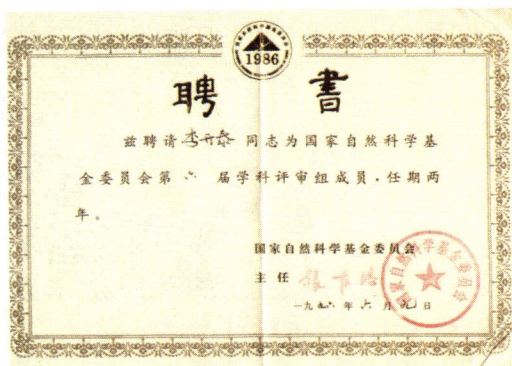

1986

聘 書

兹聘请李开泰同志为国家自然科学基
金委员会第 届学科评审组成员，任期两
年。

国家自然科学基金委员会
主任 师昌绪
一九八 年六月 日

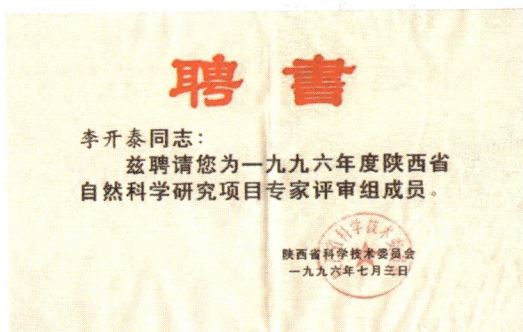

聘 書

李开泰同志：
兹聘请您为一九九六年度陕西省
自然科学研究项目专家评审组成员。

陕西省科学技术委员会
一九九六年七月三日

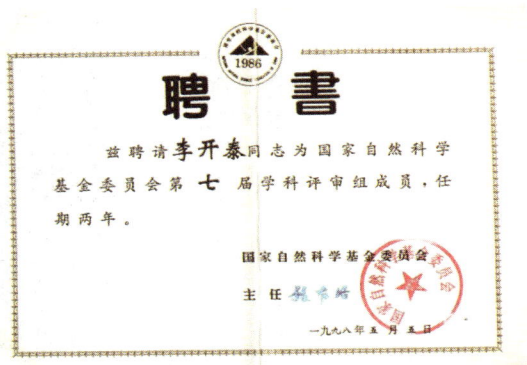

1986

聘 書

兹聘请李开泰同志为国家自然科学
基金委员会第 七 届学科评审组成员，任
期两年。

国家自然科学基金委员会
主任 师昌绪
一九九八年五月五日

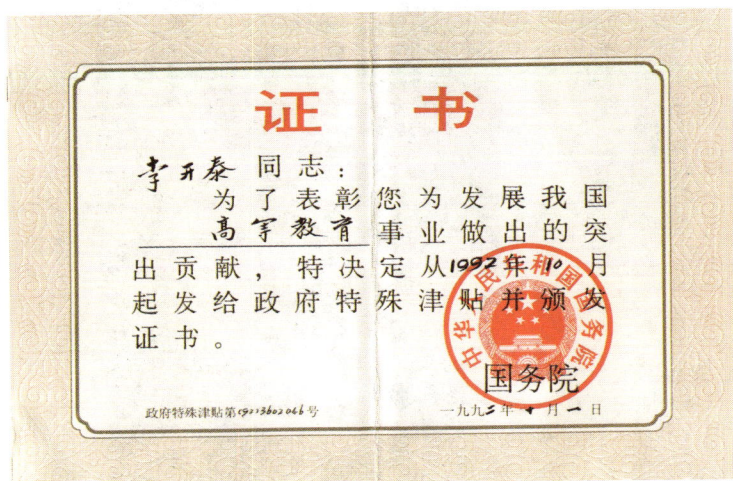

证 书

李开泰同志：
　　为了表彰您为发展我国
高等教育事业做出的突
出贡献，特决定从1992年10月
起发给政府特殊津贴并颁发
证书。

政府特殊津贴第(9)13602066号
一九九三年 一月一日
国务院

国家自然科学基金数理科学部基金项目评审会议
1997.7.23,北京

国家自然科学基金委99 数理学部研讨会
领导、专家合影
1999年7月19日于成都翠江宾馆

数学天元基金20周年纪念暨中国数学发展战略研讨会
2010.6 北京

  研究成果获国家省部级以上成果奖 10 项,发表学术论文 300 多篇,其中 SCI 检索 200 多篇,被 SCI 期刊源文章引用 400 多次,被中国科技期刊源文章引用 460 多次。出版著作 10 部。主持 12 个国际会议，应邀在 9 个国际学术会议上作大会报告。主持国家自然科学研究基金面上项目 16 项，是国家基础研究"攀登计划"项目"大规模科学与工程计算理论和方法"和国家基础重大研究项目（973 计划项目）"大规模科学计算的研究"主要研究者。

获奖情况：

1978 年　被评为陕西省先进科技工作者

1988 年　获得西安交通大学研究生教育荣誉证书

1989 年　获得陕西省科技系统首届优秀科技工作者称号

1993 年　荣获西安交通大学优秀教师称号

2002 年　获宝钢优秀教师奖

2002 年　西安交通大学首届伯乐奖

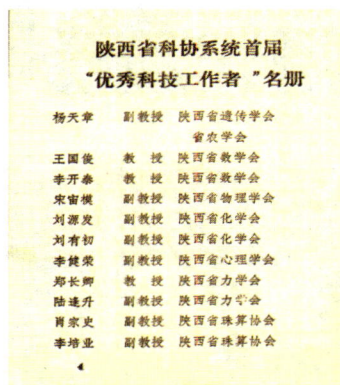
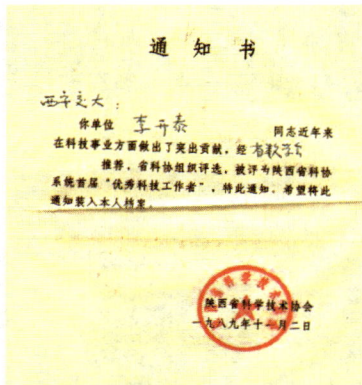
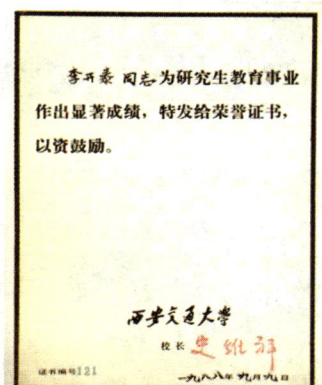

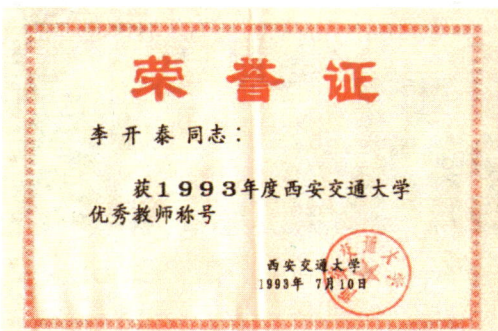
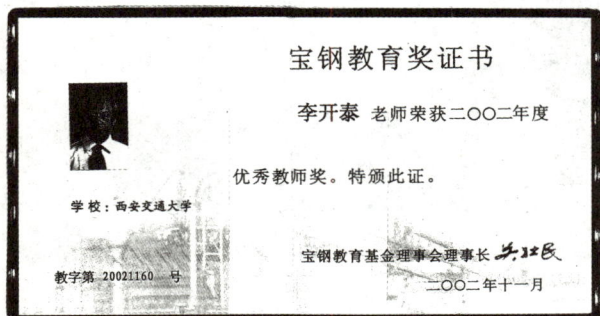

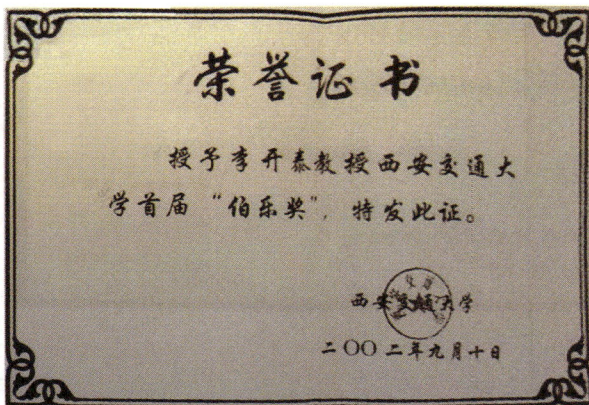

研究成果获得省部级以上奖 11 项：

序号	项目名称	奖项	时间	获奖人
1	潜艇增压柴油机压力波计算	陕西省科学大会奖	1978 年	李开泰,蒋德明,钱树基(兴平 408 厂)
2	多层介质电场有限元分析	陕西省科技成果奖三等奖	1980 年	黄艾香,李开泰,黄庆怀
3	叶轮机械内部三元流动有限元解	机械工业部科技成果奖三等奖	1981 年	李开泰,黄艾香
4	有限元方法及其应用软件	国家教委科技进步奖二等奖	1986 年	李开泰,黄艾香,黄庆怀
5	核反应堆物理计算和核燃料管理	国家教委科技进步奖二等奖	1991 年	黄艾香,黄庆怀,游兆永,汤裕仁,堵柱国(核工业部第二设计研究院),李开泰
6	Navier-Stokes 方程分歧理论及其数值计算	陕西省科技进步奖一等奖	1991 年	李开泰,黄艾香,每甄,游兆永
7	节点展开法的数学基础	陕西省教委科技进步奖二等奖	1991 年	黄艾香,李开泰,张波,陈安平
		西安交通大学科技成果奖一等奖	1987 年	
8	有限元边界元耦合方法及其应用	陕西省教委科技进步奖二等奖	1993 年	李开泰,何银年

序号	项目名称	奖项	时间	获奖人
9	流动问题中稳定性、分歧问题及其高性能算法	陕西省科学技术奖二等奖	2002年	李开泰,何银年,黄艾香,侯延仁,刘之行,李东升,王立周
10	建立在惯性流形基础上Navier-Stokes方程和湍流新算法的研究	国家自然科学奖教育部提名二等奖	2003年	李开泰,何银年,侯延仁,黄艾香
11	流体固壁边界形状最优控制理论和方法	陕西省高等学校科学技术奖一等奖	2013年	晏文璟,苏剑,李开泰

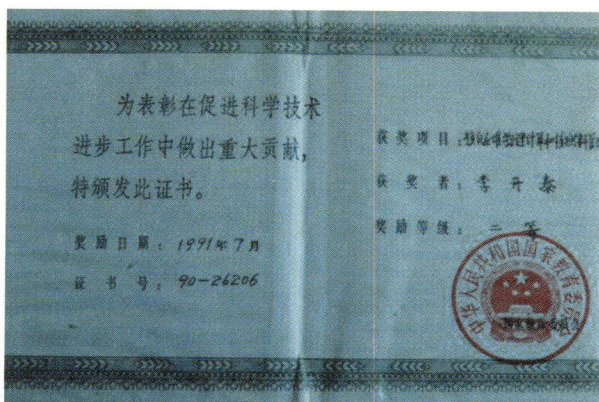

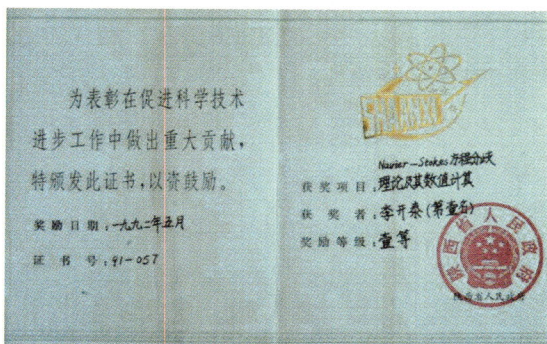

李开泰获奖证书

出版著作：

（1）李开泰.重大装备中问题驱动的应用数学理论和方法.西安交通大学出版社,2008,6.

（2）李开泰,黄艾香,黄庆怀.有限元方法及其应用.科学出版社,2007,1;西安交通大学出版社,1984,1988,1993.

（3）李开泰,黄艾香.张量分析及其应用.科学出版社,2004.7;西安交通大学出版社,1984.

（4）Li Kaitai,J. Marsden,M. Golubisky,G. Iooss. Proceedings of the International Conference on Bifurcation Theory and its Numerical Analysis,Xian Jiaotong University Press,1988.

（5）李开泰,马逸尘.广义函数和 Sobolev 空间.西安交通大学出版社,

1990,2009.

（6）李开泰，马逸尘. 数学物理方程 Hilbert 空间方法. 科学出版社，2007；西安交通大学出版社，1990.

（7）钟万勰，李开泰. 有限元理论与方法（第三分册）. 科学出版社，2009.

（8）Zhangxin Chen，Shui-Nee Chow，Kaitai Li. Bifurcation Theory and its Numerical Analysis—Proceedings of the 2nd International Conference on Bifurcation Theory and its Numerical Analysis，Singapore：Springer-Verlag，1999.

（9）李开泰，黄艾香. Navier-Stokes 方程边界形状控制和维数分裂方法及其应用. 科学出版社，2013.

（10）Li Kaitai，Huang Aixiang，Huang Qinghuai. Finie Element Methods and Applications，Alpha-Science Press（UK），Science Press of China，2015.

国家级科研项目：

名称（编号）	来源与级别	主持/参与	起止时间
有限元及其软件（1820427）	国家自然科学基金面上项目	主持	1982—1985
有限元方法的新结构及其在中子扩散方程中的应用（84）	国家自然科学基金面上项目	参与	1984—1985
透平机械内部三元粘性流动（85055）	国家自然科学基金面上项目	主持	1985—1988
三维可压和不可压 Navier-Stokes 方程的并行算法（18972053）	国家自然科学基金面上项目	主持	1989—1991
三维透平流动非线性 Galerkin 方法和叶轮最佳设计（58076260）	国家自然科学基金面上项目	主持	1991—1993
计算流体力学软件包（8502）	教育部博士学科点专项科研基金项目	主持	1985—1988
无电极发电 CAD 和数学模型（8869801）	国家教委博士点基金项目	主持	1987—1990

名称（编号）	来源与级别	主持/参与	起止时间
大规模科学与工程计算的理论和方法	国家基础研究"攀登计划"项目	主要研究者	1992—1998
大规模科学计算的研究（G1999032801-07）	国家重点基础研究发展计划	主要研究者	1999—2004
N-S方程和湍流结构（19272052）	国家自然科学基金面上项目	主持	1993—1995
N-S方程的分形几何和湍流的数学理论	国家科委基础研究项目	主持	1993—1996
近似惯性流形及相关算法（19671067）	国家自然科学基金面上项目	主持	1996—1998
关于N-S方程惯性流形算法的研究（19971067）	国家自然科学基金面上项目	主持	2000.1—2002.12
叶轮机气动力学新一代反命题和优化设计研究（50136030）	国家自然科学基金重点项目	参与	2002—2005
潜射导弹水下和出水时固体表面应力分析,流体固体耦合的动力稳定性分析和计算（10571142）	国家自然科学基金面上项目	主持	2006.1—2008.12
三维可压和不可压旋转 Navier-Stokes 方程维数分裂方法（10971165）	国家自然科学基金面上项目	主持	2010.1—2012.12
关键部件高强度大构件保质设计制造技术（2011CB706505）的压缩机内部三维流动算法和叶片几何形状最优控制	国家重点研究发展计划	参与	2011—2016

（以下信息来自国家自然科学基金委员会数学物理科学部档案）

序号	主持/参与	项目批准号	申请代码	项目名称	资助类型	负责人	依托单位	起止时间
1	参与	11371289	A011701	黑洞吸积流求解的多尺度有限元方法及怪波现象研究	面上项目	梅立泉	西安交通大学	2014.1.1—2017.12.31
2	参与	11371288	A011701	叶轮叶片与飞机翼型的最优形状控制问题新的理论和方法研究	面上项目	晏文璟	西安交通大学	2014.1.1—2017.12.31
3	参与	91330116	F020305	基于格子 Bolt-zmann 方法的大规模可扩展并行计算研究	重大研究计划	张武	上海大学	2014.1.1—2016.12.31
4	主持	10971165	A011702	三维可压和不可压旋转 N-S 方程的维数分裂方法	面上项目	李开泰	西安交通大学	2010.1.1—2012.12.31
5	主持	10571142	A0117	潜射导弹水下和出水时固体表面应力分析，流体固体耦合的动力稳定性分析和计算	面上项目	李开泰	西安交通大学	2006.1.1—2008.12.31
6	主持	19272052	A020401	Navier-Stokes 方程和湍流结构	面上项目	李开泰	西安交通大学	1993.1.1—1995.12.31
7	主持	18972053	A020415	三维可压和不可压 N-S 方程并行计算	面上项目	李开泰	西安交通大学	1990.1.1—1992.12.31
8	主持	11026021	A0108	应用数学讲习班	专项基金项目	李开泰	西安交通大学	2010.5.1—2010.12.1

序号	主持/参与	项目批准号	申请代码	项目名称	资助类型	负责人	依托单位	起止时间
9	主持	A0224039		ICM2002 第 24 届世界数学家大会,西安卫星会议	专项基金项目	李开泰	西安交通大学	2002.10.1—2002.12.31
10	主持	10410101044	A011702	N-S 方程理论和计算	国际(地区)合作与交流项目	李开泰	西安交通大学	2004.6.18—2004.7.13
11	主持	10810301022	A0103	模型和模拟国际会议	国际(地区)合作与交流项目	李开泰	西安交通大学	2008.7.9—2008.12.12
12	主持	10610101058	A0117	潜射导弹水下和出水时固体表面应力分析,流体固体耦合的动力稳定性分析和计算	国际(地区)合作与交流项目	李开泰	西安交通大学	2006.11.25—2006.12.23
13	主持	10910301040	A0117	2009 年国际应用数学与计算数学研讨会	国际(地区)合作与交流项目	李开泰	西安交通大学	2009.8.1—2009.12.05
14	主持	10710101082	A0117	非线性弹性壳体的数学理论和有限元数值计算	国际(地区)合作与交流项目	李开泰	西安交通大学	2007.7.21—2007.8.3

252

序号	主持/参与	项目批准号	申请代码	项目名称	资助类型	负责人	依托单位	起止时间
15	主持	10711320250	A011701	地球科学中的数值计算方法国际研讨会	国际（地区）合作与交流项目	李开泰	西安交通大学	2007.7.5—2007.7.7
16	主持	10510201011	A011703	2005 年亚洲推进与动力联会	国际（地区）合作与交流项目	李开泰	西安交通大学	2005.1.25—2005.3.30
17	主持	10510101172	A011703	N-S 方程理论和计算	国际（地区）合作与交流项目	李开泰	西安交通大学	2005.9.1—2005.9.30
18	主持	10210201002	A01	第二届世界华人数学大会	国际（地区）合作与交流项目	李开泰	西安交通大学	2001.12.17—2002.1.7
19	主持	10010043		流动问题中的有限元	国际（地区）合作与交流项目	李开泰	西安交通大学	2000.1.1—2000.12.31
20	参与	10426027	A0108	一类拟线性椭圆型方程的解及其渐近行为的研究	专项基金项目	张正策	西安交通大学	2005.1.1—2005.12.31
21	参与	50136030	E060202	叶轮机气动力学新一代反命题和优化设计的研究	重点项目	刘高联	上海大学	2002.1.1—2005.12.31

序号	主持/参与	项目批准号	申请代码	项目名称	资助类型	负责人	依托单位	起止时间
22	参与	10101020	A011701	N-S方程新型近似惯性流形构造及相应高效并行算法研究	青年科学基金项目	侯延仁	西安交通大学	2002.1.1—2004.12.31
23	参与	40375010	D0503	干涉法大气风场被动探测技术研究	面上项目	张淳民	西安交通大学	2004.1.1—2006.12.31
24	参与	10771167	A011701	地球外核磁流体流动问题的谱方法研究和数值计算	面上项目	徐忠锋	西安交通大学	2008.1.1—2010.12.1

下面是部分文件。

通　知

董仲怡 教授：

国家基础性研究重大关键项目"大规模科学与工程计算的方法和理论"已经启动。该项目课题划分情况如下：

课题序号、名称　　　　　　　　　课题组长/副组长

1. 动力系统与计算方法　　　　　　秦孟兆
2. 偏微分方程计算方法及其理论　　滕振寰/郭本瑜
3. 计算流体力学　　　　　　　　　李德元/郑华盛　季仲贞
4. 有限元与结构力学方法　　　　　石钟慈/林　群　周天孝
5. 蒙于化学计算方法　　　　　　　江源生/黎乐民
6. 代数与优化计算方法　　　　　　蒋尔雄/袁亚湘

该项目予期的成果是在所列各课题的研究领域中站在国际前沿，做出高水平的成果。你已被项目专家委员会评定为第 2 课题的主要研究人员之一，科研经费暂定为每年一万元。

请迅速按所附表格格式拟定科研计划一式两份，9月30日前分别寄到中科院计算中心业务处和你所在课题的课题组长，课题组长据此写出课题申请书一式两份，在10月15日前寄到中科院计算中心业务处。同时将你单位名称、账号等一并寄回。

"大规模科学与工程计算的方法和理论"专家委员会
首席科学家：冯　康
成　员　石钟慈　曾庆存　周毓麟　应隆安
　　　　郭本瑜　蒋尔雄　周天孝　宁玉田

注：管理实施细则待发
中科院计算中心业务处通讯地址：北京2719信箱　邮码100080
附：科研计划格式：

项目名称：大规模科学与工程计算的方法和理论
课题名称：
一．研究内容和意义　　　二．国内外现状及发展趋势
三．拟采取的研究方法　　四．现有工作基础
五．研究计划进度安排
六．本人情况（年龄、职称、业务专长、为本课题工作时间(%)等)

71004901－170－14

国家自然科学基金资助项目批准通知

西安交通大学　李开泰同志：

　　根据《国家自然科学基金条例》的规定和专家评审意见，国家自然科学基金委员会决定资助您的申请项目。请您登录科学基金项目管理 ISIS 网络信息系统（https://isis.nsfc.gov.cn）获取《国家自然科学基金资助项目研究计划书》（以下简称计划书）。您登录该系统的用户名和密码以电子邮件方式发送至您在申请书中填写的电子邮箱。

　　请您按照本通知的研究期限、资助金额和修改意见填写计划书，要求纸质原件（一式两份）和电子文档同时报送（请保证电子文档和纸质文件内容一致）。电子文档由申请者上传到科学基金网络信息系统（https://isis.nsfc.gov.cn），或用电子邮件发送到：report@pro.nsfc.gov.cn 信箱。 电子文档报送截止日期为9月25日；纸质原件送所在单位审核盖章后，由依托单位在9月25日前统一报送；如对批准意见有异议，须在上述日期前提出；未说明理由逾期不报计划书者，视为自动放弃接受资助。

附：批准意见表（见背面）

批准科学基金资助项目的通知

（82）科基金由文准字第370号

西安交大科研处转

李开泰 同志：

您提出的科学基金申请，经科学家同行评议和有关学部科学基金组审查，同意给予资助。请按照右列批准意见制订具体研究工作计划（一式两份），并填写拨款申请书，尽速报来。如有不同意见，可在一个月内向我会提出。研究工作计划与拨款申请书格式附后。

一九八二年　月　日

国家自然科学基金
资助项目批准通知

李开泰 同志，

您提出的科学基金申请，经同行专家评议，有关学科评审组评审，国家自然科学基金委员会批准，同意给予资助。请按附去的批准意见，填报《国家自然科学基金资助项目研究计划》一式三份，务于11月□日前报来。如有不同意见，可在此限期内提出。逾期不报又不说明理由者，视为自动放弃接受资助。凡接受资助的项目负责人及其所在单位，均应执行国家自然科学基金委员会的各项规定，按时报送有关报告和统计资料。资助经费必须专款专用。受资助期间取得的研究成果应按我会有关规定管理，有关论著应标注"国家自然科学基金资助项目"。

附：1.资助项目批准意见表
　　2.资助项目研究计划（格式）
　　3.资助项目年度进展情况报告（格式）
　　4.资助项目研究工作总结（格式）
　　5.资助项目研究成果登记表（格式）

请于11月15日前将表填好连资料报送

一九□二年　月　日

71004901－170－14

国家自然科学基金资助项目批准通知

西安交通大学　李开泰同志：

　　根据《国家自然科学基金条例》的规定和专家评审意见，国家自然科学基金委员会决定资助您的申请项目。请您登录科学基金项目管理 ISIS 网络信息系统（https://isis.nsfc.gov.cn）获取《国家自然科学基金资助项目研究计划书》（以下简称计划书）。您登录该系统的用户名和密码以电子邮件方式发送至您在申请书中填写的电子邮箱。

　　请您按照本通知的研究期限、资助金额和修改意见填写计划书，要求纸质原件（一式两份）和电子文档同时报送（请保证电子文档和纸质文件内容一致）。电子文档由申请者上传到科学基金网络信息系统（https://isis.nsfc.gov.cn），或用电子邮件发送到：report@pro.nsfc.gov.cn 信箱。 电子文档报送截止日期为9月25日；纸质原件送所在单位审核盖章后，由依托单位在9月25日前统一报送；如对批准意见有异议，须在上述日期前提出；未说明理由逾期不报计划书者，视为自动放弃接受资助。

附：批准意见表（见背面）

国家自然科学基金
资助项目批准意见表

申请者	李开泰	项目编号	192720053
项目名称	三维方程和稀疏 Navier—Stokes 方程数值计算		
工作单位	西安交通大学		
资助金额	4.0 万元	资助起止年月	1990年01月—1992年八月

对申请书的修改意见:

无

刀字处

国家自然科学基金
资助项目批准意见表

项目编号	19272052
项目名称	Navier—Stokes 方程和湍流结构
项目负责人	李开泰	所在单位	西安交通大学
资助金额	6.0 万元	起止年月	1993年1月—1995年12月

与申请书的验收意见

关于 1996 年度数理科学部
基金项目评审会议的第一轮通知

李开泰 先生:

您已被聘为我委第六届学科评审组成员,任期两年。您将参加数理科学基金项目评审和成果评议等工作。

我学部 1996 年度基金项目评审会定于 7 月 10 日~19 日在山西太原举行。本次会议除评审各类基金项目外,还将讨论"九五"期间重大、重点项目的安排等事宜。

根据我委有关回避制度的规定,凡当年在其评审组所在科学部(组)有作为第一申请人的申请项目时,不出席当年该科学部(组)的评审会议。您今年有申请项目,故不能参加今年的评审会议。您有什么问题,请与我们联系。

联系人: 岳忠厚 李西云

电 话: (01)2019591

通讯地址: 北京海淀区花园北路 35 号东门 100083

国家自然科学基金委员会
数理科学部
96 年 4 月 15 日

国家自然科学基金资助项目批准通知

西安交通大学 科研处转 李开泰 同志:

经同行专家评议、评审,国家自然科学基金委员会批准资助您的申请项目,请您登录基金项目管理 ISIS 网络信息系统(https://isis.nsfc.gov.cn),获取《国家自然科学基金委员会资助项目计划书》(以下简称计划书)。《国家自然科学基金委员会以电子邮件方式将登录系统的用户名和密码发送到您在申请书中填写的电子邮箱》。

请您按照本通知的研究期限、资助金额和修改意见填写计划书,要求纸质原件(一式两份)和电子文档同时报送,纸质原件送所在单位审核盖章后,由单位在 10 月 25 日之前统一寄至我科学部,电子文件由申请者上载到基金项目管理 ISIS 网络信息系统(https://isis.nsfc.gov.cn),或用电子邮件方式送到,report@pro.nsfc.gov.cn,如对批准意见有异议,须在上述日期前提出。未说明理由而逾期不报者,视为自动放弃接受资助,请保证纸质原件和电子文档内容一致。

国家自然科学基金委员会
数理科学部
2005 年 9 月 22 日

附: 批准意见表

项目批准号	10571142	归口管理部门		数理科学部	资助领域分类代码	A0103
项目名称	微射导弹水下和出水时固体表面应力分析,流体固体耦合的动力稳定性分析和计算					
资助类别	面上项目	亚类说明		自由申请项目		
附注说明						
项目负责人	李开泰	依托单位		西安交通大学		
资助金额	28 万元	研究期限		2006 年 01 月 至 2008 年 12 月		

对研究方案的修改意见:

黄艾香

性别:女

民族:汉族

出生日期:1935 年 6 月

出生地点:福建省上杭县

职务和职称:西安交通大学数学与统计学院教授

主要学术经历:

1952—1956　就读于北京师范大学数学系

1956—1977　西安交通大学助教

1978—1984　西安交通大学讲师

1984—　　　先后十几次应邀到美、加、法、德、日、巴西、泰国、新加坡及香
　　　　　　港、台湾、澳门等国家和地区的有关大学、研究单位讲学和合
　　　　　　作研究

1985—　　　西安交通大学理学院副教授

1985—　　　西安交通大学理学院教授

1992—　　　享受国务院政府特殊津贴

1995—　　　西安交通大学软件开发研究所所长

重要学术任(兼)职或重要学术刊物等的任职:

郑州大学兼职教授

龙岩学院客座教授

中国计算数学学会常务理事

陕西省计算数学学会理事长

西北地区计算数学学会负责人

现任陕西计算数学学会名誉理事长

中国科学出版社顾问

黄艾香教授主要从事工程问题中的计算数学和应用数学研究，发表论文 107 篇，其中 SCI 或 EI 检索 40 余篇，出版专著 4 本，主持和参加国家自然科学基金项目 14 项，其中主持有 6 项，横向课题 6 项（4 项为第一负责人）。研究成果有 16 项获得省部级和校级科研成果奖与科技进步奖，其中有理论成果也有相应的大型计算软件，获得了较好的经济效益和社会效益。例如，所建立的核燃料管理数学模型和研制的 FEMJS 软件，被国际原子能机构采用进行国际交流并由我国核工业总公司有偿转让给巴基斯坦。巴基斯坦将其用于 KANUPP 核电站进行了实算，对该程序的计算技巧、计算精度、运算速度都十分赞赏和满意。又如 1980 年研制的分层介质三维电场数值分析大型程序，为西安变压器电炉厂节约进口高压引线成型绝缘件 7 套（约 15 万美元），净增产值 2450 万元，增收利税 49 万元。

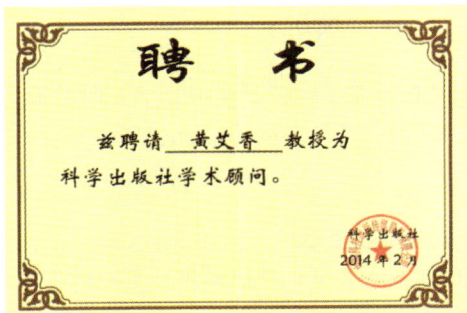

黄艾香教授为研究生、本科生开设过"偏微分方程现代数值方法""有限元方法数学理论"等十几门专业课程，培养硕士及博士研究生 60 余人，被学生评为信得过的教师，且多次荣获先进工作者、先进科技工作者称号。已被国际传记中心列入"世界知识分子名人录"，并被美国传记研究所委任为该所董事会顾问。

获奖情况：

1986 年 西安交通大学先进工作者

1991 年 西安交通大学先进科技工作者

1993 年 西安交通大学研究生教育荣誉证书

部分证书、软件开发研究所所长任命和教授资格批件

科研成果获各部委、省级以上奖项：

序号	项目名称	奖项	时间	获奖人排序
1	分层介质三维电场有限元解及其在变压器引出线端电场分布的应用	陕西省科技成果奖三等奖	1980 年	第一完成人
2	复合层介质电场分布有限元分析	陕西省科技成果奖三等奖	1980 年	第二完成人
3	叶轮机械内部三元流动有限元解	机械工业部科技成果奖三等奖	1981 年	第二完成人

序号	项目名称	奖项	时间	获奖人排序
4	有限元方法及其应用软件	国家教委科学进步奖二等奖	1986 年	第二完成人
5	核反应堆物理计算和核燃料管理	国家教委科技进步奖二等奖	1991 年	第一完成人
6	N-S 方程分歧理论及其数值计算	陕西省科技进步奖一等奖	1991 年	第二完成人
7	节点展开法的数学基础	陕西省教委科技进步奖二等奖	1991 年	第一完成人
8	流动问题中稳定性、分歧及其高性能算法	陕西省科技进步奖二等奖	2002 年	第三完成人
9	建立在惯性流形基础上 N－S 方程和湍流新算法的研究	国家自然科学奖教育部提名二等奖	2003 年	第四完成人

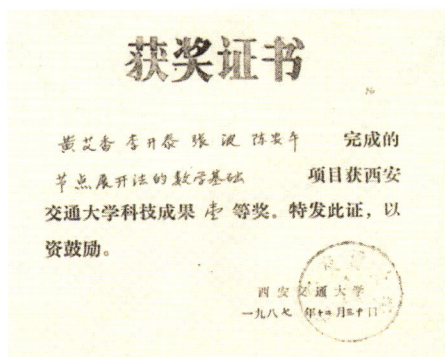

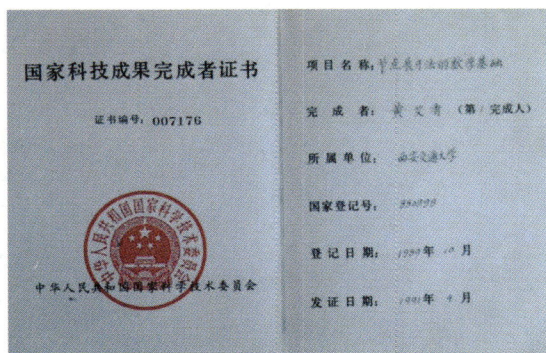

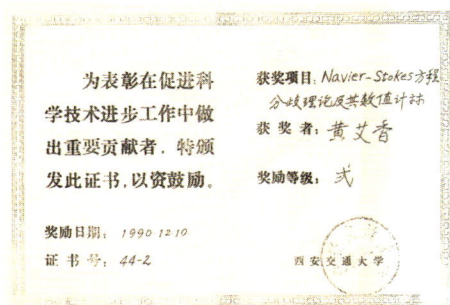

部分获奖证书

260

陕西省教育委员会科学技术进步奖

获 奖 证 书

获奖项目：Navier-Stokes 方程分岐理论及其数值计算
获奖等级：壹 等
获奖单位：西安交通大学
获奖人员：黄艾香 （第式 完成人）
项目编号：GJ010003

陕西省教育委员会
一九九一年十月十日

陕西省教育委员会科学技术进步奖

获 奖 证 书

获奖项目：节点展开法的数学基础
获奖等级：式 等
获奖单位：西安交通大学
获奖人员：黄艾香 （第壹完成人）
项目编号：GJ010002

陕西省教育委员会
一九九一年十月十日

为表彰在促进科学技术
进步工作中做出重大贡献，
特颁发此证书，以资鼓励。

奖励日期：一九九二年五月
证 书 号：91-058

Navier-Stokes方程分岐
获奖项目：理论及其数值计算
获 奖 者：黄艾香（第壹名）
奖励等级：壹等

为表彰在促进科学
技术进步工作中做出重
要贡献者，特颁发此证
书，以资鼓励。

奖励日期：1999 年 10 月
证 书 号：99004-02

获奖项目：流动稳定性、分岐问题
及其高性能算法
获 奖 者：黄艾香
奖励等级：一等奖

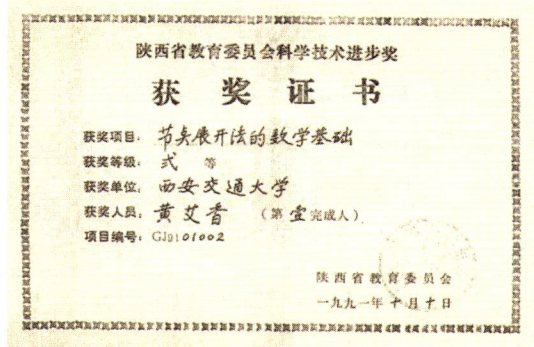

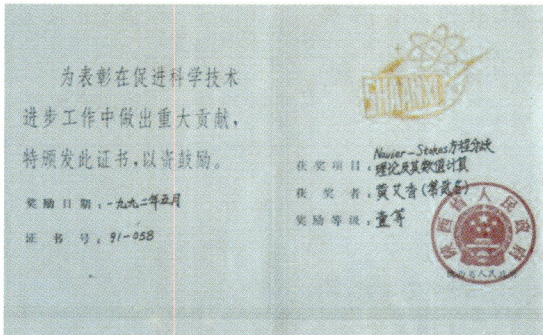

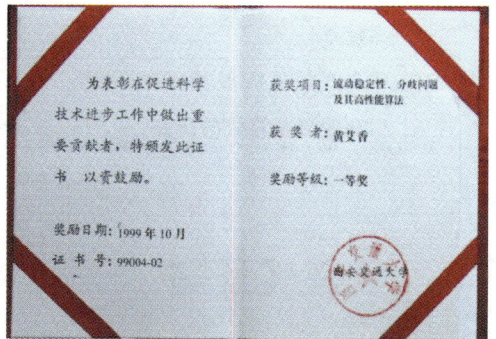

部分获奖证书

国家科学技术奖励推荐书

（适用于国家自然科学奖、技术发明奖、科技进步奖）

一、项目基本情况

	中文	建立在惯性流形基础上 Navier-Stokes 方程和湍流算法的研究
项目名称	英文	Study of the New Algorithms Based on the Inertial Manifolds for the Navier-Stokes Equations and Turbulence

陕西省科技进步奖推荐书

一、项目基本情况

	中文	流动问题中稳定性、分岐及其高性能算法
项目名称	英文	Stability、Bifurcation and High Performance Algorithms in Flow Problem

003

002

出版著作：

(1)李开泰,黄艾香,黄庆怀.有限元方法及其应用.科学出版社,2007,1;西安交通大学出版社,1984,1988,1993.

(2)李开泰,黄艾香.张量分析及其应用.科学出版社,2004.7;西安交通大学出版社,1984.

(3)黄艾香,周天孝.有限元理论与方法(第一分册).科学出版社,2009.

(4)李开泰,黄艾香.Navier-Stokes 方程边界形状控制和维数分裂方法及其应用.科学出版社,2013.

(5)Li Kaitai,Huang Aixiang,Huang Qinghuai. Finie Element Methids and Applications;Alpha-Science Press(UK),Science Press of China,2015.

国家自然科学基金项目：

序号	主持/参与	项目批准号	申请代码	项目名称	资助类型	负责人	依托单位	起止时间
1	参与	11571223	A011701	聚合物凝胶非线性分析的维数分裂-无网格方法	面上项目	程玉民	上海大学	2016.1.1—2019.12.31
2	参与	11271234	A0117	非线性问题的高精度自适应数值流形方法及其误差理论研究	面上项目	魏高峰	齐鲁工业大学	2013.1.1—2016.12.31
3	参与	11171208	A0117	大跨空间结构非线性分析的无网格方法及其误差估计	面上项目	程玉民	上海大学	2012.1.1—2015.12.31
4	参与	10971165	A011702	三维可压和不可压旋转 N-S 方程的维数分裂方法	面上项目	李开泰	西安交通大学	2010.1.1—2012.12.31

序号	主持/参与	项目批准号	申请代码	项目名称	资助类型	负责人	依托单位	起止时间
5	主持	10410401033	A01	非定常 N-S 方程全离散分层算法研究	国际（地区）合作与交流项目	黄艾香	西安交通大学	2004.7.13—2004.8.13
6	主持	10510401142	A011703	求解 N-S 方程的有效性	国际（地区）合作与交流项目	黄艾香	西安交通大学	2005.7.6—2005.8.6
7	主持	59076260	E0602	透平三维湍流非线性 Galerkin 方程与叶片最佳设计	面上项目	黄艾香	西安交通大学	1991.1.1—1993.12.31
8	主持	19671067	A011701	内流问题近代算法的研究	面上项目	黄艾香	西安交通大学	1997.1.1—1999.12.31
9	主持	10610101016	A011701	偏微分方程数值解	国际（地区）合作与交流项目	黄艾香	西安交通大学	2006.4.20—2006.5.20

马逸尘

性别：男

出生年月：1943 年 9 月

职务、职称：西安交通大学数学与统计学院教授

主要学术经历：

1961—1966　西安交通大学应用数学系本科

1978—1981　西安交通大学计算数学硕士研究生

1982—　　　西安交通大学，助教，讲师，副教授，教授，博士生导师，曾任数学系计算数学实验室主任

1985 年 9 月—1986 年 9 月　德国波恩大学进修

1996 年 4 月—1997 年 4 月　德国波恩大学访问学者

马逸尘教授的研究主要为有限元方法及其在物理学、力学和工程中的应用，偏微分方程数值解，特别是数学物理反问题，流体边界几何形状最优控制等。在国内外期刊上发表学术论文 98 篇，出版专著 3 本。研究成果有一项获 2003 年国家自然科学奖教委提名二等奖，以及陕西省教委科技进步奖和西安交通大学成果奖。

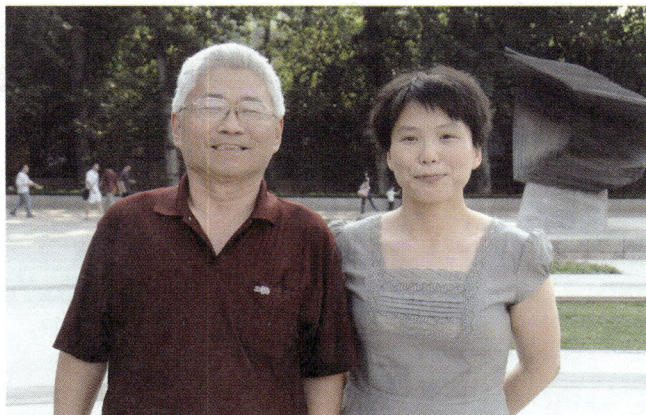

马逸尘教授与学生

获奖情况：

建立在惯性流形基础上 N-S 方程和湍流新算法的研究

国家自然科学奖教育部提名二等奖，2003 年；李开泰，何银年，侯延仁，黄艾香，李东升，马逸尘，王立周，梅立泉

出版著作：

（1）李开泰，马逸尘. 广义函数和 Sobolev 空间. 西安交通大学出版社，1990，2009.

（2）李开泰，马逸尘. 数学物理方程 Hilbert 空间方法. 科学出版社，2007. 西安交通大学出版社，1990.

（3）马逸尘，梅立泉，王阿霞. 偏微分方程现代数值方法. 科学出版社，2005.

科研项目：

名称（编号）	来源与级别	主持/参与
三维叶轮叶片形状反问题研究（10371038）	国家自然科学基金项目	主持
流体中形状优化的算法研究（10671153）	国家自然科学基金项目	主持

刘之行

性别:男

出生年月:1945 年 5 月

籍贯:重庆市万州区

职务和职称:西安交通大学数学与统计学院教授

主要学术经历:

1963—1968.12	西安交通大学计算数学专业学习（本科）
1970.4—1978.6	陕西省泾阳县云阳中学任教
1978.6—1979.9	陕西省咸阳师范专科学校任教
1979.9—1982.3	西安交通大学计算数学专业硕士研究生
1982.3—2005.7	西安交通大学理学院任教
1983.7	西安交通大学理学院讲师
1987.9	计算物理研究室副主任
1990.12	西安交通大学理学院副教授
1991.6—1994.6	接受美国科罗拉多大学丹佛分校数学系邀请,赴美做合作研究工作
1995.5	科学计算系副主任
1999.7	西安交通大学理学院教授

获奖情况:

流动问题中稳定性、分歧及其高性能算法

陕西省科技进步二等奖,2002 年;李开泰,何银年,黄艾香,侯延仁,刘之行,李东升,王立周

教学工作:

自 1983 年以来,主讲过的本科生课程有:高等数学,线性代数,程序设计语言,偏微分方程数值解等;主讲过的研究生课程有:计算方法,有限元方法及程序设计,边界元方法及软件等。

何银年

性别:男

民族:汉族

出生时间:1953 年 7 月

出生地点:陕西省

职位和职称:西安交通大学数学与统计学院教授

主要学术经历:

1978.3—1982.1　　　陕西师范大学数学系学士

1983.9—1986.3　　　西安交通大学数学系硕士

1989.9—1992.12　　　西安交通大学能源系博士

1982.1—1983.8　　　陕西商洛师范专科学校数学科教师

1986.4—1987.4　　　西安矿业学院基础部助教

1987.5—1989.8　　　西安邮电学院基础部讲师

1992.12—1996.6　　　西安交通大学理学院讲师

1996.7—2001.6　　　西安交通大学理学院副教授

2001.7—　　　　　　西安交通大学理学院教授

2004—　　　　　　　享受国务院政府特殊津贴

出访经历(总计 3 年 8 个月):

序号	时间	地点	邀请人
1	1997.2—1998.3	荷兰埃因霍温理工大学	R. M. M. Mattheij
2	2000.4—2000.7	加拿大阿尔伯塔大学	Yanping Lin
3	2001.4—2001.7	香港城市大学	K. M. Liu
4	2002.7—2002.12	美国印第安纳大学	R. Temam
5	2003.1—2003.1	美国田纳西大学	Xiaobing Feng
6	2004.2—2004.4	香港城市大学	Weiwei Sun
7	2005.4—2005.5	香港浸会大学	Tao Tang
8	2005.7—2005.8	香港城市大学	Weiwei Sun
9	2006.6—2006.8	香港城市大学	Weiwei Sun
10	2008.1—2008.7	美国堪萨斯大学	Weizhang Huang

重要学术任（兼）职或重要学术刊物等的任（兼）职：

陕西省数学学会常务理事

新疆大学"天山学者"讲座教授

《数值计算与计算机应用》编委

《计算物理》编委

《西安交通大学学报》编委

《理论数学》编委

中国科学出版社《科学计算及其软件教学丛书》编委

《高校计算数学学报》编委

Advances in Numerical Analysis 编委

Advances in Applied Mathematics and Mechanics 编委

何银年教授当选 2018 年爱思唯尔中国高被引学者

何银年教授从事有关 N-S 方程组、MHD 方程组及海洋流体动力学模型的有限元方法的理论和算法研究，取得很多好的理论和数值分析结果。在国内外杂志发表 SCI 文章 209 篇，其中 H 因子达 23，被 SCI 文章他引 1675 次，在计算数学类国际顶级期刊 *SIAM Journal on Numerical Analysis*，*SIAM Journal on Scientific Computing*，*Numerical Mathematics*，*Mathematics of Computation*，*Journal of Computational Physics*，*Computer Methods in Applied Mechanics and Engineering*，*IMA Journal of Numerical Analysis*，*International Journal for Numerical Methods in Engineering* 等上发表论文 29 篇，其中 4 篇入选近 10 年 ESI 高被引用论文榜。由于文章引用率高，2014—2018 年他连续 5 年入选"爱思唯尔中国高被引学者数学领域榜单"。获国家发明专利 1 项。连续主持国家自然科学基金项目 6 项，作为骨干成员参加"863 计划"项目 2 项、"973 计划"项目 1 项。2004 年 6 月，参加第四届中瑞计算数学国际会议，作 45 分钟的大会邀请报告。2007 年 7 月参加地球物理科学中的计算和应用国际会议，作 45 分钟的大会邀请报告。2008 年 8 月，参加第二届中日韩计算数学国际会议，作 40 分钟的大会邀请报告。2010 年 8 月，参加在韩国江陵召开的第三届中日韩计算数学国际会议，作 40 分钟大会邀请报告。

获奖情况：

序号	项目名称	奖项	时间	获奖人
1	有限元边界元耦合方法及其应用	陕西省教委科技进步奖二等奖	1993年	李开泰,何银年
2	流动问题中稳定性、分歧及其高性能算法	陕西省科学技术奖二等奖	2002年	李开泰,何银年,黄艾香,侯延仁,刘之行,李东升,王立周
3	建立在惯性流形基础上N-S方程和湍流新算法的研究	国家自然科学奖教育部提名二等奖	2003年	李开泰,侯延仁,何银年,黄艾香,李东升,马逸尘,王立周,梅立泉
4	复杂约束条件气液两相与多相流及传热研究	国家自然科学奖二等奖	2007年	郭烈锦,陈学俊,赵亮,郝小红,何银年
5	N-S方程多水平和稳定化算法研究	教育部自然科学奖二等奖	2011年	何银年
6	不可压缩流动高效数值方法研究及应用	陕西省科学技术奖一等奖	2016年	何银年,李剑

为表彰在促进科学技术进步工作中做出重大贡献，特颁发此证书。

获奖项目：Navier-Stokes方程多水平和稳定化算法研究

获 奖 者：何银年（第1完成人）

奖励等级：自然科学奖二等奖

奖励日期：2012年02月

证 书 号：2011-077

中华人民共和国

教 育 部

二〇一二年二月十日

科研项目：

名称（编号）	来源与级别	主持/参与	起止时间
面向千万亿次高效能计算机的大型流体机械整机非定常流动并行计算软件的研发及应用（2009AA01A135）	国家高技术研究发展项目（"863计划"项目）	数学分课题组长	2010.1—2010.12
"高性能科学计算研究"子课题"复杂流动问题的高性能算法研究"（2005CB321703）	国家重点基础研究发展计划项目（"973计划"项目）	第三课题组研究骨干	2008.1—2010.12
并行算法研究与实现（2001AA111042）	国家高技术研究发展项目（"863计划"项目）	课题组副组长	2001.10—2003.12
三维不可压缩 MHD 方程组的全离散隐式/显式差分有限元算法（11771348）	国家自然科学基金项目	参与	2018.1—2021.12
不同黏性的 N-S 方程的有限元迭代算法（11271298）	国家自然科学基金项目	参与	2013.1—2016.12
三维非定常 N-S 方程的隐/显式数值格式的研究（10971166）	国家自然科学基金项目	参与	2010.1—2012.12
N-S 方程数值逼近中的大时间步长方法（10671154）	国家自然科学基金项目	参与	2007.1—2009.12
非定常 N-S 方程全离散多层算法研究（10371095）	国家自然科学基金项目	参与	2004.1—2006.12

名称(编号)	来源与级别	主持/参与	起止时间
关于 N-S 方程惯性流形算法的研究(19971067)	国家自然科学基金项目	参与	2000.1—2002.12
关于 N-S 方程惯性流形算法的研究(教外司留[1999]747 号)	教育部留学回国人员基金项目	参与	2000.1—2002.12
黏性不可压缩流动的多层数值方法(2003A01)	陕西省自然科学基金项目	主持	2004.1—2006.12
湍流的数学理论及其有效算法的研究(99SL05)	陕西省自然科学基金项目	参与	2000.1—2002.12

侯延仁

性别:男

民族:汉族

出生时间:1969 年 11 月

职务和职称:西安交通大学数学与统计学院教授

主要学术经历:

1987—1991	西安交通大学应用数学学士
1991—1994	西安交通大学应用数学硕士
1994—1997	西安交通大学计算数学博士
1997—2001	西安交通大学理学院科学计算系助教,讲师
1999—2000	荷兰埃因霍温理工大学数学系博士后
2001—2004	西安交通大学理学院科学计算系副教授
2003	香港城市大学数学系高级副研究员
2004—	西安交通大学理学院科学计算系教授
2005—	西安交通大学理学院科学计算系博士生导师
2006	入选教育部"新世纪优秀人才支持计划"
2010	香港城市大学数学系研究员
2011	西安交通大学"腾飞人才"计划特聘教授
2011—2012	美国印第安纳大学数学系高级访问学者

重要学术任（兼）职或重要学术刊物等的任（兼）职：

中国计算数学学会常务理事

陕西省工业与应用数学学会常务理事

陕西省计算数学学会理事长

《高等学校计算数学学报》编委

主持多项国家自然科学基金项目：共发表（含已录用）学术论文 98 篇，其中 SCI 检索论文 80 篇；培养博士 12 名；主持国家自然科学基金项目（含在研）6 项，教育部博士点基金项目（博导类）1 项，参与"973 计划"项目"大规模科学计算研究"子课题的研究，参与"超高音速××××研究"的国防科研项目。研究成果获得国家自然科学奖教育部提名二等奖 1 次（第三完成人）、陕西省科学技术奖二等奖 2 次（第四及第一完成人各 1 次）。主要科研成果集中在以下方向。

1. N-S 方程高效稳定算法研究

针对耗散系统非线性 Galerkin 算法，给出了任意阶 Sobolev 空间中耗散系统非线性 Galerkin 算法的稳定性和最优误差估计，提出了基于时滞惯性流形的动态非线性 Galerkin 算法。另外，分析了 N-S 方程数值求解过程中大小涡分量误差随时间发展的不同表现，发现了大涡分量误差在一定程度上可由具有良好衰减性的小涡分量误差控制这一现象，提出了耗散系统小涡校正迭代算法，为任意给定时间区间上耗散系统数值解的一致误差控制提供了一种可行的计算方法。

注意到传统两水平算法中独立于非线性系统的大小涡空间的划分虽然很好地描述了大小涡分量的一些基本特征，但由于大小涡划分独立于非线性系统，因而必须通过求解具有强耦合的大小涡联立方程组来反映它们间相互作用这一非线性系统本质特征。从这一思路出发，针对定常以及非定常 N-S 方程构造了基于非线性系统的空间分解，得到了一种具有弱耦合特性的两水平算法。进一步，这种弱耦合两水平算法与傅里叶谱方法结合，可以得到一种具有稀疏系数矩阵的线性代数系统，这在一定程度上克服了谱方法实现过程中由于基函数没有紧支集而带来的巨大存储压力和计算效率较低的缺点。

针对大雷诺数定常 N-S 方程数值求解的变分多尺度算法，借助在研究稳定化有限元方法中使用的基于不同精度高斯积分差技巧来构造速度梯度投影,给出了一种等价的变分多尺度算法形式,避免了中间自由度的引入,大大提高了变分多尺度算法的计算效率。同时通过给出基于不同精度高斯积分差变分多尺度算法的局部后验误差估计,得到了自适应的变分多尺度算法。

2. 多物理场耦合问题两重网格解耦算法的研究

针对定常 Stokes/Darcy 以及 Navier-Stokes/Darcy 耦合模型,较为深入地研究了近年来提出的基于两重网格的有限元分离算法。特别地,针对带有 Beavers-Joseph-Saffman 交界面条件的定常 Stokes/Darcy 耦合问题两重网格有限元分离算法,第一次获得了该耦合问题两重网格有限元分离算法的最优误差估计,解决了自该算法提出以来数值实验显示算法具有最优收敛阶而理论分析结果比最优阶少 1/2 阶的问题。同时,研究了非定常的两种流体耦合以及磁流体方程的有限元分离算法,对已有文献中的误差估计做了改进。

3. 两重网格局部并行算法研究

在前人有关椭圆问题基于两重网格的局部并行算法研究基础上,分别借助线性叠加原理和单位分解有限元技术,分别构造了基于线性叠加原理和单位分解有限元方法的两种不同的椭圆方程两重网格局部并行有限元算法,并研究了这种并行算法的可扩展性,以适应当今超级并行计算机系统所提供的计算资源。

4. N-S 方程及相关方程吸引子的研究

首先针对某类无界区域上非自治二维 N-S 方程,在有关半过程的理论框架下,首次利用能量方程方法,证明了其一致吸引子的存在性,并平行于有界区域上非自治系统的结论,证明了具有拟周期外力的非自治系统的吸引子具有有限豪斯道夫维数,并给出了相应的维数估计。近年来,还对三维 N-S 方程解的长时间行为进行了一些初步的研究,得到了带有阻尼项的有界区域上自治系统吸引子的存在性,同时针对为研究三维 N-S 方程而给出的所谓 g-N-S 方程的长时间行为进行了比较系统的研究,在有关 Pullback 吸引子的理论框架下,研究了无界区域上自治和非自治 g-N-S 方程 Pullback 吸引子的存在性,完善了 g-N-S 方程解的渐近行为方面的研究。

获奖情况：

序号	项目名称	奖项	时间	获奖人排名
1	流动问题中稳定性、分歧及其高性能算法	陕西省科学技术奖二等奖	2002 年	第四完成人
2	建立在惯性流形基础上 N-S 方程和湍流新算法的研究	国家自然科学奖教育部提名二等奖	2003 年	第三完成人
3	N-S 方程高性能算法及长时间行为研究	陕西省科学技术奖二等奖	2015 年	第一完成人
		陕西高等学校科学技术奖一等奖	2013 年	

国家自然科学基金资助项目批准通知

西安交通大学　侯延仁同志：

根据《国家自然科学基金条例》的规定和专家评审意见，国家自然科学基金委员会决定资助您的申请项目。请您登录科学基金项目管理 ISIS 网络信息系统（https://isis.nsfc.gov.cn），获取《国家自然科学基金资助项目研究计划书》（以下简称计划书）。您登录该系统的用户名和密码已通过电子邮件方式发送至您在申请书中填写的电子邮箱。

请您按照本通知的研究期限、资助金额和修改意见填写计划书，要求纸质原件（一式两份）和电子文档同时报送（请保证电子文档和纸质文件内容一致）。电子文档由申请人上传到科学基金网络信息系统（https://isis.nsfc.gov.cn），或用电子邮件发送到：report@pro.nsfc.gov.cn 信箱，电子文档报送截止日期为9 月12 日；纸质原件送所在单位审核盖章后，由依托单位在9 月12 日前统一报送。

如对批准意见有异议，须在上述电子文档报关截止日期前提出；未说明理由逾期不报计划书者，视为自动放弃接受资助。

国家自然科学基金委员会
数理科学部
2008 年 9 月 5 日

附：批准意见表（见背面）　　　　　　　　　　12

关于国家自然科学基金资助项目批准及有关事项的通知

侯延仁　先生/女上：

根据《国家自然科学基金条例》的规定和专家评审意见，国家自然科学基金委员会（以下简称自然科学基金委）决定批准资助您的申请项目。项目批准号：11571274，项目名称：Navier-Stokes方程可扩展两重网格并行算法，直接费用：50.00万元，项目起止年月：2016年01月 至 2019年 12月，有关项目的评审意见及修改意见附后。

请尽早登录科学基金网络信息系统（https://isisn.nsfc.gov.cn），获取《国家自然科学基金资助项目计划书》（以下简称计划书）并按要求填写。对于有修改意见的项目，请按修改意见及时调整计划书相关内容；如对修改意见有异议，须在计划书电子版报送截止日期前提出。注意：请严格按照《国家自然科学基金资助项目资金管理办法》填写计划书的资金预算表，其中，劳务费、专家咨询费科目所列金额与申请书相比不得调增。

计划书电子版通过科学基金网络信息系统（https://isisn.nsfc.gov.cn）上传，由依托单位审核后提交至自然科学基金委进行审核。审核未通过者，退回修改后再行提交；审核通过者，打印为计划书纸质版（一式两份，双面打印），由依托单位审核并加盖单位公章后报送至自然科学基金委项目材料接收工作组，计划书电子版和纸质版内容应当保证一致。

向自然科学基金委提交和报送计划书截止时间节点如下：

1、提交计划书电子版截止时间为2015年9月11日16点（视为计划书正式提交时间）；

2、提交计划书电子修改版截止时间为2015年9月18日16点；

3、报送计划书纸质版截止时间为2015年9月25日16点。

请按照以上规定及时提交计划书电子版，并报送计划书纸质版，未说明理由且逾期不报计划书者，视为自动放弃接受资助。

附件：项目评审意见及修改意见

国家自然科学基金资助项目批准通知

西安交通大学　侯延仁同志：

根据《国家自然科学基金条例》的规定和专家评审意见，国家自然科学基金委员会决定资助您的申请项目。请您登录科学基金项目管理 ISIS 网络信息系统（https://isis.nsfc.gov.cn），获取《国家自然科学基金资助项目研究计划书》（以下简称计划书）。您登录该系统的用户名和密码以电子邮件方式发送至您在申请书中填写的电子邮箱。

请您按照本通知的研究期限、资助金额和修改意见填写计划书，要求纸质原件（一式两份）和电子文档同时报送（请保证电子文档和纸质文件内容一致）。电子文档由申请者上传到科学基金网络信息系统（https://isis.nsfc.gov.cn），或用电子邮件发送到：report@pro.nsfc.gov.cn 信箱，电子文档报送截止日期为9 月25 日；纸质原件送所在单位审核盖章后，由依托单位在9 月25 日前统一报送；如对批准意见有异议，须在上述日期前提出；未说明理由逾期不报计划书者，视为自动放弃接受资助。

国家自然科学基金委员会
数理科学部
2008 年 9 月 5 日

附：批准意见表（见背面）

侯延仁：　先生/女上：

根据《国家自然科学基金条例》的规定和专家评审意见，国家自然科学基金委员会（以下简称自然科学基金委）决定批准资助您的申请项目。项目批准号：11571274，项目名称：Navier-Stokes方程可扩展两重网格并行算法，直接费用：50.00万元，项目起止年月：2016年01月 至 2019年 12月。有关项目的评审意见及修改意见附后。

请尽早登录科学基金网络信息系统（https://isisn.nsfc.gov.cn），获取《国家自然科学基金资助项目计划书》（以下简称计划书）并按要求填写。对于有修改意见的项目，请按修改意见及时调整计划书相关内容；如对修改意见有异议，须在计划书电子版报送截止日期前提出。注意：请严格按照《国家自然科学基金资助项目资金管理办法》填写计划书的资金预算表，其中，劳务费、专家咨询费科目所列金额与申请书相比不得调增。

计划书电子版通过科学基金网络信息系统（https://isisn.nsfc.gov.cn）上传，由依托单位审核后提交至自然科学基金委进行审核。审核未通过者，退回修改后再行提交；审核通过者，打印为计划书纸质版（一式两份，双面打印），由依托单位审核并加盖单位公章后报送至自然科学基金委项目材料接收工作组，计划书电子版和纸质版内容应当保证一致。

向自然科学基金委提交和报送计划书截止时间节点如下：

1、提交计划书电子版截止时间为2015年9月11日16点（视为计划书正式提交时间）；

2、提交计划书电子修改版截止时间为2015年9月18日16点；

3、报送计划书纸质版截止时间为2015年9月25日16点。

请按照以上规定及时提交计划书电子版，并报送计划书纸质版，未说明理由且逾期不报计划书者，视为自动放弃接受资助。

附件：项目评审意见及修改意见

国家自然科学基金委员会

科研项目：

名称（编号）	来源与级别	主持/参与	起止时间
基于 Newton 法的 N-S 方程新型惯性算法研究（TY10126004）	数学天元基金项目	主持	2001.1—2003.12
大规模科学计算研究子课题（G1999032801－01－5）	973 计划项目	参与	2002.1—2004.12
N-S 方程新型近似惯性流形构造及相应高效并行算法研究（10101020）	国家自然科学基金项目	主持	2002.1—2004.12
建立在时滞惯性流形基础上的 N-S 方程高性能算法研究（10471110）	国家自然科学基金项目	主持	2005.1—2007.12
2006 年"新世纪优秀人才支持计划"基金项目（NCET）	国家教育部项目	主持	2006.1—2008.12
具有弱耦合特性 N-S 方程两水平算法（10871156）	国家自然科学基金项目	主持	2009.1— 2011.12
N-S 方程并行自适应算法研究（20110201110027）	博士点基金项目	主持	2012.1—2014.12
基于两重网格的 N-S 方程并行自适应后处理及变分多尺度算法研究（11171269）	国家自然科学基金项目	主持	2012.1—2015.12
N-S 方程可扩展两重网格并行算法（11571274）	国家自然科学基金项目	主持	2016.16—2019.12
超高音速××××研究	国防科研项目	参与	2017—2019

梅立泉

性别：男

民族：汉族

职务和职称：西安交通大学数学与统计学院教授

主要学术经历：

1987—1991　西安交通大学数学系学士

1991—1994　西安交通大学理学院硕士

1994—1997　西安交通大学理学院博士

1997—1999　　西安交通大学理学院科学计算系助教、讲师

1999—2007　　西安交通大学理学院科学计算系副教授

2000—2000　　德国弗劳恩霍夫算法与科学计算研究所博士后

2007—　　　　西安交通大学计算科学系教授,博士生导师

2013—2014　　加拿大卡尔加里大学化学与石油工程系访问学者

主要研究方向:偏微分方程数值解、计算流体、计算物理、数据挖掘。培养硕士研究生 15 人,博士研究生 6 人。主持国家自然科学基金 4 项、"973 计划"项目子专题 1 项,共主持参加科研项目 14 项。

科研项目:

名称(编号)	来源与级别	主持/参与	起止时间
N-S 方程可扩展两重网格并行算法(11571274)	国家自然科学基金项目	骨干成员	2016.1—
黑洞吸积流求解的多尺度有限元方法及怪波现象研究(11371289)	国家自然科学基金项目	主持	2014.1—2017.12
运载火箭多场耦合计算的多尺度有限元方法(10971164)	国家自然科学基金项目	主持	2010.1—2012.12
叶轮机械内部三维粘性流动的维数分裂方法(10471109)	国家自然科学基金项目	主持	2005.1—2007.12
××在天地力学环境下相似性统计学习的建立方法(61355010202)	国防 973 项目子专题	子专题负责人	2006.1—2009.12
黑洞积吸问题的多尺度数值方法研究(xjj20100112)	西安交通大学校内科研基金项目	主持	2011.1—2012.12
中子输运方程的谱流线扩散有限元耦合方法(10001028)	国家自然科学基金项目	主持	2001.1—2003.12
汽车碰撞模拟的稳定性分析	教育部留学回国人员科研启动基金项目	主持	2005.1—2007.12

李东升

性别：男

民族：汉族

出生时间：1970 年 12 月 22 日

职务和职称：西安交通大学数学与统计学院教授

主要学术经历：

1989—1993	西安交通大学数学系学士
1993—1996	西安交通大学理学院硕士
1996—2000	西安交通大学理学院博士
1996—1998	西安交通大学理学院助教
1998—2002	西安交通大学理学院讲师
2002—2008	西安交通大学理学院副教授
2005.1—2005.5	美国艾奥瓦大学数学系访问副教授
2006.8—2007.5	美国艾奥瓦大学数学系访问副教授
2008—	西安交通大学理学院教授
2008—2012	西安交通大学理学院应用数学系主任
2009.6—2009.8	香港中文大学数学科学研究所访问学者
2010.4—2010.5	美国艾奥瓦大学数学系访问教授
2010.5—2010.6	美国华盛顿大学数学系访问教授
2011.7—2011.8	澳大利亚国立大学数学研究所访问教授
2011.12—2011.12	美国华盛顿大学数学系访问教授
2012	西安交通大学数学与统计学院院长助理兼数学系主任
2012.4—2012.5	美国艾奥瓦大学数学系访问教授；
2012.5—2012.6	美国华盛顿大学数学系访问教授；
2015.10	加拿大阿尔伯塔大学、美国佐治亚理工学院、美国普林斯顿大学访问学者；
2016.1	美国华盛顿大学数学系访问教授
2017.12	韩国国立首尔大学数学系访问教授
2018.1	韩国国立首尔大学数学系访问教授

重要学术组织（团体）或重要学术刊物等的任（兼）职：

陕西省数学会常务理事兼副秘书长

研究方向：偏微分方程理论及应用、调和分析、非线性泛函分析等。主持多项国家自然科学基金项目。讲授课程：数学分析、高等代数、高等数学、线性代数、偏微分方程、复变函数、张量分析、变分法及其应用、分歧理论、Hilbert 空间方法。主要科研成果有：

（1）给出完全非线性椭圆方程在斜边界导数下解的 $C^{2/\alpha}$ 和 $C^{1/\alpha}$ 估计，从而得到在斜边界导数下完全非线性方程古典解的存在性，完善了完全非线性椭圆方程的正则性理论；

（2）给出使得椭圆方程解在边界可微的最佳区域边界的几何刻画，引入 γ 凸的概念；在研究中，提出了一种新的有较广使用范围的迭代方法；

（3）给出散度型椭圆方程的 ABP 极值原理，这将建立散度型和非散度型这两类椭圆方程的统一理论和研究方法，如 Harnack 不等式等；证明的关键是（首次）得到与接触集测度有关的变分不等式。

获奖情况：

序号	项目名称	奖项	时间	获奖人排名
1	椭圆和抛物方程解的边界正则性对区域几何形状的最佳依赖关系	陕西省科学技术奖二等奖	2015 年	第一完成人
2	椭圆和抛物方程解的边界正则性对区域几何形状的最佳依赖关系	陕西省高等学校科学技术奖一等奖	2014 年	第一完成人
3	建立在惯性流形基础上 N-S 方程和湍流新算法的研究	教育部科学技术奖二等奖	2004 年	第五完成人
4	流动问题中稳定性、分歧及其高性能算法	陕西省科学技术奖二等奖	2002 年	第六完成人

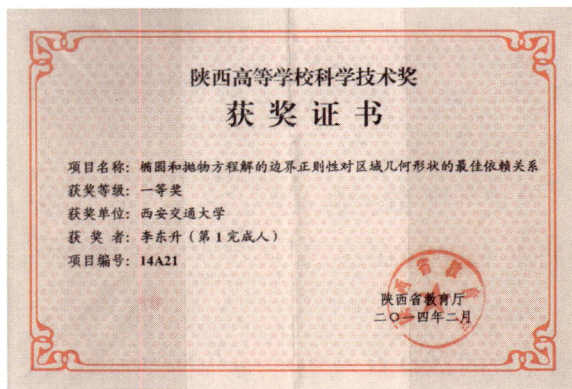

陕西高等学校科学技术奖
获 奖 证 书

项目名称：椭圆和抛物方程解的边界正则性对区域几何形状的最佳依赖关系
获奖等级：一等奖
获奖单位：西安交通大学
获 奖 者：李东升（第1完成人）
项目编号：14A21

陕西省教育厅
二〇一四年二月

陕西省科学技术奖
证 书

为表彰陕西省科学技术奖获得者，
特颁发此证书。

项目名称：椭圆和抛物方程解的边界正则性对
区域几何形状的最佳依赖关系
奖励等级：贰等
获 奖 者：李东升

2016年2月1日

证书号：2015-2-096-R1

科研项目：

名称（编号）	来源与级别	主持/参与	起止时间
完全非线性椭圆方程解的边界正则性(11671316)	国家自然科学基金项目	主持	2017.1—2020.12
椭圆与抛物方程解的边界正则性对区域边界的依赖性(11171266)	国家自然科学基金项目	主持	2012.1—2015.12
偏微分方程正则性(10911120393)	国家自然科学基金项目	主持	2010.1—2011.12
椭圆与抛物方程解的正则性与区域的几何性质(10771166)	国家自然科学基金项目	主持	2008年1月—2010年12月
具有临界指数的半线性椭圆型偏微分方程正解的研究	西安交通大学校基金	主持	2005年
关于具有临界指数的半线性椭圆型偏微分方程正解的研究（A0324630）	数学天元青年基金	主持	2003年

王立周

性别:男

民族:汉族

职务和职称:西安交通大学数学与统计学院副教授

主要学术经历:

1990—1994	西安交通大学数学系本科
1994—1997	西安交通大学理学院硕士
1997—2001	西安交通大学理学院博士
1997—1999	西安交通大学理学院助教
1999—2005	西安交通大学理学院讲师
2005—	西安交通大学理学院副教授

研究方向:椭圆方程自由边界问题。

科研项目:

名称(编号)	来源与级别	主持/参与	起止时间
椭圆与抛物方程解的边界正则性对区域边界的依赖性(11171266)	国家自然科学基金项目	骨干成员	2012.1—2015.12

张正策

性别:男

出生年月:1976 年 6 月

职务和职称:西安交通大学数学与统计学院教授。

主要学术经历:

2004—2007	西安交通大学讲师
2007—2012	西安交通大学副教授
2008.9—2009.9	美国圣母大学访问学者
2011.3.18—3.20	参加美国数学会举办的"非线性演化方程的最新进展会议"(美国艾奥瓦大学),并作学术报告"Gradient blow up rate for a semilinear parabolic equation"

2013—	西安交通大学教授,博士生导师
2016.1—2016.7	美国圣母大学访问客座教授
2016.7.1—7.7	参加第十一届美国 AIMS"偏微分方程在生物、流体力学和材料科学中的应用"学术会议(奥兰多),并作题为"Classification of blow up solutions for a degenerate parabolic equation with nonlinear gradient terms"的学术报告

近年来,主要对非线性抛物方程的梯度爆破和自由边值问题开展定性研究,主持国家自然科学基金面上项目 2 项,教育部基金项目 1 项,在国际学术刊物 JDE, $DCDS$, NA, $NARWA$, $JMAA$ 等发表论文 40 余篇,应邀参加 AIMS (2016),AMS Spring Section(2011)等国际学术会议并作报告,担任美国数学会评论员。培养硕士、博士研究生 13 人。

主持科研项目:

名称(编号)	来源与级别	主持/参与	起止时间
三类非线性椭圆和抛物方程奇异解的渐近性态与稳定性分析(11371286)	国家自然科学基金	主持	2014.1—2017.12
黏性 Hamilton-Jacobi 方程解的渐近性质研究	教育部留学回国人员基金	主持	2012.5—2015.4
偏微分方程理论在图像处理中的应用研究	西安交通大学校内科研基金	主持	2011.10—2014.10
一类非线性椭圆型方程(组)解的性质研究(10701061)	国家自然科学基金		2008.1—2010.12
一类拟线性椭圆型方程的解及其渐近行为的研究(10426027)	国家自然科学基金		2005.1—2005.12

贾惠莲

性别:女

出生时间:1978 年 9 月

出生地点:河北省衡水市

职务和职称：西安交通大学数学与统计学院副教授

主要学术经历：

1996—2000	西安交通大学数学系本科
2000—2003	西安交通大学理学院硕士
2003—2007	西安交通大学理学院博士
2003—2005	西安交通大学理学院助教
2005—2010	西安交通大学理学院讲师
2010—2011	美国艾奥瓦大学数学系访问学者
2011—	西安交通大学理学院副教授
2014.1—2014.4	英国利物浦大学访问学者

研究方向：偏微分方程正则性、调和分析。主持或参与多项国家自然科学基金项目。

科研项目：

名称（编号）	来源与级别	主持/参与	起止时间
分形上的偏微分方程	西安交通大学校长科研基金	主持	2008.9—2010.9
拟凸区域上的散度型椭圆方程的正则性（10926079）	国家自然科学基金（天元）项目	主持	2010.1—2010.12
拟凸区域上的抛物方程的正则性（11101324）	国家自然科学基金（青年）项目	主持	2012.1—2014.12
椭圆和抛物型方程解的正则性与区域的几何性质（10771166）	国家自然科学基金项目	参与	2008.1—2010.12
二阶振动方程周期解的稳定性与解的精确个数（10871155）	国家自然科学基金项目	参与	2009.1—2011.12
偏微分方程的正则性（10911120393）	国家自然科学基金项目	参与	2010.1—2011.12
不同黏性的 N-S 方程的有限元迭代算法（11271298）	国家自然科学基金项目	参与	2013.1—2016.12
三类非线性椭圆和抛物型方程奇异解的渐近性态与稳定性分析（11371286）	国家自然科学基金项目	参与	2014.1—2017.12

苏　剑

性别：男

出生时间：1978 年 8 月

职务和职称：西安交通大学数学与统计学院讲师

主要学术经历：

1996—2000	西安交通大学数学系本科
2000—2003	西安交通大学数学系硕士
2003—2007	西安交通大学理学院博士
2007—2011	西安交通大学能动学院博士后
2008—	西安交通大学数学与统计学院讲师
2013—2014	加拿大卡尔加里大学访问学者

研究方向：CFD、流动的优化和控制、两相流流动。培养硕士研究生 3 人。

科研项目：

名称（编号）	来源与级别	主持/参与	起止时间
流体中形状优化设计问题的自适应伴随算法研究（11001216）	国家自然科学基金青年基金	主持	2011.1—2013.12
基于近似惯性流形的叶轮机械内部三维黏性流动的高性能算法（10926080）	国家自然科学基金（数学天元基金）项目	主持	2010.1—2010.12
梯度类近似模型方法和叶轮机械叶片气动优化设计（XJJ2008033）	西安交通大学校长科研基金	主持	2008.10—2010.9
N-S 方程可扩展两重网格并行算法（11571274）	国家自然科学基金面上项目	参与	2016.1—2019.12
叶轮机械叶片几何形状最佳气动性能设计的新方法（50306019）	国家自然科学基金项目	参与	2004.1—2006.12
商用客机气动噪声大规模并行计算的建模、算法与软件（91630206）	国家自然科学基金重大专项重点项目	参与	2017.1—2019.12

晏文璟

性别:女

民族:汉族

职务和职称:西安交通大学数学与统计学院教授

主要学术经历:

1999—2003	西安交通大学理学院信息与计算科学专业,获理学学士学位
2003—2008	西安交通大学理学院计算数学专业(硕博连读),获理学博士学位(导师:马逸尘教授)
2008—2010	西安交通大学理学院讲师
2008—2011	西安交通大学动力工程及工程热物理博士后流动站博士后(合作导师:何雅玲院士)
2011—2016	西安交通大学数学与统计学院副教授
2012.5.28—6.2	参加香港城市大学举办的国际会议"International Conference on Numerical Algorithms and Simulations 2012"
2014—2015	美国布朗大学应用数学系访问副教授(合作导师:舒其望教授)
2014.5.12—5.17	参加于美国普罗维登斯举行的"Robust Discretization and Fast Solvers for Computable Multi-Physics Models"国际会议
2015—	晋升为博士生导师
2017—	西安交通大学数学与统计学院教授
2017.2—2017.4	美国密苏里科技大学数学与统计系访问教授

重要学术组织(团体)或重要学术刊物等的任(兼)职:

中国计算物理学会理事

陕西省计算数学学会秘书长

陕西省计算物理学会理事

陕西省数学会青年工作委员会委员

获奖情况：

序号	项目名称	奖项	时间	获奖人排名
1		陕西省数学会青年教师优秀论文一等奖	2009 年	
2		西安交通大学 2010—2011 年度优秀博士后研究人员	2012 年	
3	流体固壁边界形状最优控制理论和方法	陕西省高等学校科学技术奖一等奖	2013 年	第一完成人

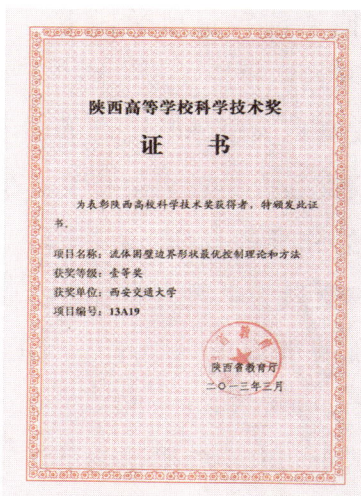

科研项目：

名称（编号）	来源与级别	主持/参与	起止时间
致密油气储层地球物理表征与甜点检测（91730306）	国家自然科学基金项目	骨干成员	2018.1—
Navier-Stokes 方程支配的变分和半变分不等式的自适应间断 Galerkin 方法（11771350）	国家自然科学基金项目	骨干成员	2018.1—
叶轮叶片与飞机翼型的最优形状控制问题新的理论和方法研究（11371288）	国家自然科学基金面上项目	主持	2014.1—2017.12
多物理场耦合的最优形状设计方法的研究（10901127）	国家自然科学基金青年基金	主持	2010.1—2012.12

名称（编号）	来源与级别	主持/参与	起止时间
温度变化流场中的形状最优控制（20090201120055）	国家教育部博士学科点新教师项目	主持	2010.1—2012.12
流场与温度场耦合的最优形状设计问题（20080441176）	中国博士后科学基金	主持	2009.1—2010.12
声表面波驱动的生物芯片形状优化设计（1191320003）	西安交通大学学科综合交叉项目	主持	2013.1—2015.12
致密油气藏地震资料反演的混合建模与基础算法（A0117）	国家自然科学基金重大研究计划项目	第四参与人	2014.1—2017.12
基于两重网格的N-S方程并行自适应后处理及变分多尺度算法研究（11171269）	国家自然科学基金面上项目	第一参与人	2012.1—2015.12

洪广浩

性别：男

职务和职称：西安交通大学数学与统计学院副教授

主要学术经历：

1997—2001	西安交通大学数学系学士
2001—2004	西安交通大学数学系硕士
2004—2009	西安交通大学理学院博士
2010—	西安交通大学数学与统计学院讲师

研究领域：偏微分方程、几何测度论。

刘庆芳

性别：女

出生时间：1982 年 2 月

职务和职称：西安交通大学数学与统计学院副教授

主要学术经历：

2001—2005	山东师范大学学士学位
2005—2007	西安交通大学数学系硕士学位
2007.3—2010.12	西安交通大学计算数学专业博士

生（导师：侯延仁教授）

| 2009.9—2010.9 | 普渡大学计算数学专业联合培养博士生（导师：沈捷教授） |

2009.9—2010.9　普渡大学计算数学专业联合培养博士生（导师：沈捷教授）
2010—2015　　　西安交通大学数学与统计学院讲师
2013.5—2016.5　西安交通大学能动学院博士后（合作导师：席光教授）
2016—　　　　　西安交通大学数学与统计学院副教授

研究兴趣为：数值分析、数值模拟以及偏微分方程数值解法等。

科研项目：

名称（编号）	来源与级别	主持/参与	起止时间/资助金额
流体机械内部非定常流动问题的高效两重网格算法（11401466）	自然科学基金青年基金项目	主持	2015.1—2017.12
N-S方程的稀疏两重网格算法研究（20130201120052）	教育部博士点基金新教师类项目	主持	2014.1—2016.12
基于新投影的流体机械内部流动的两重网格算法研究（2013M540750）	中国博士后基金面上项目（一等资助）	主持	2013.8—2016.7

郭士民

性别：男

籍贯：山东省临沂市

出生时间：1986 年 1 月

职务和职称：西安交通大学数学与统计学院副教授

主要学术经历：

2003—2007　　　河南科技大学信息与计算科学专业学士
2007—2010　　　兰州大学计算数学专业硕士
2010—2013　　　西安交通大学数学与统计学院计算数学专业博士
2011.9—2012.9　荷兰数学与计算机科学国家研究中心（Centrum Wiskunde & Informatica, CWI）应用数学专业联合培养博士
2013—2016　　　西安交通大学数学与统计学院讲师
2014—2017　　　西安交通大学能动学院博士后

2016—　　　　　　西安交通大学数学与统计学院副教授

研究方向主要为:等离子体物理学中的非线性波动现象以及求解非线性演化方程的数值方法。

获奖情况:

2011 年　　教育部"博士研究生学术新人奖"

2013 年　　教育部"博士研究生国家奖学金"

2016 年　　陕西省"优秀博士学位论文"

2017 年　　入选"陕西省高校科协青年人才托举计划"

科研项目:

名称(编号)	来源与级别	主持/参与	起止时间/资助金额
等离子体中分数阶微分方程求解的有限元方法研究(11501441)	国家自然科学基金青年科学基金项目	主持	2016.1—2018.12
三维分数阶非线性耦合方程组的谱方法研究(2018M631135)	中国博士后基金面上项目(一等资助)	主持	2019.1—2020.12
分数阶微分方程的数值方法研究(2014M560756)	中国博士后基金面上项目(一等资助)	主持	2015.1—2016.12
复杂物理环境中等离子体模型的怪波解研究(xjj2015067)	中央高校基本科研业务费专项资金项目	主持	2015.1—2017.12
黑洞吸积流求解的多尺度有限元方法及怪波现象研究(11371289)	国家自然科学基金面上项目	参与	2014.1—2017.12

尤　波

性　别:男

出生年月:1984 年 12 月

职位和职称:西安交通大学数学与统计学院副教授

主要学术经历:

2003.9—2007.6　　兰州大学数学与统计学院本科

2007.9—2012.12　　兰州大学数学与统计学院博士(导师:钟承奎教授)

2012.12—2016.6　　　　西安交通大学数学与统计学院博士后（合作导师：侯延仁教授）

2013.2—2016.5　　　　西安交通大学数学与统计学院讲师

2014.5.10—2014.5.12　参加几何分析研讨会（西安交通大学）

2014.6.4—2014.6.8　　参加变分与半变分不等式：理论、数值及应用国际研讨会（西安交通大学）

2014.7.18—2014.7.21　参加非线性分析国际会议暨第18届非线性泛函分析国内会议（哈尔滨师范大学），作题为"Pullback Attractors for Three Dimensional Non-autonomous Planetary Geostrophic Viscous Equations of Large-Scale Ocean Circulation"的报告

2014.9—2015.9　　　　美国佛罗里达州立大学数学系访问学者（合作导师：王晓明教授）

2015.11.7—2015.11.9　参加2015年无穷维动力系统研讨会（安徽大学）

2016.5.19—2016.5.21　参加非线性分析国际会议暨第十九届全国非线性泛函分析会议（华中师范大学）

2016.6.13—2016.6.16　参加第8届随机分析及其应用国际研讨会（北京理工大学）

2016.6—　　　　　　　西安交通大学数学与统计学院副教授

2016.12.3—2016.12.4　参加兰州大学数学青年学者学术论坛，作题为"Finite Dimensional Global Attractor of the Cahn-Hilliard-Navier-Stokes System with Dynamic Boundary Conditions"的报告

2017.3.10—2017.3.12　Workshop on Non-autonomous and Random Attractors（华中科技大学），作题为"Finite Dimensional Global Attractor of the Cahn-Hilliard-Navier-Stokes System with Dynamic Boundary Conditions"的报告

2017.5.19—2017.5.21　参加陕西省数学会2017年学术年会（西安交通大

学),作题为"Pullback Attractors of the Two Dimensional Non-autonomous Simplified Ericksen-Leslie System for Nematic Liquid Crystal Flows"的报告

2017.6.3—2017.6.5　参加 2017 年非线性分析与反应扩散方程国际研讨会(江苏大学)

研究兴趣:偏微分方程(解的适定性、正则性、长时间渐近性态);非线性泛函分析与无穷维动力系统(吸引子、分歧及肿瘤生长模型中的应用)。

科研项目:

名称(编号)	来源与级别	主持/参与	起止时间/资助金额
关于大尺度大气本原方程组的研究(2013M532026)	中国博士后基金(二等资助)	主持	2013.12—2015.12
大尺度大气海洋本原方程组的长时间行为(11401459)	国家自然科学基金青年科学基金项目	主持	2015.1—2017.12
三维大尺度海洋环流的行星地转方程组的长时间行为(2015JM1010)	陕西省自然科学基金面上项目	主持	2015.1—2016.12
肿瘤生长扩散界面模型的动力学行为	西安交通大学基本科研业务费	主持	2018.1—2020.12
层列型液晶流 Ericksen-Leslie 方程组动力学的研究	陕西省自然科学基金	主持	2018.1—2019.12
一类趋化与主动传输作用下肿瘤生长扩散界面模型的动力学行为研究	国家自然科学基金	主持	2019.1—2022.12

陈　洁

性别:男

职务和职称:西安交通大学数学与统计学院副教授,硕士生导师

主要学术经历:

2000.9—2004.7　南京大学数学系学士

2004.9—2007.7　南京大学数学系硕士(导师:武海军教授)

2007.8—2011.7　南洋理工大学博士(导师:王德生教授)

2011.8—2012.10	香港科技大学博士后（导师：王筱平教授）
2012.11—2013.3	阿普杜拉国王大学博士后（导师：孙树瑜教授）
2013.4—2016.3	西安交通大学数学与统计学院讲师
2016.4—	西安交通大学数学与统计学院副教授

研究兴趣：多孔介质中非常规流体数值模拟，多相流数值模拟以及有限元超收敛性分析。

科研项目：

名称（编号）	来源与级别	主持/参与	起止时间/资助金额
两相流区域耦合问题的研究（11401467）	国家自然科学基金（青年）项目	主持	2015.1—2017.12
两相两组分流体的模型建立和数值求解（2013M542334）	中国博士后科学基金面上项目（二等资助）	主持	2013.9—2015.9
两相流区域耦合问题的模型建立和数值求解（2015T81012）	中国博士后科学基金（特等资助）	主持	2015.7—2017.6
两相流区域耦合问题的研究（2015JQ1012）	陕西省青年科技基金项目	主持	2015.1—2016.12
两相两组分流体的数值模拟（xjj2014011）	西安交通大学自由探索项目	主持	2014.1—2016.12
多孔介质中非常规流体模拟	CMG 基金（Computer Modeling Group Foundation)项目	主持	2015.1—2018.12
基于反常扩散的地震资料处理方法研究（11571269）	国家自然科学基金面上项目	参与	2016.1—2019.12

杨家青

职位和职称：西安交通大学数学与统计学院副教授

主要学术经历：

| 2003.9—2007.7 | 山东大学（威海）理学学士 |
| 2007.9—2012.7 | 中国科学院数学与系统科学研究院理学博士（导师：张波研究员） |

2012.6—2014.5	中国科学院数学与系统科学研究院博士后（合作导师：张纪峰研究员）
2014.6—2015.6	香港中文大学研究奖学金（Research Fellowship，由香港中文大学资助）
2015.6—	西安交通大学副教授

研究方向：反散射的数学理论与计算，计算声学与电磁学以及一般反边值问题的理论与计算。

获奖情况：

2011 年	中国科学院数学与系统科学研究院院长优秀奖
2012 年	中国科学院"永安期货"奖学金特等奖
2012 年	中国科学院院长优秀奖
2013 年	中国科学院百篇优秀博士论文奖
2014 年	Research Fellowship of CUHK
2016 年	IWTCAIP"浪潮优秀青年学术奖"
2017 年	入选陕西省"青年百人计划"
2018 年	中国工业与应用数学学会第四届 CSIAM 应用数学青年科技奖

主持科研项目：

1. 国家自然科学基金面上项目 1 项

2. 国家自然科学基金青年项目 1 项

3. 中国博士后科学基金特别资助 1 项及面上项目 2 项（一等资助）

王 飞

性别：男

出生日期：1982 年

职位和职称：西安交通大学数学与统计学院副教授

主要学术经历：

2001.9—2005.6	郑州大学数学系学士
2005.9—2010.6	浙江大学数学系博士
2008.9—2009.9	美国艾奥瓦大学数学系访问博士生

2010.7—2011.1	华中科技大学数学与统计学院讲师、硕士生导师
2012.1—2013.5	美国艾奥瓦大学数学系访问助理教授
2012.6—2012.8	美国科罗拉多大学巨石分校计算机系访问学者
2013.5—2016.6	美国宾夕法尼亚州立大学数学系研究助理
2016.7—	西安交通大学数学与统计学院副教授、博士生导师

研究领域为数值分析与科学计算,主要研究兴趣包括:偏微分方程数值解及其应用,变分不等式的高效高精度数值方法,自适应算法,界面问题。已在 SCI 期刊发表学术论文 20 多篇,其中包括计算数学方向的顶级期刊:*SIAM Journal on Numerical Analysis*,*IMA Journal of Numerical Analysis*,*Numerische Mathematik*,*Nonlinear Analysis:Real World Applications*,*Journal of Scientific Computing*。

获奖情况:

2007.11	浙江大学"杰出研究生干部"
2010.6	浙江大学"优秀博士毕业生"
2011.9	中国计算数学学会优秀青年论文竞赛优秀奖
2015.9	入选西安交通大学"青年拔尖人才支持计划"
2017.5	入选陕西省"青年百人计划"

科研项目:

名称(编号)	来源与级别	主持/参与	起止时间/资助金额
N-S 方程支配的变分和半变分不等式的自适应间断 Galerkin 方法(11771350)	国家自然科学基金面上项目	主持	2018.1—2021.12
变分不等式的自适应间断 Galerkin 方法(11101168)	国家自然科学基金青年基金项目	主持	2012.1—2014.12

第八章　培养研究生

1978 年以来,科学计算研究所(计算物理研究室)共培养 223 名硕士研究生,110 名博士研究生,毕业后,他们继续发扬探索科学、勇于创新、执着追求的精神,用勤劳和智慧在各自的岗位上做出了突出的贡献、取得了傲人的成绩。这些学生是研究所这棵大树结出的果实,是传承与启迪的体现。以下是学生名单及其简介(标 * 者为研究所成员,他们的简介参看第七章)。

1982 年 3 月毕业硕士 4 人

姓名	指导老师	授予学位	工作单位或工作地
* 马逸尘	李开泰	硕士	西安交通大学
成圣江	李开泰	硕士	美国红安公司(退休)
李笃	李开泰	硕士	厦门高新技术风险投资有限公司(退休)
* 刘之行	李开泰,黄艾香	硕士	西安交通大学(退休)

成圣江　曾任职于美国红安公司。1965 年本科毕业于西安交通大学应用数学系,1965—1978 年就职于甘肃酒泉钢铁公司;1978—1982 年于西安交通大学计算数学专业学习并获硕士学位;1982 年在西安交通大学计算物理研究室任助教;1983 年应 J. Frehse 教授邀请赴德国波恩大学应用数学研究所访问;1985 年应 Ivo Babuska 教授邀请访问马里兰大学应用物理研究所,后在多所大学访问,在林肯大学任教,在美国红安公司工作直到退休。

李笃　曾任职于厦门松涛风险投资股份有限公司。
1947 年 3 月 2 日出生于北京。1964—1970 年在西安交通大学应用数学系学习;1970—1972 年在新疆 8012 部队工作;1972—1979 年在新疆乌鲁木齐六道湾煤矿子弟小学任教;1979—1982 年于西安交通大学计算数学专业学习并获硕士学位;1982—1984 年于厦门大学计算机系任教;1984—1988 年西安交通大学计算数学学习并获博士学位;1988—1998 年任职于厦门华夏集团公司,曾任投资部经理;1998—2002 年任厦门高新技术风险投资公司投资经理;2002—2007 年任厦门松涛风险投资股份有限公司总经理。2007 年退休。

1984 年毕业硕士 7 人

姓名	指导老师	授予学位	工作单位或工作地
陈安平	李开泰	硕士 博士(美国)	美国 AT&T 公司
张承钿	李开泰	硕士 博士(德国)	汕头大学计算机系
樊必健	李开泰,黄艾香	硕士 博士(美国)	美国
江松	李开泰	硕士 博士(德国)	北京应用物理与计算数学研究所
每甄	李开泰	硕士 博士(德国)	加拿大数据融合公司
张晶	向一敏,李开泰	硕士 博士(美国)	美国
张武	周天孝,李开泰	硕士	上海大学应用数学与力学研究所

江松　现任职于北京应用物理与计算数学研究所。
1963 年 1 月生于四川省达州。1982 年毕业于四川大学数学系,1984 年在西安交通大学获计算数学硕士学位后留校任教;1985 年公派至德国波恩大学作访问学者;1988 年在德国波恩大学获博士学位。

应用数学家。中国科学院院士。北京计算物理与应用数学研究所研究员,曾任党委书记兼副所长。现任中国

自然科学基金委员会数理学部主任。

主要从事可压缩流体力学数学理论、计算方法及应用研究。在理论方面，与合作者证明了对任何绝热指数 $\gamma > 1$，具有大外力的三维定常可压缩 N-S 方程弱解的存在性，以及具有大初值的高维非定常 N-S 方程球/轴对称解的整体存在性。在应用方面，针对武器物理数值模拟的多介质大变形、网格畸变等计算难点，与同事一起提出了若干实用的新算法（如整体 ALE 局部欧拉自然耦合方法），并研制完成重大武器型号数值模拟软件平台。研究成果多次获奖，详见第二章。

张承钿　汕头大学工学院计算机系副教授。1978—1982 年于西安交通大学学习并获计算数学学士学位；1984年获西安交通大学计算数学硕士学位；1985—1989 年公派至德国波恩大学作访问学者，1989 年获得博士学位。

1984—1985 年任西安交通大学数学系助教；1985—1989 年于德国波恩大学应用数学所助研；1989—1990 年于德国波恩东亚研究院助研；1990—1995 年任德国杜伊斯堡 EPIS 公司工程师；1995—1996 年在德国科隆 DITEC 参加培训，获得微软系统工程师（MCSE）认证；1997—1998 年在德国门兴格拉德巴赫 allkauf Haus 公司进行软件开发管理；1998—2010 年任德国希尔登 METRIS 公司高级工程师；2010 年至今任职于汕头大学工学院计算机系，副教授。

张武　上海市应用数学与力学研究所教授。1957 年11 月 9 日出生于江西省武宁县。1977—1980 年于南京航空学院空气动力学专业学习并获学士学位（指导教师：杨锦峰）；1982—1984 年于西安交通大学数学系学习并获得计算数学硕士学位（导师：周天孝、李开泰）；1985—1988 年于西北工业大学飞机系学习并获得空气动力学博士学位（导师：罗时钧）。

1980—1982 年任航空部西安计算技术研究所（631所）助理工程师；1989—1991 年于北京大学力学系流体力学博士后（合作导师：是勋刚、陈耀松）；1991—1993 年任北京大学力学系应用数学教研室讲师；1998—2000 年任西安交通大学科技处副处长；1993—2001 年任西安交通大学理

学院计算物理研究室副教授、教授；2002—2004 年任上海大学计算机学院常务副院长，教授；2005—2007 年任上海大学外事处处长；2007—2014 年任上海大学计算机学院执行院长；2014—2017 年任上海大学研究生院副院长；2014—2015 年任西安交通大学理学院副院长；2015 年至今任上海大学上海市应用数学与力学研究所教授。

1995 年 5 月—1996 年 5 月美国北卡罗来纳大学夏洛特分校电子工程系访问副教授；1996 年 6 月—1998 年 6 月于美国北卡罗来纳大学夏洛特分校应用数学系进行博士后研究（合作导师：蔡伟）；2000 年 7 月—2001 年 11 月美国伊利诺伊理工大学计算机系访问教授。

重要学术任（兼）职：曾任陕西省数学会常务理事、秘书长；中国计算机学会（CCF）杰出会员、理事；CCF 高性能计算专业委员会常务理事；CCF 并行计算与系统专业委员会副主任委员；上海市计算机学会常务理事，系统结构专业委员会主任委员；国际信息处理联合会（IFIP）数值软件工作组（WS2.5）成员；*Engineering Application of Comput. Fluid Mechanics*（SCI）编委。

1985 年 12 月毕业硕士 4 人

姓名	指导老师	授予学位	工作单位或工作地
张波	李开泰，黄艾香	硕士 博士（英国）	中国科学院数学与系统科学研究院应用数学研究所
*何银年	李开泰	硕士	西安交通大学数学与统计学院
陈掌星	李开泰	硕士 博士（美国普渡大学，导师：Jr. Douglas）	加拿大卡尔加里大学
凤小兵	高应才	硕士 博士（美国普渡大学，导师：Jr, Douglas）	美国田纳西大学数学系

陈掌星　加拿大卡尔加里大学终身教授。1979—1983 年于江西大学获得学士学位；1983—1985 年于西安交通大学学习并获得硕士学位，后留校任教，1986 年公派到美国普渡大学攻读博士，1991 年获得博士学位；1991—1993 年于美国明尼苏达大学进行博士后研究。

随后在美国德州农机大学、美孚石油公司、美国南卫理公会大学、加拿大卡尔加里大学等工作。曾为西安交通大学"长江学者奖励计划"讲座教授、"千人计划"特聘专家。现为中国石油大学石油工程学院油气田开发工程专业教授、博士生导师、"长江学者奖励计划"讲座教授、"千人计划"特聘专家,加拿大卡尔加里大学终身教授、国家讲席教授(加拿大最高教授级别)、非常规油气首席科学家、加拿大工程院院士。2009 年,被国际重油权威杂志《重油评论》评为世界上三个最具权威的油藏模拟专家之一。研究成果多次获得各种研究奖励(详见第二章)。

主要研究包括:①物理和数学模型的推导;②从地理模型向储层模拟的升级;③高阶和精确数值方法;④线性和非线性解法研究;⑤验证与应用;⑥油藏模拟软件开发等。其数学建模和计算机模拟工作对工艺设计、优化和储层性能预测具有重要意义。

凤小兵 美国田纳西大学数学终身教授,数学系副主任,数学系研究生学部主任。1979—1983 年于西安交通大学计算数学系学习并获得学士学位,1983—1985 年于西安交通大学学习并获得硕士学位,后留校任教。1986 年公派到美国普渡大学攻读博士,师从 Jr. Douglas。1992 年获美国普渡大学应用和计算数学博士学位。

凤小兵教授长期从事线性、非线性偏微分方程及其数值解法和算法的研究,并取得了一系列国际领先的成果。在 *SIAM Review*,*SIAM J. Numerical Analysis*,*Mathematics of Computation*,*Numerische Mathematik* 等国际一流学术期刊上发表论文 70 余篇。

1984 年获西安交通大学优秀研究生奖;1988 年、1989 年获普渡大学大卫·罗斯研究助学金(David Ross Fellowship);2005 年获得王宽诚教育基金会(香港)研究奖学金;2010 年获得田纳西大学诺克斯维尔分校(University of Tennessee-Knoxville,UTK)文理学院高级教师研究奖;2012—2013 年获得明尼苏达大学数学及其应用研究所(IMA)新方向教授奖;2014 年获得 UTK 研究和创作成就奖；2016 年获聘西北工业大学"长江学者奖励计划"客座教授。美国数学学会会员，美国工业和应用数学学会会员。

张波 中国科学院数学与系统科学研究院应用数学研究所副所长。1979—1983 年于山东大学学习并获得理学（计算数学）学士学位；1983—1985 年于西安交通大学学习并获得（计算数学）硕士学位；1988—1991 年于英国斯特莱德大学学习并获得（应用数学）博士学位。

1986—1988 年任西安交通大学数学系助教；1992—1994 年于英国基尔大学数学系进行博士后研究；1995—1997 年任英国布鲁内尔大学数学系研究员；1997—2000 年任英国考文垂大学数学与信息科学学院高级讲师；2000—2003 年任英国考文垂大学数学与信息科学学院讲师（应用数学）；2003—2007 年任英国考文垂大学数学与信息科学学院终身教授（应用数学）；2004 年通过中科院"引进国外杰出人才计划"回国；2005 年获"百人计划"择优支持。2012 年起享受国务院政府特殊津贴。现任中科院数学与系统科学研究院研究员、博士生导师，中国科学院数学与系统科学研究院应用数学研究所副所长、偏微分方程及其应用研究中心副主任。

主要学术任职：IEEE Transactions on Systems, Man and Cybernetics（ Part B）（2013 年起改为 IEEE Transactions on Cybernetics）编委；Applicable Analysis 编委；《应用数学学报》（英文版、中文版）编委；《计算物理》编委；《计算数学》编委；《系统科学与数学》编委；中国核学会计算物理学会常务理事；中国工业与应用数学学会副秘书长（2008—2012）；第八届国际工业与应用数学大会组委会宣传子委员会主任；第七、八届反问题及相关问题国际会议科学委员会委员；反问题国际联合会（IPIA）东亚分会副主席；中国工业与应用数学学会常务理事、奖励工作委员会副主任。

张波研究员长期从事波传播与散射及其反问题的数学理论和计算方法以及机器学习与数据挖掘方面的研究，包括：流形学习、在线学习算法、SVMs、聚类和分类算法、动态视觉跟踪、雷达和声呐图像分析与理解、雷达和声呐成像、反散射问题等。这些问题是声呐和合成孔径雷达的核心基础问题。已发表 SCI 论文

96篇,合著中文专著1部,合作主编论文集1部。应邀在2012年第6届反问题国际会议和2011年偏微分方程反问题国际研讨会作大会报告。2004年回国后,张波研究员承担了十余项国家"863计划""973计划"、国家自然科学基金重大和面上项目。

他在英国指导了3名博士研究生。在英国和中国共指导了5名博士后。回国后已指导了14名博士研究生,获得了中国科学院2013年度"优秀研究生指导教师"奖。在回国指导的博士中,4人获得中科院院长奖学金优秀奖,2人获得数学与系统科学研究院院长奖学金特等奖、9人获优秀奖,2人获中国科学院大学研究生国家奖学金,1人获2013年度中国科学院百篇优秀博士学位论文奖。

1986年4月毕业硕士3人

姓名	指导老师	授予学位	工作单位或工作地
刘天时	周天孝,李开泰	硕士	中国航空工业集团公司西安航空计算技术研究所
陈桂芝	李开泰	硕士	厦门大学数学学院
张胜	赵根榕,李开泰	硕士	

1987年毕业硕士7人

姓名	指导老师	授予学位	工作单位或工作地
石东洋	李开泰	硕士	郑州大学数学学院
任雨和	黄艾香	硕士 博士(加拿大)	英国牛津
陈建斌	李开泰	硕士	美国
胡国庆	黄艾香	硕士 博士(美国)	美国芝加哥
王建琪	李开泰	硕士	西安交通大学电信学部 电子物理与器件研究所
严宁宁	李开泰	硕士 博士(中国科学院)	中国科学院数学与系统科学研究院
葛新科	李开泰	硕士 博士(导师:胡保生)	前海安测信息技术有限公司

严宁宁　中国科学院数学与系统科学研究院研究员。1955 年 4 月 6 日出生于辽宁沈阳。1978—1982 年于沈阳工业大学应用数学专业学习并获学士学位；1984—1987 年于西安交通大学计算数学专业学习并获得硕士学位（导师：李开泰）；1987—1990 年于中国科学院计算数学与科学工程计算研究所学习并获得计算数学专业博士学位（导师：黄鸿慈、崔俊芝）；1990—1992 年于中国科学院系统科学研究所作博士后研究（导师：林群院士）；1992—1998 年为中国科学院系统科学研究院助研、副研究员；1998 年至今为中国科学院数学与系统科学研究院研究员、博士生导师。

研究方向：微分方程数值解及最优控制问题的数值方法。

石东洋　郑州大学二级教授。1961 年 11 月生。1981—1984 年于郑州大学学习并获学士学位；1984—1987 年于西安交通大学学习并获得理学硕士学位；1994—1997 年于西安交通大学学习并获得数学专业博士学位；1997—1999 年于日本东京工业大学进行博士后研究；2000 年被评为河南省跨世纪学术与技术带头人；2001 年成为博士生导师；2003 年被评为河南省特聘教授（首批）；河南省优秀专家；河南省创新人才培养工程专家；河南省数学首席科普专家；郑州大学优秀研究生指导教师。现为郑州大学二级教授（首批），郑州大学计算数学（省重点学科）专业学科带头人、学科特聘教授。2006 年入选科学与工程世界名人录。是美国 *Mathematics Review* 评论员、国际 SIAM 会员、国家自然科学基金（面上、重点、重大及杰出青年基金）项目评审专家。

社会兼职：2007—2014 年任中国计算数学学会常务理事。现任河南省数学学会秘书长；河南省科协委员；河南省优秀学术成果奖评委；全国大学生数学竞赛河南赛区专家组组长；全国大学生数学竞赛及全国高中数学联赛河南赛区竞赛委员会主任；河南省大学生课外学术作品竞赛及河南省青少年科技创新大赛评委；郑州大学学位评定委员会理学部主席等。

主要研究方向：有限元方法及其应用。主持国家自然科学基金项目 6 项（其中,面上基金项目 5 项,数学天元专项 1 项),省部级项目 7 项(其中,河南省高等学校创新人才基金、国家人事部留学回国人员择优资助基金、教育部高等学校博士学科点专项科研基金各 1 项);主持横向课题 2 项。获省优秀科技成果及论文奖16 项(其中一等奖 10 项);有 2 项成果通过省科技厅鉴定,处于国内领先、国际先进水平。先后在国内外刊物上发表 SCI 论文 120 余篇(最新 ESI 检索,石东洋对郑州大学数学学科的贡献率为 31.97%,居数学与统计学院第一名,全校第二名)。

曾经被聘为日本文部省外国人研究员、澳大利亚悉尼科技大学客座教授、香港城市大学和中国科学院访问教授、西安交通大学基础科学研究中心客座研究员等,在国内外广泛开展合作研究,多次作为中方代表参加国际会议并应邀作大会报告。

出版专著:《数值计算方法》,参编《数学大辞典》。

培养硕士、博士 100 余人。

葛新科　前海安测信息技术有限公司首席技术官。1981—1984 年于西安交通大学学习并获得学士学位;1984—1987 年于西安交通大学学习并获得硕士学位;1987—1990 年于西安交通大学信息工程学院自动化专业攻读博士学位(导师:胡保生)。毕业后到深圳任华为高级工程师、市场技术协调处副总经理、网络营销部总工、中东地区部副总和欧洲地区部总工;曾任中兴通信市场规划总监、综合解决方案项目部经理、经营分析师和市场规划总监等职务。现任前海安测信息技术有限公司首席技术官,领导研发团队开发了多款生物传感器、慢病管理系统和移动健康管理云平台。

葛新科博士具有深厚的信息技术、通信网络和生物信息技术基础,共申请或授权专利 30 多项。在华为技术有限公司和中兴通讯股份有限公司 12 年工作期间,从事通信和网络技术研究、产品开发和解决方案营销工作,曾主导或参与多项大型通信网络建设项目,例如:巴基斯坦智能网、埃及多业务接入网、也门承载网、叙利亚无线接入网、沙特综合网络、法国 Cegetel 综合接入网、奥地利承载网和德国承载网等。

最近五年来主持或参与了多项科技开发项目,包括:(国家发展与改革委员会)基于 TD-LTE 的健康管理服务创新应用示范、(广东省科技厅)无创血糖测量之可穿戴设备健康管理系统创新研发及服务产业化、(深圳市前海深港现代服务业合作区管理局)AnyCheck 物联网健康管理信息云服务运营与国际外包和(国家发展与改革委员会)基于"互联网＋"的社区养老健康公共服务平台建设项目等。

1988 年毕业硕士 7 人，博士 1 人

姓名	指导老师	授予学位	工作单位或工作地
邱邑骐	黄艾香	硕士 博士(英国利兹大学)	英国爱丁堡
于光磊	李开泰	硕士	重庆大学数学学院
满松	黄艾香	硕士	河南
蒲春生	黄艾香	硕士 博士(西南石油大学)	中国石油大学(华东)
杨亚东	黄艾香	硕士	西北电力设计院有限公司
张连文	李开泰	硕士	武汉
乔鹏	李开泰	硕士	南京
李笃	游兆永，李开泰	博士	厦门高新风险投资公司

蒲春生　中国石油大学(华东)石油工程学院教授。1959 年 3 月出生于四川省广安县。1982 年 7 月毕业于西安交通大学计算数学专业，获理学学士学位。1988 年毕业于西安交通大学计算数学专业，获力学硕士学位。1992 年 7 月毕业于西南石油大学油气井工程专业，获工学博士学位。历任西南石油大学基础学科部助教、讲师，西安石油大学石油工程学院副教授、教授，副院长、院长，陕西省油气田开发重点学科学术带头人，陕西省特种油气田增产重点实验室主任，陕西省石油学会石油工程专业委员会主任。现任中国石油大学(华东)石油工程学院教授，博士生导师，学术委员会主任，教授委员会主席，校学术委员会委员，"复杂油气开发物理-生态化学技术与工程研究中心"学术带头人。兼任国家科学技术奖励办公室、国家自然科学基金委员会、中国博士后科学基金会、教育部学位与研究生教育发展和山东省自然科学基金委员会通讯评审

专家,《石油学报》第六届(2006—2010)、第七届(2011—2015)、第八届(2016—2020)编委会委员,Petroleum 首届(2016—2020)编委会委员,中国能源学会专家委员会委员。先后为本科生、研究生开设"石油工业概论""采油工程理论与技术""天然气工程理论与技术""油气井增产增注技术""油气田开发前沿讲座""大学生新生研讨课"和"科学精神与科学研究方法"等 10 余门课程,指导本科生(毕业设计)、硕士研究生、博士研究生和博士后研究人员 200 余人。

近 20 年来,带领科研团队长期致力于复杂油气藏物理-化学增产增注理论与技术、复杂油气藏物理-化学提高采收率理论与技术和复杂油气藏开采资源环境保护理论与技术等方面的研究,先后被列入国家科技攻关计划西部开发科技行动重点课题,国家油气科技重大专项课题,"863 计划"重大目标导向课题,"973 计划"专题,教育部重大课题攻关项目,国家自然科学基金项目,山东省自然科学基金重大研究项目,中国石油天然气集团公司石油科技中青年创新基金项目、科技创新基金项目,中国石油化工集团有限公司重大科技导向项目,陕西省重大科技攻关项目。发表学术论文 280 篇,SCI/EI 收录 90 余篇,被国内外学者他引 2000 余次,出版学术专著 15 部,授权中国发明专利 27 件,获国家科技进步奖二等奖 1 项,省部级一等奖 3 项,二等奖 6 项。

1989 年 6 月毕业硕士 8 人

姓名	指导老师	授予学位	工作单位或工作地
李翠华	李开泰	硕士 博士(导师:郑南宁院士)	厦门大学计算机科学系
武栓虎	李开泰	硕士	河南南阳油田
刘春阳	黄艾香	博士	国务院信息工程部
陶富岭	李开泰,马逸尘	硕士	郑州黄河勘测规划设计研究院有限公司
张剑	黄艾香	硕士 博士(清华大学)	信息安全公司
高宗祥	黄艾香	硕士	深圳福田超时达电子有限公司
李国伟	李开泰	硕士	加拿大
吴宏春	黄艾香	硕士 博士(导师:谢仲生)	西安交通大学核工程研究院,研究生院
程玉民	嵇醒,黄艾香	硕士	上海大学

吴宏春 西安交通大学研究生院常务副院长。1964 年 3 月生,西安交通大学教授,博士生导师。1989 年西安交大计算数学硕士毕业后留核能系任教;1994 年获核反应堆物理与安全博士学位,当年晋升为副教授;1997 年荣获首届陕西省青年科技奖;1997—1998 年公派访问日本大阪大学核工系;2001 年晋升为教授。现任西安交通大学研究生院常务副院长,国务院学位委员会学科评议组成员,"863 计划"项目首席专家,中国核学会理事,中国核学会计算物理学会反应堆数值计算与粒子输运专业委员会委员,陕西省核学会理事,陕西省计算物理学会理事,反应堆系统设计与关键技术国家级重点实验室学术委员会委员。先后主持和参加国家"七五""八五"和"九五"攻关项目,"973 计划"项目,"863 计划"项目,国家自然科学基金,国防科学技术预先研究基金项目等数十项。曾获国家科技进步三等奖,国家教委科技进步一二等奖,省部级科技进步一二等奖等 10 余项,发表学术论文百余篇,SCI 收录 100 余篇,发明专利 30 多项,软件著作权 50 多个。目前的主要研究方向为:中子的输运计算,物理分析软件开发,堆芯燃料管理与优化,核废料嬗变处置等。

李翠华 厦门大学计算机科学系二级教授。1989 年获计算数学硕士学位,1999 年师从郑南宁教授获得西安交通大学自动化专业工学博士学位。现为厦门大学计算机科学系二级教授、博士生导师、信息科学与技术学院教授委员会副主任,任计算机科学系主任及院党委委员等职。是中国计算机学会首批杰出会员,曾担任《科学通报》编委、中国计算机学会学术工作委员会。

主要从事计算机视觉、视频与图像处理、超分辨率图像重建以及深度学习等研究工作,发表学术论文百余篇,主持完成国防基础科研计划项目、国家自然科学基金项目、国防科技重点实验室基金项目、高等学校博士学科点专项科研基金项目、教育部"高等学校骨干教师资助计划"以及福建省自然科学基金项目等项目研究。参与国家自然科学基金创新研究群体项目、国家自然科学基金重点项目、国家"863 计划"课题、"973 计划"子课题等研究。2002 年 12 月获得教育部"高等学校优秀骨干教师"奖,2005 年被厦门市确认为重点引进人才。

陶富岭　黄河勘测规划设计有限公司信息中心主任。1982—1986 年于西安交通大学数学系学习并获计算数学学士学位；1986—1989 年于西安交通大学学习并获计算数学硕士学位；1989—1998 年历任水利部黄河水利委员会（以下简称黄委会）设计院电算处助工、工程师、高工；1998—2002年任黄委会设计院电算处副处长、总工、高工；2002—2003年任黄委会设计院电算处处长、总工、教高；2003 年至今任黄河勘测规划设计有限公司信息中心主任、教高。

研究领域：水利信息化、智慧工程、虚拟现实、地理信息系统。先后组织承担水利信息化规划设计、应用开发和信息化建设项目三十余项，包括南水北调工程建设与管理基础信息建设与应用、南水北调工程设计管理系统建设、南水北调中线工程智能安防系统、南水北调东线工程临时调度系统、南水北调西线工程综合基础数据库、南水北调西线工程三维仿真系统、小浪底水利枢纽调度自动化系统、古贤水利枢纽三维交互式展示系统、大亚湾总承包项目管理系统、黄河防洪项目管理系统、黄委规划计划管理信息系统、蒙古国 OT 供水仿真分析、水利水电工程 CAD 三维设计系统、堤防 CAD、水闸 CAD、三维地理信息系统、工程设计管理系统、南水北调工程管理数据交换标准等，取得一批创新型成果，极大提高了生产管理水平和效率。其中，9 项成果被鉴定为具有国内领先或先进水平，获省、部委级科技进步奖 9 项。

程玉民　上海大学上海市应用数学和力学研究所教授。1965 年 11 月生，山西省稷山县人。1982—1986 年于山西大学数学系基础数学专业学习并获学士学位，毕业论文《一类二阶非线性微分方程解的渐近性态》获山西大学优秀毕业论文奖，相关研究发表于 *Journal of Computational and Applied Mathematics*；1986—1989 年于西安交通大学工程力学系计算力学专业学习并获硕士学位，指导教师为嵇醒教授；1989—1992 年于西安交通大学工程力学系固体力学专业学习并获博士学位，指导教师为嵇醒教授和黄艾香教授，获西安交通大学唐照千奖学金优秀奖。

1992—1994 年任西安交通大学计算数学与应用数学研究所讲师；1994—

1996 年为同济大学土木水利博士后流动站博士后副研究员,导师为中国工程院院士沈祖炎教授;1996—1999 年任西安理工大学水利水电学院建筑工程系教授;1999 年至今为上海大学上海市应用数学和力学研究所教授、博士生导师;2001.3—2007.10 香港城市大学建筑系访问教授。

学术兼职:*Mathematical Problems in Engineering* 专刊(*Mathematical Aspects of Meshless Methods*)客座主编;*International Journal of Computers* 副主编;*Journal of Life Medicine* 栏目主编;*International Journal of Applied Mechanics* 编委会成员;*Journal of Computational Engineering*,*International Journal of Applied & Experimental Mathematics*,以及《计算机辅助工程》编委。

研究领域为计算力学及其应用软件、科学和工程计算。

1998 年被评为机械工业部跨世纪学术骨干;1998 年获陕西省青年科技奖;2015 年获《中国科学:物理学 力学 天文学》期刊贡献奖;2015 年获 *Engineering Analysis with Boundary Elements* 优秀评审奖;2016 年 4 篇论文获 2009—2015 年 *International Journal of Applied Mechanics* 高被引论文奖(Most Cited Paper Award);2016 年获《中国科学:物理学 力学 天文学》优秀论文奖;2016 年分别获 *Computer Methods in Applied Mechanics and Engineering*,*Applied Mathematical Modelling*,*Applied Mathematics and Computation* 优秀评审奖。作为大会主席或组委会成员组织过多次国际学术活动。

为本科生讲授课程:材料力学、弹性力学、计算力学、建筑力学、科学和工程中的计算、有限元与软件设计、科学与工程中的计算方法、大跨空间结构,并指导生产实习和毕业论文。为硕士生讲授课程:弹性力学、弹塑性力学、计算固体力学、连续介质力学、科学和工程中的计算方法。为博士生讲授课程:高等固体力学和近代力学基础。已指导 2 名博士后、12 名博士、8 名硕士。

1990 年 6 月毕业硕士 6 人

姓名	指导老师	授予学位	工作单位或工作地
余开奇	李开泰	硕士 博士(南京大学)	
李显志	李开泰	硕士	上海光大证卷股份有限公司
刘义春	黄艾香	硕士	

姓名	指导老师	授予学位	工作单位或工作地
丁瀚惟	黄艾香	硕士 博士（加拿大）	美国新泽西州
曾国平	游兆永，黄艾香	硕士	
段莉莉	梁建华	硕士 博士（美国）	美国芝加哥

李显志　光大证券股份有限公司创新办公室主任。1965 年生，1987 年于湘潭大学获学士学位，1990 年 6 月于西安交通大学获计算数学硕士学位。高级工程师，现任光大证券股份有限公司监事，稽核部总经理。曾任湖南省对外经济贸易委员会计算中心软件科科长；湘财证券股份有限公司信息技术部总经理；光大证券股份有限公司信息技术部总经理；光大证券股份有限公司创新办公室主任；中国证券业协会信息技术专业委员会委员。

1991 年 6 月毕业硕士 6 人

姓名	指导老师	授予学位	工作单位或工作地
化存才	李开泰	硕士 博士（北京航空航天大学）	云南师范大学数学系
刘雄涛	黄艾香	硕士	中国人民解放军陆军军医大学
王卫东	李开泰	硕士	沈阳
高亚南	黄艾香	硕士	江苏无锡
王可升	梁建华	硕士	西安石油大学
汪开春	高应才，马逸尘	硕士 博士（荷兰）	荷兰

化存才　云南师范大学教授。1964 年 12 月生，汉族，云南省玉溪市人，1981—1985 年于云南大学数学专业学习并获学士学位；1988—1991 年于西安交

通大学学习并获计算数学硕士学位；1997—2000 年于北京航空航天大学学习并获一般力学博士学位。现为云南师范大学教授，应用数学专业硕士生导师，云南省中青年学术和技术带头人。

曾任职于云南农业大学（1985 年 7 月—1997 年 8 月），上海交通大学（博士后，2000 年 7 月—2002 年 7 月），云南师范大学（2002 年 7 月至今）；香港城市大学（访问学者，2005 年 9 月—2005 年 12 月）。

曾在云南农业大学主讲农科和工科类本专科专业基础课程：高等数学和工程数学；在云南师范大学主讲数学与应用数学本科专业课程：计算方法、数学建模、偏微分方程、常微分方程、高等数学、线性代数，以及应用数学专业研究生的多门课程。在长期的教育教学和人才培养工作中形成的教育理念和思想是：课程学习的成功在于"从无知到有知、再从有知到主动获知"和"从实践中学习、从研究中成长、从创造中成就"等。

研究方向：微分方程的算子方法，时变动力系统的分岔及其应用，非线性波模型的孤立波，高等教育问题的数学建模，网络舆情信息分析与评价的数学建模，国立西南联合大学数学教育史等。主持完成国家自然科学基金面上项目（10772158）和地区项目（111s2020），教育部人文社会科学基金项目"高校招生规模与教育质量的建模及政府调控研究"（08JA790117），云南省高校网络舆情信息分析与应用创新团队项目（201106）。在国内外期刊发表学术论文 100 余篇，出版学术著作和教材 7 部。

2003 年获全国百篇优秀博士论文提名（《时变动力系统的分岔及其应用研究》）；2008 年获第五届云南省教育科研优秀成果一等奖（《高校招生规模、政府投入和学费标准的三维动力学模型》）（独立完成）；2008 年，获第六届云南省教育教学成果奖二等奖（排名第 4）；2010 年，获云南师范大学"伍达观教育基金二等奖教金"；2012 年，获云南省精品教材奖（《常微分方程解法与建模应用》）；2015 年，获云南师范大学"红云园丁奖"二等奖；2015 年，获云南省自然科学奖三等奖（几类偏微分方程的解析方法和稳定性研究，排名第 1）；2016 年，获云南省哲学社会科学优秀成果奖二等奖（数学模型在高等教育问题中的应用，独立完成）。

近年来主持完成了多项国家自然科学基金面上项目、地区项目、教育部人文社科基金项目及省级项目等。

1992 年 6 月毕业硕士 2 人

姓名	指导老师	授予学位	工作单位或工作地
黄缨	黄艾香	硕士	美国休斯顿
刘晓钟	李开泰	硕士	美国芝加哥

1993 年毕业硕士 6 人,博士 1 人

姓名	指导老师	授予学位	工作单位或工作地
周 磊	李开泰 博士	硕士 博士(631 所,导师:周天孝)	航空工业西安航空计算技术研究所
胡常兵	马逸尘 博士	硕士 博士(美国,导师 R. Temam)	美国密苏里
白文	周天孝	硕士	中国航空研究院
蔡光程	黄艾香	硕士 博士(法国)	昆明理工大学数学学院
王贺元	梁建华	硕士	沈阳师范大学数学学院
杜其奎	张自立,黄艾香	硕士	南京师范大学数学学院
＊何银年	向一敏,李开泰	博士	西安交通大学数学与统计学院

周磊 中国航空工业西安航空计算技术研究所第七研究室计算流体力学专业主管。1968 年 4 月生,研究员,硕士生导师。1990 年 6 月毕业于西安交通大学计算数学专业,获理学学士学位。1993 年 6 月毕业于西安交通大学理学院计算数学专业获理学硕士学位。1997 年毕业于中国航空研究院计算数学专业,获理学博士学位。2000 年公派赴美国纽约州立大学石溪分校应用数学系访问交流一年。作为课题骨干先后参加了"九五"预研项目"大规模并行处理技术研究"与"十五"预研项目"航空计算流体力学并行算法研究";作为项目负责人主持了"十一五"预研项目"面向航空 CFD 的高性能计算机应用与评测技术"和"十

二五"预研项目"航空 CFD 极大规模并行"的工作,获得航空科学技术局级二等奖 3 项,三等奖 2 项。研究方向:计算流体力学、并行计算等。

白文 现任职于中国航空研究院。生于 1968 年,四川叙永县人,理学博士,研究员,博士生导师;中国航空工业集团公司计算流体力学专业特级专家、信息化专家(工程与制造应用组),"航空报国优秀贡献奖"获得者。1990 年本科毕业于四川大学数学系应用数学专业,1991 年就读于西安交通大学理学院计算物理专业,1994 年就读于西北工业大学翼型叶栅空气动力学国防重点实验室计算空气动力学专业,分别于 1993 和 1998 年获中国航空研究院计算数学专业硕士和博士学位。历任西安航空计算技术研究所数值计算与信息化技术研究室主任、研究所副总工程师、中国航空研究院航空数值模拟技术研究应用中心主任等职务。曾任中国空气动力学学会理事、计算空气动力学专业委员会副主任委员、欧盟框架计划项目中欧航空科技合作交流平台 AEROCHINA 中方协调人、中国航空工业集团公司科学技术委员会飞机专业组兼职委员等学术职务。担任国家"863 计划""973 计划"项目子专题组组长、预研项目负责人、航空科学基金课题负责人等技术职务。

蔡光程 昆明理工大学教授。生于 1965 年 4 月,博士,教授,硕士生导师。1986 年 7 月毕业于湖南大学应用数学系,获理学学士学位;1993 年 7 月毕业于西安交通大学数学系计算数学专业,获理学硕士学位。2001 年 7 月—2003 年 8 月由昆明理工大学选派至法国里昂中央理工大学数学与计算机系学习,在该校开展数字图像处理方面的研究,2005 年 1 月获得博士学位。1995 年 7 月至今在昆明理工大学从事计算数学专业和工科类高等数学基础课的教学和研究工作,2000 年晋升副教授,2005 年晋升教授。主要研究领域为数字图像处理中的运动物体跟踪、边缘检测、计算流体力学。主持国家自然科学基金天元基金一项,主持云南省教育厅重点基金一项,主持校人才基金一项,参与国家自然科学基金两项,参与云南省自然科学基金重点项目和面上项目各一项,主持和参与多项横向

课题。2005 年 9 月获伍达观先进教师奖,2010—2012 年获得校级教学成果一等奖两项,2013 年获得云南省教学成果二等奖一项(排名第一,由云南省政府颁发),2014 年获得红云红河模范教师奖,2015 年获得校级名师称号。主持云南省级精品课程"高等数学",主编云南省十二五规划教材《高等数学教程》《高等数学教程学习指导》。主持校级教学团队建设项目一项,主持一门校级研究生核心课程、一门研究生数学类基础课教学示范课程,参与一门国家级双语示范课程,一门省级双语示范课程。2008—2016 年当选云南省数学会副理事长,现为云南省留学人员联谊会常务理事。2009 年至今,担任中国致公党云南省委员会委员。

1994 年毕业毕业硕士 7 人

姓名	指导老师	授予学位	工作单位或工作地
张元亮	李开泰	硕士	西雅图微软公司
王卫东	黄艾香	硕士	交通银行(上海)信用卡中心
袁慧萍	黄艾香	硕士 博士(西安交通大学管理学院)	中国人民银行金融信息管理中心
封卫兵	马逸尘	硕士	上海大学计算机科学系
*梅立泉	黄庆怀	硕士	西安交通大学数学与统计学院
杨晓忠	高应才	硕士	华北电力学院(北京)
*侯延仁	李开泰	硕士	西安交通大学数学与统计学院

1995 年毕业硕士 5 人

姓名	指导老师	授予学位	工作单位或工作地
吴希	李开泰	硕士,博士(美国)	摩根大通(纽约)
李哲	李开泰	硕士,博士(美国)	美洲银行(纽约)
蒋巧媛	黄艾香	硕士,博士(美国)	美国加州
赵季中	黄艾香	硕士 博士(导师:郑南宁)	西安交通大学软件学院
曾晓流	马逸尘	硕士	

1996 年毕业硕士 3 人

姓名	指导老师	授予学位	工作单位或工作地
石瑞民	黄艾香	硕士	
李小斌	马逸尘	硕士	
＊李东升	李开泰	硕士	西安交通大学数学与统计学院

1997 年毕业硕士 9 人,博士 6 人

姓名	指导老师	授予学位	工作单位或工作地
张全德	李开泰	博士	陕西师范大学
杨晓忠	游兆永,李开泰	博士	华北电力大学
吴建华	游兆永,黄艾香	博士	陕西师范大学
＊梅立泉	游兆永,黄艾香	博士	西安交通大学
＊侯延仁	游兆永,李开泰	博士	西安交通大学
石东洋	游兆永,李开泰	博士	郑州大学
冯玉东	李开泰	硕士	郑州电力高等专科学校
杨景军	黄艾香	硕士	
＊王立周	李开泰	硕士	西安交通大学数学与统计学院
孙卫	黄艾香	硕士	空军工程大学
蔡剑刚	黄艾香	硕士,博士(美国)	美国新泽西州
赵春山	马逸尘	硕士	美国亚特兰大理工学院
周云开	黄艾香	硕士,博士(美国)	美国得克萨斯大学达拉斯分校
陈琪	马逸尘	硕士	上海
任春风	黄庆怀	硕士	西安交通大学数学与统计学院

杨晓忠　华北电力大学数理学院教授。1965 年 10 月生,汉族。1983—1987 年于内蒙古大学数学系学习并获计算数学本科学位;1991—1994 年于西安交通大学应用数学系学习并获计算数学专业硕士学位;1994—1997 年于西安交通大学理学院学习并获计算数学博士学位;1997—1999年于中国科学院大气物理研究所(大气科学与计算地球流体力学数值模拟国家重点实验室)进行博士后研究(获中科院大气物理所副研究员资格)。2003—2004 年赴加拿大阿尔伯塔大学数学与统

计科学系作访问学者;2005—2006 年赴德国马格德堡大学应用数学系作高级研究学者。

1987—1991 年任内蒙古地质矿产局计算中心助理工程师;1997—1998 年任职于华北电力大学(北京)基础部,讲师;1998—2003 年任职于华北电力大学(北京)基础部,副教授;2003 年至今,任职于华北电力大学(北京)数理学院,教授(三级);2016 年至今,为华北电力大学控制与计算机学院博士生导师(系统分析、运筹与控制方向);2007—2016 年,任华北电力大学数理学院副院长兼数理系主任。中国科学院大气物理研究所兼职研究员,德国马格德堡大学和加拿大阿尔伯塔大学访问教授,北京市计算数学会理事,《数据挖掘》期刊编委,国家外国专家局高端项目评审专家,国家自然科学基金项目评审专家,国家留学基金委评审专家,教育部学位与研究生教育评审专家。

主要研究方向包括:计算数学及其应用软件、计算金融学、分数阶系统控制理论与方法等。是首届教育部"高等学校骨干教师资助计划"项目获得者(1999 年),先后主持国家自然科学基金(面上)项目 2 项,国家"十二五"水体污染控制重大专项(子课题)、河北省自然科学基金项目、教育部回国人员基金项目等纵向基金项目 11 项,主持国家电网东北电网公司、河南省电网公司项目等横向课题 8 项。

获加拿大阿尔伯塔大学"杰出学术奖"(2004 年),河南省电力公司科技成果奖(2005 年),《中国科技论文在线精品论文》优秀论文奖(2015 年、2016 年)等。在国际、国内期刊和国际会议会刊上发表论文 90 余篇,其中有 30 余篇被 SCI 收录;出版著作 3 部。

主讲课程:数值分析(计算方法,本科生课程);偏微分方程数值解法,非线性数值分析(研究生课程)。已培养硕士 21 名,其中 5 人获校优秀硕士学位论文奖,1 人当选北京市优秀硕士毕业生、4 人当选校优秀硕士毕业生。目前在读博士生 1 名、硕士生 6 名。

吴建华 陕西师范大学数学与信息科学学院教授。1988 年 6 月毕业于陕西师范大学,获基础数学硕士学位;1997 年 6 月毕业于西安交通大学,获计算数学博士学位;1997 年 10 月—1999 年 12 月在西安电子科技大学博士后流动站工作;多次到美国明尼苏达大学、亚利桑那大学、怀特州立大学和加拿大麦克马斯特大学等高校合作访问。2000 年开始享受国务院政府特殊津贴,2001 年进入陕西省"三五人才"计划，2004 年入选教育部优秀青年教师资助计划，2016 年获宝钢优秀教师奖。曾任陕西省数学学会秘书长、陕西省工业与应用数学学会副理事长、陕西省计算数学学会副理事长。

先后主持国家自然科学基金项目 6 项，主持完成教育部骨干教师资助计划、教育部优秀青年教师资助计划、教育部高等学校博士点专项基金、教育部留学回国人员基金项目等十余项。主持完成数学与应用数学国家级特色专业建设项目，主持"数学建模与数学实验"省级教学团队建设项目。主要从事反应扩散模型及数学生物学的研究，已发表论文 140 余篇，主要发表在 $J. \; Differential \; Equations$、$SIAM \; J. \; Appl. \; Math.$、$SIAM \; J. \; Math. \; Anal.$、$Proc. \; London \; Math. \; Soc.$、$IMA \; J. \; Appl. \; Math.$、$Discrete \; Contin. \; Dyn. \; Syst.$、$European \; J. \; Appl. \; Math.$、$J. \; Bifur. \; Chaos$、$Differential \; Integral \; Equations$、$Math. \; Nachr.$、$Nonlinear \; Anal.$、《中国科学》《数学学报》《数学年刊》等国内外刊物上。曾获陕西省科技进步奖和陕西省教学成果奖各 1 项。

1998 年毕业硕士 1 人，博士 2 人

姓名	指导老师	授予学位	工作单位或工作地
封卫兵	游兆永，李开泰	博士	上海大学
王卫东	游兆永，黄艾香	博士	交通银行（上海）
付永钢	李开泰	硕士	集美大学

王卫东 交通银行信用卡中心党委书记、总经理。1970 年 11 月生，浙江诸暨人。1987 年 9 月—1991 年 7 月于西安交通大学数学系学习并获计算数学及应用软件专业学士学位；1991 年 9 月—1994 年 2 月于西安交通大学学习并获计算数学硕士学位；1994 年 3 月—1997 年 6 月于西安交通大学学习并获计算数学博士学位。1997 年 7 月—1998 年 3 月在交通银行深圳分行电脑处工作；1998 年 3 月—2000 年 5 月任交

通银行深圳分行电脑处二级专务;2000年5月—2004年4月任交通银行深圳分行电脑部副总经理(主持工作,其间,2003年3月—2004年3月在总行私金部挂职);2004年4月—2005年1月任交通银行深圳分行办公室副主任(主持工作);2005年1月—2006年2月任交通银行深圳分行办公室主任;2006年2月—2008年9月任交通银行深圳分行党委委员、副行长;2005年9月—2011年10月任交通银行个人金融业务部总经理;2011年10月—2016年3月任交通银行海南省分行党委书记、行长;2016年3月至今任交通银行信用卡中心党委书记、总经理。

封卫兵 现任职于上海大学。生于1968年2月,浙江省绍兴市人,中共党员,副研究员。1987年9月—1991年7月在西安交通大学应用数学专业学习,获学士学位;1991年9月—1994年3月在西安交通大学计算数学专业学习,获硕士学位;1994年4月—1998年7月在西安交通大学计算数学专业学习,获博士学位。

1998年10月—2001年3月在上海大学应用数学和力学研究所博士后流动站作博士后研究。2001年4月至今在上海大学计算机工程与科学学院任教。

研究方向:偏微分方程数值计算和并行计算方法。博士后研究期间,在刘高联院士的指导下从事叶轮机旋转叶片流固耦合变域变分有限元计算方面的研究。作为项目主要完成人,参加了国家自然科学基金重点项目"叶轮机气动力学新一代反命题和优化设计的研究"(50136030)、面上项目"叶栅和机翼多工况点反命题变分理论和有限元法"(59876017)和"哈密顿原理的重大革新及其对一般初边值问题的推广"(10372055)等项目的研究。

1999年毕业硕士3人,博士1人

姓名	指导老师	授予学位	工作单位或工作地
宋国华	李开泰	博士	北京建筑大学
胡澎	李开泰	硕士　博士(美国)	
马滢	黄艾香	硕士　博士(美国)	
张引娣	刘之行	硕士	西安交通大学数学与统计学院

2000 年毕业博士 4 人

姓名	指导老师	授予学位	工作单位或工作地
＊李东升	李开泰	博士	西安交通大学
李明军	李开泰	博士	湘潭大学
李功胜	马逸尘	博士	山东理工大学
赵春山	李开泰	博士	美国佐治亚南方大学

李功胜　山东理工大学数学与统计学院教授。1966年 8 月出生于河南省新乡县。1984 年 9 月—1988 年 7 月在河南大学数学系学习，获理学学士学位；1990 年 9 月—1993 年 7 月在郑州大学系统科学与数学系基础数学专业学习，获理学硕士学位；1997 年 9 月—2000 年 7 月在西安交通大学理学院计算数学专业学习，获理学博士学位。

1988 年 7—2000 年 7 在河南新乡师专工作；2000 年 8 月至今在山东理工大学（原淄博学院）工作，现任数学与统计学院院长。2003 年 1 月晋升教授；2012 年 3 月被聘为内蒙古工业大学兼职教授，2015 年 12 月被聘为兼职博导。

中国工业与应用数学学会理事、数学模型专业委员会委员，山东省工科院校大学数学教学研究会理事长，山东省数学会计算数学专业委员会委员。

主要从事数学物理反问题、病态问题的正则化方法、溶质传输模型及数值模拟、分数阶反常扩散模型模拟及相关反问题研究。主持完成 4 项国家自然科学基金项目、2 项山东省自然科学基金项目，在重要学术期刊发表论文 60 余篇，获得 2007 年度山东省高校优秀科研成果奖三等奖，2010 年度山东省科技进步奖二等奖。

2003 年开始招收硕士研究生，2017 年开始招收博士研究生。目前培养硕士 16 人，在读硕士生 5 人、博士生 1 人。其中范小平的毕业论文获得 2007 年度山东省优秀硕士学位论文奖；张大利、孙春龙的毕业论文分别获得山东理工大学优秀硕士学位论文奖。

2001 年毕业硕士 6 人，博士 4 人

姓名	指导老师	授予学位	工作单位或工作地
＊王立周	李开泰	博士	西安交通大学数学与统计学院
＊李洪军	李开泰	博士	西安交通大学数学与统计学院

姓名	指导老师	授予学位		工作单位或工作地
王侃民	李开泰	博士		九江学院
石强	李开泰	硕士	博士（美国）	密苏里大学
巫禄芳	黄艾香	硕士		深圳
赵林巧	李开泰	硕士	博士（美国）	纽约
陈琪	马逸尘	博士		中兴通讯股份有限公司
金志华	马逸尘	硕士		宁夏忠卫
余用江	马逸尘	硕士		上海交通大学数学科学学院
胡志刚	张武	硕士		

王侃民 现任职于九江学院。陕西省西安市人，中共党员，三级教授，硕士生导师。2001年6月毕业于西安交通大学计算数学专业，获理学博士学位。1984—2003年在长安大学从事数学教学与研究工作。2003年调入九江学院工作。

江西省"新世纪百千万人才工程"人员第一二层次人选，江西省教学名师，江西省高校中青年骨干教师，享受江西省政府特殊津贴。中国工业与应用数学学会理事，曾任九江学院理学院院长兼党委书记，现任九江学院科研处处长。

王侃民作为主要完成人已完成国家自然科学基金项目3项，主持省部级科研项目5项，参与省部级科研项目6项，发表论文40余篇，其中SCI/EI收录10余篇；主编教材1部，参编教材5部。曾获江西省高校科技成果奖三等奖，国家级教学成果奖二等奖，陕西省普通高校优秀教学成果奖一等奖，全国高校出版社优秀畅销书奖二等奖，陕西省高校青年教师教书育人先进个人称号，江西省教学成果奖二等奖等。

赵林巧 现任职于美国摩根大通银行。1998年7月获西安交通大学科学计算及应用软件专业学士学位；2001年4月获西安交通大学科学计算及应用软件专业硕士学位；2003年5月获密苏里州立大学应用数学硕士学位；2010年9月获卡耐基梅隆大学统计学博士学位（论文《交易定价动态系统分析及稳定估计方法》）。

2004 年 9 月—2008 年 8 月,任卡耐基梅隆商学院金融研究助理;2007 年,2008 年—2009 年分别任 PNC 银行商业贷款风险管理部实习生和兼职员工;2009 年 7 月—2013 年 7 月任 PNC 银行商业贷款分析组副总裁;2013 年 7 月—2014 年 9 月任第一资本银行直接银行市场统计分析部高级经理;2014 年 9 月至今,任摩根大通投资银行量化研究技术支持部执行董事。

2002 年毕业硕士 3 人,博士 1 人

姓名	指导老师	授予学位	工作单位或工作地
李德玉	马逸尘	博士	山西大学计算机科学与工程学院
杨银苓	马逸尘	硕士	
魏军侠	张武	硕士	北京应用物理与计算数学研究所
张文岭	李开泰	硕士	国家自然科学基金委员会数理学部数学处

2003 年毕业硕士 10 人,博士 5 人

姓名	指导老师	授予学位	工作单位或工作地
张海亮	张武	博士	中国海洋大学
*贾惠莲	李开泰	硕士	西安交通大学数学与统计学院
洪莉	李开泰	硕士	暨南大学珠海学院
*张正策	李开泰	博士	西安交通大学数学与统计学院
郭秀兰	李开泰	博士	河南工业大学
窦家维	李开泰	博士	陕西师范大学数学学院
*苏剑	李开泰	硕士	西安交通大学数学与统计学院
任春风	马逸尘	博士	美国佐治亚洲南方大学
张志斌	马逸尘	硕士	
应根军	马逸尘	硕士	上海柯斯软件股份有限公司
王爱文	何银年	硕士	北京信息科技大学
苗焕玲	何银年	硕士	华南理工大学
朱小红	刘之行	硕士	暨南大学数学学院
李文先	张武	硕士	
乔彩婷	张武	硕士	

王爱文　现任职于北京信息科技大学。博士,硕士生导师。1999 年毕业于聊城师范学院数学系,获学士学位;2003 年毕业于西安交通大学理学院,获硕士学位;2012 年毕业于中国科学院大气物理研究所,获博士学位;2015 年至今在北京工业大学进行博士后研究。2003 年以来在北京信息科技大学任教。

研究方向:偏微分方程数值解,非线性动力学与控制,地球流体力学。主持国家自然科学基金面上项目 1 项,北京市教委科研计划面上项目 1 项,校级教改以及课程建设项目 4 项。在 SCI 期刊发表论文 10 余篇,出版教材 2 部、专著 1 部。曾获"北京信息科技大学优秀主讲教师"称号。

主要承担研究生计算动力学、非线性方程数值解等课程,本科生数学建模、常微分方程、专业英语、复变函数等课程。

窦家维　陕西师范大学数学与信息科学学院副教授。1980 年 9 月—1984 年 6 月在陕西师范大学数学专业学习,获学士学位;1985 年 9 月—1988 年 7 月在陕西师范大学数学专业学习,获硕士学位;1999 年 9 月—2003 年 9 月在西安交通大学计算数学专业学习,获博士学位。参与 4 项国家自然科学基金面上项目。

2004 年毕业硕士 12 人,博士 3 人

姓名	指导老师	授予学位	工作单位或工作地
姜伟峰	李开泰	硕士	武汉理工大学理学院
白涛	李开泰	硕士	西安
*洪广浩	李开泰	硕士	西安交通大学数学与统计学院
刘安民	李开泰	工程硕士	太原钢铁集团
郝伟宏	李开泰	工程硕士	太原钢铁集团
秦新强	马逸尘	博士	西安理工大学
王贺元	李开泰	博士	沈阳师范大学
*徐忠锋	李开泰	博士	西安交通大学教务处,理学院

续表

姓名	指导老师	授予学位	工作单位或工作地
马飞遥	马逸尘	硕士	美国科罗拉多州
王应玺	马逸尘	硕士	招商证券资产管理有限公司
雒战平	刘之行	硕士	
汤全武	马逸尘	工程硕士	太原钢铁集团
马法成	马逸尘	工程硕士	太原钢铁集团
王继光	马逸尘	工程硕士	太原钢铁集团
李剑	何银年	硕士	宝鸡文理学院

王贺元　沈阳师范大学数学与统计学院院长，教授，硕士生导师。博士毕业于西安交通大学。长期从事旋转流动的稳定性、非线性系统的混沌仿真与控制等方面的研究工作，主持国家自然科学基金项目、中国博士后科学基金项目和辽宁省自然科学基金项目等各类科研项目 10 余项。在国际期刊 *International Journal of Bifurcation and Chaos*，*International Journal of Information and Systems Science* 以及《应用数学学报》等刊物上发表学术论文 60 余篇，其中已被 SCI/EI 收录 20 余篇，论文多次被引用。合著出版专著 1 部（科学出版社出版），2 本专著在出版流程中。与中国科学院地质与地球物理研究所合作开展瞬变电磁场直接时域解方面的研究，完成的瞬变电磁场直接时域响应的原创性成果在工程勘察和地质勘探中获得广泛应用，直接经济效益 2000 余万元。

1987 年起在辽宁工业大学任教，先后主讲本科生的高等数学、工程数学、复变函数、实变函数、数学分析、高等代数、数学建模和研究生的应用泛函分析等 10 多门课程，是高等数学辽宁省级精品课程和辽宁省优秀教学团队主要成员。主持辽宁省及学校教改课题 5 项，2015 年获辽宁省高等教育研究优秀学术成果奖二等奖，出版研究生教材 1 部。精心组织和指导学生参加全国大学生数学建模竞赛等课外科技活动，多次获得国家及赛区奖，多次被评为数学建模竞赛优秀指导教师，由于成绩突出被数学建模竞赛辽宁赛区组委会及研究生竞赛全国组委会聘为阅卷专家。2017 年获得全国大学生数学建模竞赛优秀指导教师称号。

现任沈阳师范大学数学与统计学院院长。

姜伟峰 现任职于武汉理工大学。生于 1977 年 7 月
2 日,籍贯为湖北省武汉市。1995 年 9 月—2001 年 7 月于
西安交通大学理学院信息与计算科学系学习,获理学学士
学位;2001 年 9 月—2004 年 12 月于西安交通大学数学系
学习,获理学硕士学位。

2002 年 8 月在西安交通大学参加国际数学家大会科
学计算卫星会议;2003 年 2 月—7 月任西安交通大学高等
数学助教;2003 年 8 月—9 月在北京大学参加全国“应用
数学与科学计算”暑期学校;2005 年 9 月—2007 年 12 月任
武汉理工大学理学院数学系助教;2007 年 12 月至今任武汉理工大学理学院数
学系讲师。

2001 年 1 月当选陕西省 2001 届普通高校优秀本科毕业生;2001 年 2 月当
选西安交通大学 2001 届优秀本科毕业生;2002 年 6 月当选西安交通大学校级优
秀共产党员;2002 年 12 月当选西安交通大学校级优秀研究生兼职辅导员;2002
年 12 月当选西安交通大学校级三好研究生;2003 年 6 月当选西安交通大学校级
优秀共产党员;2003 年 12 月当选西安交通大学校级优秀研究生学生干部;2010
年 9 月获武汉理工大学教案评比优秀奖;2016 年 4 月获武汉理工大学 2016 年青
年教师授课比赛理学院二等奖。

主讲课程:高等数学 B、高等数学 C、线性代数。

2005 年毕业硕士 5 人,博士 5 人

姓名	指导老师	授予学位	工作单位或工作地
王为民	李开泰	博士	暨南大学(珠海)
于翠影	李开泰	硕士	北京应用物理与计算数学研究所
于用江	李开泰	博士	上海交通大学
刘练珍	李开泰	博士	江南大学
刘德民	李开泰,侯延仁	硕士	新疆大学数学与系统科学学院
安荣	李开泰	硕士	温州大学数理与电子信息工程学院
庄弘炜	马逸尘	博士	西安武警工程大学

姓名	指导老师	授予学位	工作单位或工作地
李艳玲	马逸尘	博士	陕西师范大学数学与信息科学学院
杨金勇	马逸尘	硕士	
张志鹏	马逸尘	硕士	
王健	马逸尘	硕士	
朱立平	何银年	硕士	西安建筑科技大学理学院
陈宁宁	刘之行	硕士	

刘练珍　现任江南大学理学院教授。1989 年 9 月—1993 年 7 月在陕西师范大学学习，获理学学士学位；1995 年 9 月—1998 年 7 月在陕西师范大学数学系学习基础数学，获理学硕士学位（主要从事多值逻辑与模糊逻辑的研究，导师：王国俊教授）；2001 年 9 月—2005 年 6 月在西安交通大学理学院学习计算数学，获理学博士学位（主要从事大规模科学与工程计算方面的研究，导师：李开泰教授）。

1993 年 7 月—1995 年 9 月任西藏民族学院经济系助教；1998 年 7 月—2001 年 9 月任西藏民族学院经济系讲师；2005 年 12 月—2009 年 7 月任江南大学理学院副教授；2009 年 7 月—2014 年 8 月任江南大学校聘教授；2012 年 9 月—2013 年 9 月赴美国范德堡大学作访问学者；2014 年 8 月至今，江南大学理学院副教授、教授。

是下列期刊的审稿人：*Information Sciences*，*Fuzzy Sets and Systems*，*Soft Computing*，*Mathematica Slovaca*，*Journal of Intelligent and Fuzzy Systems*，*Iranian Journal of Mathematical Sciences and Informatics*，*Iranian Journal of Fuzzy Systems*。主持完成 3 项国家自然科学基金面上项目。2012 年入选江苏省首批高校优秀中青年教师和校长境外研修项目。

于翠影 现任职于北京应用物理与计算数学研究所。汉族,生于 1979 年 12 月 26 日,中共党员。1998—2002 年,在内蒙古大学计算数学及应用软件专业学习,获学士学位;2002—2005 年,在西安交通大学计算数学专业学习,获硕士学位。

2005—2007 年,任北京应用物理与计算数学研究所实习员研究;2007—2013 年,任北京应用物理与计算数学研究所工程师;2013 年至今,任北京应用物理与计算数学研究所高级工程师,高性能数值模拟软件中心综合管理处处长。

李艳玲 陕西师范大学数学与信息科学学院教授,博士生导师。2005 年获西安交通大学计算数学博士学位。主持完成国家自然科学基金、教育部和陕西省自然科学基础研究计划项目各 1 项,参与完成国家自然科学基金项目和教育部基金项目 10 项;在 *Nonlinear Anal. RWA*、*Appl. Math. Lett.*、*Int. J. Biomath.*、*Acta Appl. Math.*、*J. Bifur. Chaos Appl. Sci. Engrg.*、《数学学报》、*Acta Mathematica Scientia*、《计算机工程与应用》《应用数学学报》等国内外核心学术期刊发表论文 80 余篇;在西安交通大学出版社出版专著 1 部(《应用偏微分方程》);曾获陕西省科技进步奖二等奖 1 项。

2006 年毕业硕士 6 人,博士 1 人

姓名	指导老师	授予学位	工作单位或工作地
张文岭	李开泰	博士	国家自然科学基金委员会数理学部
田阗	马逸尘	硕士	西安电子科技大学
任瑞婷	何银年	硕士	中国工商银行(珠海)
黄丽丽	何银年	硕士	
柏鹏	侯延仁	硕士	
徐辉	侯延仁	硕士	英国伦敦帝国理工学院/上海交通大学
张燕	侯延仁	硕士	英国伦敦帝国理工学院

2007 年毕业硕士 7 人,博士 6 人

姓名	指导老师	授予学位	工作单位或工作地
沈晓芹	李开泰	博士	西安理工大学理学院
王晶	李开泰	硕士	东北石油大学
李聪健	何银年	硕士	
*苏剑	李开泰	博士	西安交通大学数学与统计学院
孙海燕	马逸尘,孟庆生	硕士	长安大学
冯新龙	何银年	博士	新疆大学
何国良	何银年	博士	电子科技大学
李剑	何银年	博士	陕西科技大学
*贾惠莲	李开泰	博士	西安交通大学数学与统计学院
张明	梅立泉	硕士	中国民航
李智	梅立泉	硕士	四川大学
杨文生	李东升	硕士	
郑挺	何银年	硕士	

沈晓芹 西安理工大学教授,博士生导师,陕西省青年科技新星,中国工业与应用数学学会会员,美国数学会 *Mathematical Reviews* 评论员。主要研究方向:弹性壳体数学模型、数值计算及其在生物医学领域的应用。

1998 年 9 月—2002 年 7 月在西安理工大学学习信息与计算科学,获理学学士学位;2002 年 9 月—2007 年 12 月在西安交通大学计算数学专业学习并获理学博士学位,导师:李开泰教授和 P. G. Ciarlet 教授。

先后主持国家自然科学基金项目 4 项、省部级(人才)及各类纵向项目 11 项。目前已在 *COMPUT. METHODS APPL. MECH. ENGRG.* 、*APPL MATH. MODEL*、*ANAL APPL*、*NUMER METH PART D E*、*ULTRASONICS*、*MECH RES COMMUN*、《应用数学学报》等国际、国内重要学术期刊发表学术论文 30 余篇,其中 SCI 论文 20 余篇(JCR 一区 8 篇,二区 5 篇)。以第一发明人身份获得发明专利授权 10 项,其中 5 项为国际专利,在美国、欧洲、日本、韩国等国家和地区获得授权。

多次参加青年教师教学竞赛,并取得优异成绩。2013 年获得陕西省高校第二届青年数学教师讲课比赛三等奖,2015 年获得西安理工大学青年教师讲课比赛二等奖,2016 年获得陕西高等学校第三届青年教师教学竞赛二等奖 。先后入选西安理工大学"优秀青年教师计划"和"杰出青年教师计划",2013 年被评为陕西省"青年科技新星",2017 年被评为陕西省高校"青年杰出人才",2018 年被评为陕西省特支计划"青年拔尖人才"。

冯新龙 新疆大学三级教授,博士生导师。中共党员,理学博士。1994 年 9 月—1998 年 7 月于新疆大学数学与系统科学学院基础数学专业学习,获学士学位,研究方向:软件工程;1998 年 9 月—2001 年 7 月于新疆大学数学与系统科学学院计算数学专业学习,获硕士学位,研究方向:矩阵计算、偏微分方程数值解;2003 年 9 月—2007 年 4 月于西安交通大学理学院数学专业学习,获博士学位,研究方向:偏微分方程理论和计算。

1998 年 9 月—2001 年 12 月任新疆大学数学与系统科学学院助教;2001 年 12 月—2007 年 9 月任新疆大学数学与系统科学学院讲师;2007 年 3 月—2011 年 7 月在新疆大学数学学科博士后科研流动站做博士后研究;2007 年 9 月—2010 年 9 月任新疆大学数学与系统科学学院副教授;2009 年 3 月—2010 年 3 月在韩国首尔大学数学系做博士后研究;2010 年 12 月至今,任新疆大学数学与系统科学学院教授;2011 年 11 月—2013 年 11 月在香港浸会大学数学系作博士后研究;2014 年 7 月—2014 年 9 月在香港浸会大学数学系作访问学者;2015 年 10 月—2016 年 2 月在巴西巴拉那联邦大学数学系作博士后研究;2017 年 6 月—2017 年 7 月在加拿大阿尔伯塔大学数学系作访问学者。

研究领域:复杂流体的可计算建模与高效算法研究、科学计算与不确定性量化、计算流体力学、保险精算等。

学术兼职:中国准精算师(2007 年 3 月至今);中国核学会计算物理学会第六届理事会理事(2007 年 10 月—2016 年 12 月);中国计算数学学会第八届、第九届理事会理事(2010 年 12 月至今);中国数学会理事(2015 年 10 月至今)。

2010 年获霍英东教育基金高等院校青年教师奖三等奖；2013 年入选教育部新世纪优秀人才支持计划；2013 年入选新疆维吾尔自治区天山英才工程（第二层次培养人选）；2013 年入选新疆维吾尔自治区杰出青年科技创新人才培养工程项目人选；2014 年入选新疆维吾尔自治区国家高层次人才特殊支持计划后备人选（科技创新领军人才）；2015 年，"不可压流体动力学方程高效算法及其应用"获新疆维吾尔自治区科学技术进步奖二等奖（排名第一）；2015 年获新疆维吾尔自治区优秀共产党员荣誉称号；2016 年获第八届新疆青年科技奖。

主持国家自然科学基金面上项目 2 项，地区科学基金项目 1 项，青年科学基金项目 1 项，天元基金项目 1 项；主持省部级、厅局级科研项目 14 项，拥有国家专利 1 项，发表论文 160 余篇，SCI 论文 140 余篇。

李剑　陕西科技大学教授，博导。2007 年于西安交通大学获计算数学专业博士学位，2008—2010 年在加拿大卡尔加里大学石油化工系作博士后研究。曾为"西安交通大学千人计划"团队成员，西北工业大学计算科学学术特区兼职教授，担任 2 种国际期刊编委/副主编，美国数学会评论员。现为中国计算数学理事会理事，陕西省数学会理事，陕西省统计学会副理事长，西北工业大学-格拉斯哥大学心脏学计算与应用国际联合实验室学术委员会委员。享受国务院政府特殊津贴。获全国优秀教师、教育部新世纪优秀人才，中组部/教育部/科技部/中科院"西部之光"访问学者，陕西省"特支计划"区域发展创新人才，陕西省三秦人才，陕西省优秀党员，陕西青年科技新星，陕西青年科技奖和宝鸡突出贡献青年拔尖人才等荣誉。

长期从事偏微分数值解法、不可压缩流问题高效算法和复杂流体计算方法等的研究，构造了流体低次等阶有限元局部高斯积分稳定化方法；得到不可压缩流低阶有限体积方法系列理论结果；对能源数学流体耦合可计算模型数值方法理论进行深入的研究，并对（超）稠油高效化学驱油方法进行了有益的探索。近年来，作为项目负责人先后完成了教育部新世纪优秀人才支持计划项目、国家自然科学基金 4 项（青年项目 1 项，面上 3 项）、陕西省"特支计划"区域发展创新人才项目、教育部留学回国基金项目、陕西青年科技新星项目等；获批教育部高等学校大学数学教改项目 1 项；科研成果获陕西省科学技术奖一等奖（2017 年）和陕西高等学校科学技术奖一等奖（2012 年）。

在国际计算数学或力学顶尖期刊 *Numerische Mathematik*，*SIAM Journal on Scientific Computing*，*Journal of Computational Physics*，*Computer Methods in Applied Mechanics and Engineering* 等发表 SCI 论文 74 篇，与加拿大 AICISE 中心合作稠油开采报告 3 篇，获批国家发明专利 1 项。数学类论文 Google 学术搜索总引 1400 余次，其中 4 篇文章分别被引用 206 次，133 次，132 次和 111 次。

2008 年毕业硕士 5 人，博士 6 人

姓名	指导老师	授予学位	工作单位或工作地
安荣	李开泰	博士	温州大学数学与电子信息工程学院
张引娣	李开泰	博士	长安大学理学院
段献葆	马逸尘	博士	西安理工大学理学院
高志明	马逸尘	博士	北京应用物理与计算数学研究所
*晏文璟	马逸尘	博士	西安交通大学数学与统计学院
李静然	马逸尘	硕士	
吴华	马逸尘	硕士	长安大学
葛志昊	何银年	博士	河南大学
张卫军	梅立泉	硕士	国家安全部
董会	梅立泉	硕士	中国人民解放军工程大学
崔娟	何银年	硕士	

张引娣　长安大学理学院教授。1983 年 7 月毕业于西安交通大学数学系应用数学专业，获得理学学士学位；同年 7 月分配到长安大学从事教学工作；1996 年 9 月起在西安交通大学计算数学专业学习，获得理学硕士学位；2000 年 2 月起在西安交通大学计算数学专业学习，并获得理学博士学位。近年来发表偏微分方程理论及计算方面的学术论文 10 余篇，先后在《数学学报》《数学物理学报》《计算数学》、*Nonlinear Analysis：Theory，Methods and Applications*，*Journal*

of Mathematical Analysis and Applications 等国际知名学术刊物发表学术论文 7 篇，均被 SCI 收录。2007 年开始负责长安大学本科生及研究生的数学建模竞赛工作，2009 年长安大学在全国数学建模竞赛中取得了 1 项国家一等奖，4 项国家二等奖；2014 年在全国数学建模竞赛中取得了 2 项国家一等奖，4 项国家二等奖；2015 年在美国大学生数学建模竞赛中获特等奖提名 1 项，国际一等奖 1 项，国际二等奖 6 项；2016 年在全国数学建模竞赛中取得了 1 项国家一等奖，2 项国家二等奖；2017 年在美国大学生数模竞赛中获 2 项国际一等奖，5 项国际二等奖。

高志明　现任职于北京应用物理与计算数学研究所。1999 年 9 月—2003 年 7 月在西安交通大学理学院信息与计算科学系学习，获学士学位；2003 年 9 月—2008 年 7 月在西安交通大学理学院计算数学系学习（硕博连读），获博士学位（导师：马逸尘教授）；2008 年 8 月—2011 年 9 月在北京应用物理与计算数学研究所作助理研究员；2011 年 10 月至今任北京应用物理与计算数学研究所副研究员。主持国家自然科学基金面上项目、青年基金项目等 5 项，资助费用总计 348 万元；2010 年获全国优秀博士论文提名；2011 年 6 月至今任美国《数学评论》评论员。

段献葆　西安理工大学副教授，硕士生导师。2008 年 3 月毕业于西安交通大学，获理学博士学位。

主要研究领域：偏微分方程数值解，流体力学最优控制问题。主持国家自然科学基金数学天元青年基金项目 1 项，陕西省重点研发计划项目 1 项，陕西省教育厅项目 2 项，参与国家及陕西省基金项目等 8 项。公开发表学术论文 30 余篇，其中以第一作者身份发表 SCI 论文 11 篇、EI 论文 8 篇、中文核心期刊论文 5 篇。2012 年荣获西安理工大学"'十一五'科技尖兵"称号。

葛志昊　现为河南大学数学与统计学院教授,硕士生导师。1998年9月—2002年7月,在信阳师范学院数学系数学教育专业学习,获学士学位;2002年9月—2005年3月,在信阳师范学院数学与信息科学学院应用数学专业学习,获理学硕士学位;2005年3月—2008年12月在西安交通大学理学院计算数学专业学习,获理学博士学位。

2006年9月—2006年12月在北京大学国际数学研究中心学习;2007年9月—2008年9月在威斯康星大学麦迪逊分校作访问学者;2008年12月至今,任职于河南大学;2010年9月—2011年6月在北京大学作访问学者;2011年6月—2011年7月访问意大利国际理论物理研究中心;2013年9月至今,河南大学数学与统计学院信息与计算科学系主任;2014年7月—2014年8月访问台湾大学;2015年3月—2016年3月在美国宾州州立大学作访问学者。

研究领域与研究兴趣:①偏微分方程理论与计算:时滞反应扩散方程,N-S方程及薛定谔方程,流固耦合问题(Poroelasticity Model);②动力系统与生物数学,分歧与稳定性理论,行波解;③计算金融。主持国家自然科学基金青年基金项目、国际交流项目、河南省自然科学基金面上项目等4项。在 *IMA J. Numer. Anal*、*AMC*、*JMAA*、*NARWA* 等国际著名期刊发表论文28篇,省部级以上奖励10余项。《美国数学评论》评论员。

培养研究生12人(已毕业),5人在读。

安荣　温州大学数理与电子信息工程学院教授,硕士生导师。1998年9月—2002年6月,在西安交通大学理学院学习,获学士学位;2002年9月—2005年4月,在西安交通大学理学院学习,获硕士学位;2005年4月—2008年6月,在西安交通大学理学院学习,获博士学位(导师:李开泰教授)。

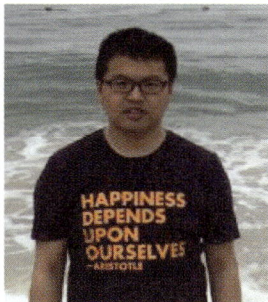

2008年7月—2010年10月,任温州大学数理与电子信息工程学院讲师;2010年11月—2018年12月,任温州

大学数理与电子信息工程学院副教授;2015 年 3 月—2015 年 9 月,在香港城市大学数学系作访问学者;2017 年 7 月—2017 年 8 月,在香港城市大学数学系作访问学者。2019 年 1 月至今,任温州大学数理与电子信息工程学院教授。

2009 年入选浙江省高校优秀青年教师资助计划;2010 年入选温州市"551 人才工程"第三层次;2012 年入选温州市"551 人才工程"第二层次;2013 年入选浙江省高校中青年学科带头人培养人选。担任 *Numerische Mathematik*、*Numerical Methods for Partial Differential Equations*、*Applied Numerical Mathematics*、*Journal of Computational and Applied Mathematics*、*Boundary Value Problems*、*Numerical Functional Analysis and Optimization*、《应用数学学报》等期刊的审稿人。近年来主持国家自然科学基金面上项目、青年基金项目、浙江省自然科学基金项目等 4 项。

2009 年毕业硕士 7 人,博士 9 人

姓名	指导老师	授予学位	工作单位或工作地
林彬	李开泰	博士	湛江师范学院
李媛	李开泰	博士	温州大学
卢俊香	马逸尘	博士	西安工程大学
付英	马逸尘	博士	西北大学
王阿霞	马逸尘	博士	长安大学
张瑞	马逸尘	博士	山东理工大学
朱静涛	马逸尘	硕士	珍爱网信息技术有限公司
尚月强	何银年	博士	西南大学
宋灵宇	何银年	博士	长安大学
林本杰	何银年	硕士	山东高速信联支付有限公司
穆琳	何银年	硕士	美国田纳西州橡树岭国家实验室数学组
程佩佩	梅立泉	硕士	中兴通讯股份有限公司
张淑娟	梅立泉	硕士	中兴通讯股份有限公司
*洪广浩	王立河	博士	西安交通大学
宋丽娜	候延仁	硕士	青岛大学
曾毅	李东升	硕士	

李媛　温州大学数理与信息工程学院副教授,硕士生导师。2000年9月—2004年6月,在山西大学数学科学学院学习,获学士学位;2004年9月—2009年12月,在西安交通大学理学院学习,获理学博士学位(导师:李开泰教授)。

2010年1月—2011年9月,任温州大学数学与信息科学学院讲师;2011年10至今,任温州大学数学与信息科学学院副教授。

2004年以来,一直致力于不可压缩流体方程和其他非线性偏微分方程有限元数值算法的研究。主持完成国家自然科学基金青年项目和浙江省自然科学基金一般项目各1项,主持浙江省自然科学基金一般项目1项(在研)。在 *Numerische Mathematik*、*Applied Numerical Mathematics*、*International Journal for Numerical Methods in Fluids*、*Computing*、*International Journal of Numerical Analysis & Modeling*、*Journal of Computational Mathematics*、*Journal of Mathematical Analysis and Applications*、*Journal of Computational and Applied Mathematics*、*Acta Mathematicae Applicatae Sinica English Series*、《计算数学》等国内外知名期刊发表学术论文20余篇。

2010年毕业硕士9人,博士7人

姓名	指导老师	授予学位	工作单位或工作地
刘德民	李开泰	博士	新疆大学
史峰	李开泰	博士	哈尔滨工业大学深圳分校
韩西安	马逸尘	博士	中国人民解放军装备指挥技术学院
潘素春	马逸尘	硕士	上海交通银行
孔繁德	马逸尘	硕士	美国科罗拉多
张燕	何银年	博士	英国伦敦帝国理工学院
张通	何银年	博士	河南理工大学
谢聪	何银年	硕士	河北建筑工程学院
*刘庆芳	侯延仁	博士	西安交通大学
穆保英	侯延仁	硕士	
崔维庚	梅立泉	硕士	西安数源软件有限公司
孟敏	梅立泉	硕士	
蒋民纪	张正策	硕士	北京航天飞行控制中心

续表

姓名	指导老师	授予学位	工作单位或工作地
马飞遥	王立河，马逸尘	博士	深圳
钟贺	陈掌星	硕士	美国
王振	陈掌星	硕士	西安卫星测控中心

史峰　现任职于哈尔滨工业大学深圳分校理学院。1999 年 9 月—2003 年 7 月，在西安交通大学理学院信息与计算科学专业学习，获学士学位；2003 年 9 月—2005 年 1 月，在西安交通大学理学院计算数学专业硕博连读；2005 年 1 月—2010 年 12 月，在西安交通大学理学院计算数学专业学习，获博士学位（导师：李开泰教授），博士学位论文《流形上的 N-S 方程及两种流体流动的几种数学方法研究》。

2011 年 2 月—2014 年 3 月，任中国科学院深圳先进技术研究院工程与科学计算研究室助理研究员；2014 年 5 月—2017 年 10 月，在哈尔滨工业大学（深圳分校）作博士后研究（合作导师：曹勇副教授）；2016 年 1 月—2017 年 1 月，在美国休斯敦大学数学系作访问学者（合作导师：R. Glowinski 教授和 Tsorng-Whay Pan 教授）；2017 年 10 月至今，任哈尔滨工业大学（深圳分校）理学院助理教授。

研究方向：偏微分方程、力学问题的数值方法及其应用，Galerkin 有限元方法、维数分裂和算子分裂方法、并行算法、变分多尺度及自适应技术，非定常流体力学问题的时间推进方法，以及数值方法在工程中的应用等。主持国家自然科学基金青年基金项目、天元基金项目等国家级省部级科研项目 7 项。

刘德民　新疆大学数学与系统科学学院副教授，2002 年 9 月—2005 年 7 月，在西安交通大学理学院数学系学习并获得计算数学硕士学位（导师：李开泰教授）；2005 年 9 月—2010 年 12 月，在西安交通大学理学院学习并获得计算数学博士学位（导师：李开泰教授）；2015 年 3 月—2016 年 3 月在美国得克萨斯大学阿灵顿分校数学系从事访问学者研究工作，现任新疆大学数学与系统科学学院计算教

研室副主任。

研究方向：偏微分方程数值解，计算流体力学。主持2项国家自然科学基金项目（其中1项已完成）；合作发表学术论文21篇，其中SCI论文15篇；获得第十三届新疆维吾尔自治区自然科学优秀论文奖1项（排名第三）；获得2014年度新疆维吾尔自治区科技进步奖二等奖1项（排名第四）。

张通 河南理工大学副教授，二级"太行学者"，河南省青年骨干教师。2007年9月—2010年12月，于西安交通大学理学院学习并获博士学位（导师：何银年教授）；2010年12月至今，任教于河南理工大学数学与信息工程学院信息与计算科学系；2012年11月—2013年8月，在巴西巴拉那联邦大学从事博士后研究工作（合作导师：袁锦昀院士）。

主要从事有关不可压缩黏性流体问题理论和算法以及偏微分方程数值解的研究。主持和参与完成国家自然科学基金项目4项，河南省教育厅科学技术研究重点计划项目2项，主持在研巴西教育部海外优秀青年人才计划项目1项，河南省高等学校青年骨干教师项目1项，河南理工大学杰出青年基金1项。

主要讲授课程：高等数学、计算方法、复变函数与积分变换、偏微分方程数值解、有限元理论及其应用。

2011年毕业硕士13人，博士1人

姓名	指导老师	授予学位	工作单位或工作地
贾宏恩	李开泰	博士	太原理工大学
司智勇	何银年	博士	河南理工大学
王坤	何银年	博士	重庆大学
姜金平	侯延仁	博士	延安大学
宋雪丽	侯延仁	博士	西安科技大学
张运章	侯延仁	博士	河南科技大学
郑海标	侯延仁	博士	华东师范大学
张建辉	何银年	硕士	西安卫星测控中心佳木斯航天测控站
杨艳芳	何银年	硕士	广州大学

姓名	指导老师	授予学位	工作单位或工作地
吴强	侯延仁	硕士	深圳
原长琦	梅立泉	硕士	中华人民共和国国家安全部
王彪	张正策	硕士	西安科技大学
吴秀翠	王立周	硕士	
韩磊	何银年	硕士	
赵科	何银年	硕士	
张红锐	侯延仁	硕士	
丁雪梅	梅立泉	硕士	
张利云	陈掌星	硕士	
单海兵	李东升	硕士	
戴尔	李东升	硕士	

司智勇　现任职于河南理工大学。1982年10月生，河南扶沟人，中共党员，理学博士。2005年本科毕业于河南师范大学数学与信息科学学院，获理学学士学位；2008年毕业于新疆大学，获理学硕士学位；2011年毕业于西安交通大学，获理学博士学位，并获得西安交通大学优秀毕业生和优秀毕业论文奖。

2011年10月至今，在河南理工大学数学与信息科学学院信息与计算科学系任教；2013年2月—2013年4月，在香港城市大学作访问学者；2015年3月—2016年3月受国家留学基金委的资助在美国匹兹堡大学访问。主要研究领域为计算流体力学。

贾宏恩　太原理工大学数学学院副教授，硕士生导师。2000年9月—2004年7月，在雁北师范学院学习，获学士学位；2004年9月—2007年7月，在云南师范大学学习，获硕士学位；2007年9月—2011年12月，在西安交通大学学习，获博士学位。

2011年12月—2013年6月，任太原理工大学讲师；2013年6月至今，任太原理工大学副教授；2014年10月—2017年10月，在湘潭大学进行博士后研究。

主要研究方向为偏微分方程理论及其数值计算，流体方程有限元方法。参与国家自然科学基金项目2项，主持国家自然科学基金天元基金项目1项，国家自然科学基金青年基金项目1项，山西省自然科学基金面上项目1项，第58批中国博士后科学基金项目1项，山西省高等学校科技创新项目1项。发表论文20篇，其中SCI论文13篇。

郑海标　现为华东师范大学数学系副教授。2002年9月—2006年7月，在西安交通大学理学院信息与计算科学专业学习，获理学学士学位；2006年9月—2011年12月，在西安交通大学理学院计算数学系学习（直博），获博士学位；2010年9月—2011年9月，在美国匹兹堡大学数学系学习（联合培养博士）。

2013年12月—2014年3月，任香港理工大学应用数学系助理研究员；2014年7月—2014年8月，任香港城市大学数学系研究员；2011年12月—2014年9月，任西安交通大学数学与统计学院科学计算系讲师；2014年10月至今，任华东师范大学数学系副教授。

2012年获西安交通大学优秀博士学位论文奖；2013年获陕西高等学校科学技术奖一等奖（第二完成人）；2013年获陕西省优秀博士学位论文奖；2014年获陕西省科学技术奖二等奖（第二完成人）。主持国家自然科学基金青年项目1项，主持西安交通大学基本科研业务费-国际科技合作项目1项。

2012年毕业硕士12人，博士5人

姓名	指导老师	授予学位	工作单位或工作地
于佳平	李开泰	博士	东华大学
黄鹏展	何银年	博士	新疆大学
王绍利	何银年	博士	河南大学
孙海燕	何银年	博士	长安大学
单丽	侯延仁	博士	辽宁工程技术大学
赵忍	何银年	硕士	新疆
吴姗姗	何银年	硕士	陕西师范大学附属中学
吕超	何银年	硕士	中国航空工业集团公司西安飞行自动控制研究所

姓名	指导老师	授予学位	工作单位或工作地
吴妍	侯延仁	硕士	
李永飞	侯延仁	硕士	
周智亮	梅立泉	硕士	中国人民解放军 63610 部队
陈亚萍	梅立泉	硕士 博士（北京大学）	
方叶	梅立泉	硕士	中国工程物理研究院总体工程研究所
李振杰	张正策	硕士	南京工业大学
黎艳艳	张正策	硕士	华为技术有限公司
朱立平	陈掌星	博士	西安建筑科技大学
张竹君	李东升	硕士	
武梅	李东升	硕士	
樊迎哲	陈掌星	硕士	

于佳平　现为东华大学数学系讲师。2001 年 9 月—2005 年 7 月，在西安交通大学理学院信息与计算科学专业学习，获理学学士学位；2005 年 9 月—2012 年 6 月，在西安交通大学理学院计算数学系学习（直博），获博士学位；2011 年 2 月—2011 年 9 月在美国匹兹堡大学工程系作访问学者；2012 年 12 月至今，任东华大学数学系讲师。近年来主持国家自然科学基金青年基金项目 1 项，青年教师培养资助计划项目 1 项，中央高校专项基金项目 1 项。

单丽　辽宁工程技术大学理学院教授。2006 年从辽宁大学推免至西安交通大学计算数学专业硕博连读（导师：侯延仁教授），2012 年 7 月获得博士学位，期间于 2010 年 9 月至 2011 年 9 月赴美国匹兹堡大学联合培养一年（访问 William J. Layton 教授）。

2012 年 9 月就职于辽宁工程技术大学理学院，2017 年 7 月担任理学院副院长，分管科研与学科建设，同时兼

任数学与系统科学研究所所长。主持国家自然科学基金天元基金和青年基金各1项,主持辽宁省科技厅和教育厅项目各1项,主持校级拔尖人才项目1项。2017年入选辽宁省"百千万人才工程"万人层次人选。

朱立平　现任西安建筑科技大学理学院副教授、硕士生导师,从事偏微分方程的理论与算法研究。2012年博士毕业于西安交通大学理学院。

近年来,主要对耦合问题的数值解法以及其它一些类型方程开展研究工作。2017年6月—2018年6月,赴加拿大卡尔加里大学进行访问学者研究。主持国家自然科学基金青年基金项目1项,陕西省自然科学基金青年基金1项,陕西省教育厅自然科学专项基金1项,西安建筑科技大学校基础研究基金1项,在国内外学术刊物发表论文10余篇。培养1名硕士研究生(2016级在读)。

2013年毕业硕士8人,博士11人

姓名	指导老师	授予学位	工作单位或工作地
陈浩	王尚锦,李开泰	博士	西南交通大学
韦雷雷	何银年	博士	河南工业大学
唐波	何银年	博士	湖北文理学院
张新东	何银年	博士	新疆师范大学
宋丽娜	侯延仁	博士	青岛大学
赵建平	侯延仁	博士	新疆大学
张进	梅立泉	博士	山东师范大学
蒋钰	梅立泉	博士	郑州轻工业大学
*郭士民	梅立泉	博士	西安交通大学
王宏伟	李东升	博士	安阳师范学院
王学敏	何银年	硕士	得克萨斯大学达拉斯分校
霍米会	何银年	硕士	北京
鲁丹	何银年	硕士	航空工业空气动力研究院
赵柯	梅立泉	硕士	中航洛阳电光设备研究所613所
葛家泰	梅立泉	硕士	篮网科技股份有限公司

姓名	指导老师	授予学位	工作单位或工作地
陈爽	张正策	硕士	南昌工学院数学学院
王婷婷	王立周	硕士	
张素梅	王立河	博士	
黄勇攀	王立河	博士	
杜晓宁	李东升	硕士	

陈浩　现就职于西南交通大学飞行器设计与工程系。2002 年 9 月—2006 年 7 月，在西安交通大学能动学院热能与动力工程专业学习，获学士学位；2006 年 9 月—2013 年 12 月，在西安交通大学能动学院流体机械及工程专业学习（硕博连读），获博士学位。

研究领域：基于维数分裂方法的不可压流动有限元计算，流体工程中的形状优化，守恒律方程的间断 Galerkin 方法。

参与国家重点基础研究发展规划项目（"973 计划"项目）1 项，国家自然科学基金面上项目 1 项，某型无人机机身气动形状优化横向项目。

赵建平　新疆大学数学与系统科学学院副教授。2000 年 9 月—2004 年 7 月，就读于新疆大学数学与系统科学学院，获硕士学位；2004 年 9 月—2007 年 7 月，就读于新疆大学数学与系统科学学院，获硕士学位；2009 年 9 月—2013 年 12 月，就读于西安交通大学数学与统计学院，获博士学位（导师：侯延仁教授）。

研究方向：偏微分方程界面问题数值方法，流体计算在地理学中的应用。主持国家自然科学基金青年基金项目 1 项，新疆维吾尔自治区科技计划项目 1 项，新疆大学"21 世纪高等教育教学改革工程"四期项目 1 项。

唐波　现就职于湖北文理学院数学与计算机科学学院，2013 年博士毕业于西安交通大学。

主要从事偏微分方程的行波解及数值解研究,通过对偏微分方程的行波解的研究得到相应的真解,并用方程的数值解与真解相比较,通过算例说明数值方法的有效性。目前正在对玻色-爱因斯坦凝聚及其耦合方程和分数阶偏微分方程的数值方法进行研究。在 *Physics Letters A*,*Numerical Algorithms*,*Computers& Mathematics with Applications* 等国际知名 SCI 期刊上发表文章 14 篇;主持 1 项国家自然科学基金项目,参与 2 项国家自然科学基金项目。

韦雷雷　现就职于河南工业大学。2002 年 9 月—2006 年 7 月,就读于河南师范大学数学与应用数学专业,获学士学位;2006 年 9 月—2009 年 7 月,就读于河南师范大学,获硕士学位(偏微分方程理论与计算);2009 年 9 月—2013 年 6 月,就读于西安交通大学,获博士学位(偏微分方程理论与计算方向)。

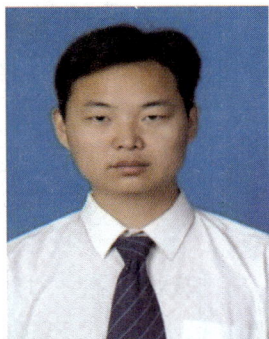

2013 年 7 月至今,任河南工业大学讲师;2014 年 5 月至今,在郑州大学作博士后研究。主持国家自然科学基金天元基金项目 1 项,中国博士后科学基金面上项目 1 项,河南工业大学博士基金项目 1 项,河南工业大学科技创新人才基金项目 1 项;参与国家自然科学基金项目 2 项。2015 年获河南省第三届自然科学优秀学术论文一等奖,西安交通大学优秀博士学位论文奖;2017 年获河南省教育厅自然科学优秀学术论文一等奖。

讲授课程:数学分析,高等数学,数学实验,数值代数。

2014 年毕业硕士 7 人,博士 6 人

姓名	指导老师	授予学位	工作单位或工作地
翟术英	何银年	博士	中国华侨大学
文娟	何银年	博士	西安理工大学
刘智永	何银年	博士	宁夏大学
魏红波	侯延仁	博士	中国电子科技集团公司第二十研究所
李颖	梅立泉	博士	上海大学

姓名	指导老师	授予学位	工作单位或工作地
孙尔海	何银年	硕士	
付海伟	何银年	硕士	中华人民解放军 63819 部队
崔亚	何银年	硕士	西安职业技术学院
常榆霞	侯延仁	硕士	
段帛	侯延仁	硕士	西安交通大学
王均全	苏剑	硕士	南方科技大学
郭智利	苏剑	硕士	西安市铁一中学
杨菊敏	李东升	硕士	
赵改芳	贾惠莲	硕士	
秦蒙	李东升	硕士	
李婷	王立周	硕士	

李颖 现任职于上海大学计算机工程与科学学院。2002 年 9 月—2006 年 7 月,就读于昆明理工大学信息与计算科学专业,获理学学士学位;2006 年 9 月—2008 年 12 月,就读于昆明理工大学系统理论专业,获理学硕士学位;2010 年 9 月—2014 年 7 月,就读于西安交通大学数学与统计学院计算数学专业,其间于 2012 年 9 月—2013 年 9 月,中国科学院深圳先进技术研究院工程与科学中心客座博士(主要工作内容:流体的数值模拟),2013 年 9 月—2014 年 3 月赴美国布朗大学应用数学系学习,获博士学位。

2014 年 7 月至今,任上海大学计算机工程与科学学院教师。

主要研究方向为科学计算及工程数值模拟、偏微分方程数值解、数据挖掘与机器学习。

2004 年获昆明理工大学"校计算机管理信息系统设计"大赛一等奖;2004 年获"高教社杯"全国大学生数学建模大赛"国家一等奖";2005 年被评为省级"三好学生",同时获保送研究生资格;2007 年获全国研究生数学建模大赛"国家三等奖";2007 年获昆明理工大学研究生"社会工作奖",研究生"毕业设计优秀论文"奖；2013 年获西安交通大学博士生"国家奖学金"。

文娟 现任职于西安理工大学理学院。2003 年 9 月—2007 年 7 月，就读于宝鸡文理学院数学与应用数学专业，获学士学位；2007 年 9 月—2009 年 12 月，就读于中南大学计算数学专业，获硕士学位；2010 年 9 月—2014 年 6 月，就读于西安交通大学计算数学专业，获博士学位；2013 年 9 月—2014 年 3 月，访问普渡大学（合作导师：沈捷教授）。

主要研究计算流体力学中不可压缩流问题（N-S 方程）及其耦合问题的高效数值算法。基于多尺度增量法，分别提出了求解 N-S 方程的一种新的多尺度有限元和有限体积元算法，从理论和数值试验方面说明两种新算法在计算大雷诺数问题时的可行性和有效性。目前针对两相流 Allen-Cahn-Navier-Stokes 及 Cahn-Hilliard-Navier-Stokes 方程相场模型进行理论和数值方面的研究。该模型为耦合了 N-S 方程的非线性系统，问题难度大。主持陕西省科技厅科技计划项目 1 项，陕西省教育厅科学研究计划项目 1 项，参与国家自然科学基金面上项目 1 项。

2015 年毕业硕士 7 人，博士 6 人

姓名	指导老师	授予学位	工作单位或工作地
苏海燕	何银年	博士	新疆大学
张国栋	何银年	博士	烟台大学
董晓靖	何银年	博士	湘潭大学
左立云	侯延仁	博士	济南大学
邱海龙	梅立泉	博士	盐城工学院
向亚运	陈掌星	硕士	
孙芳菲	陈掌星	硕士	陕西国际商贸学院
马雪刚	侯延仁	硕士	
李瑞飞	张正策	硕士	郑州市第二中学
管国兴	晏文璟	硕士	天津
赵杰	李东升	博士	中原工学院
张畔	侯延仁	硕士	
冯晓萌	李东升	硕士	

董晓靖 现任职于湖南湘潭大学。2012 年 9 月—2015 年 9 月就读于西安交通大学,获博士学位(导师:何银年教授);2015 年 9 月至 2018 年,任职于河南科技大学;2017 年 7 月至 2018 年,于北京应用物理与计算数学研究所进行博士后研究(合作导师:江松院士);2018 年至今任职于湖南湘潭大学数学学院。

2016 年毕业硕士 6 人,博士 4 人

姓名	指导老师	授予学位	工作单位或工作地
杜光芝	侯延仁	博士	山东师范大学
侯江勇	陈掌星,晏文璟	博士	西北大学
张凯	李东升	博士	西北工业大学
李振杰	李东升	博士	南京工业大学
孟令奇	侯延仁	硕士	
刘莹莹	张正策	硕士	郑州星源外国语学校
马雪涛	陈掌星	硕士	
张红星	梅立泉	硕士	
张艳侠	李东升	硕士	
刘大伟	洪广浩	硕士	

2017 年毕业硕士 6 人,博士 7 人

姓名	指导老师	授予学位	工作单位或工作地
邱美兰	梅立泉	博士	惠州学院
荆菲菲	陈掌星	博士	西北工业大学
张玉红	侯延仁	博士	湖南师范大学
赵进	陈掌星	硕士	北京计算科学研究中心
吴帮民	何银年	硕士	西安华为技术有限公司
赵小英	侯延仁	硕士	
张向利	张正策	硕士	郑州市第十一中学
郭翠萍	李东升	博士	
李志夙	李东升	博士	
董荣	李东升	硕士	
王琪	侯延仁	硕士	西安华为技术有限公司研发中心

姓名	指导老师	授予学位	工作单位或工作地
郭英文	何银年	硕士	西北大学
武艳云	梅立泉	硕士	
李瑞	陈掌星	硕士	

荆菲菲　现任职于西北工业大学。2006 年 9 月—2010 年 7 月，就读于河南大学，获学士学位；2010 年 9 月—2013 年 2 月，就读于西安交通大学，获硕士学位；2013 年 3 月—2017 年 6 月，就读于西安交通大学，获博士学位；2016 年 1 月—2016 年 6 月，就读于美国艾奥瓦大学（访问博士，导师：韩渭敏教授）。

2018 年 3 月至今，任西北工业大学理学院助理教授。获 2013 年"印象·交大"西安交通大学数学与统计学院摄影大赛一等奖；当选 2014—2015 学年西安交通大学"优秀研究生干部"；获 2015—2016 年"郝建学理科奖学金"；获 2017 年度"西安交通大学优秀毕业研究生干部"奖。多次参加国际会议并作学术报告，参与国家自然科学基金面上项目、青年基金项目等 4 项。

邱美兰　现任职于惠州学院数学与大数据学院。2000 年 9 月—2004 年 6 月，就读于江西师范大学，获学士学位；2008 年 9 月—2011 年 6 月，就读于云南民族大学，获理学硕士学位；2012 年 9 月—2017 年 3 月，就读于西安交通大学计算数学专业，获理学博士学位；2015 年 10 月—2016 年 5 月，就读于密苏里科技大学（联合培养博士）。

2012 年 9 月在西安交通大学计算数学专业攻读博士学位在导师梅立泉教授的指导下开展了分数阶偏微分方程的数值解法方面的研究工作，开始从事复杂流耦合问题的数值解法方面的研究，并自行编写程序代码提高实现能力，对复杂流耦合方程数值计算方法的设计及其数值理论分析有了比较深刻的理解和认识。2015 年秋季赴美国密苏里科

技大学联合培养半年,期间继续开展偏微分方程、复杂流耦合问题的数值解法、多尺度多物理模型的数学建模方面的学习与研究。攻读博士学位期间(2014、2015年连续两年)获得"西安交通大学一等学业奖学金"与2014年西安交通大学郝建学理科二等奖学金。参与2项国家自然科学基金青年基金项目。

2018年毕业硕士6人,博士7人

姓名	指导老师	授予学位	工作单位或工作地
Tariq. Ismaeel	李东升	博士	
高娅莉	梅立泉	博士	
蔡文涛	陈掌星	博士	
卢佳秋	晏文璟	硕士	
王明华	何银年	硕士	
侯岩	梅立泉	硕士	
李聪	梅立泉	硕士	郑州市第十一中学
朱文哲	李东升	硕士	

博士后

姓名	合作导师	工作单位或工作地
高丽敏	李开泰	西北工业大学动力与能源学院
魏高峰	李开泰	济南齐鲁工业大学机械与汽车工程学院

高丽敏 西北工业大学动力与能源学院教授,博士生导师。1991年9月—1995年7月,就读于西北工业大学航空动力与热能工程系,获学士学位;1995年9月—1998年3月,就读于西北工业大学航空动力与热能工程系,获硕士学位;1998年3月—2002年11月,就读于西安交通大学能源与动力工程学院,获博士学位。

2002年12月—2005年12月,在西安交通大学数学博士后流动站进行博士后研究;2005年12月—2011年4月,任西北工业大学动力与能源学院副教授;2011年4月至今,任西北工业大学动力与能源学院教授,博士生导师,航空流体机械系主任;2015年3月至今,任翼型、叶栅空气动力学国防科技重点实验室副主任。

中国工程热物理学会会员；陕西省制冷学会会员；陕西省质量技术监督科学技术委员会成员；《风机技术》期刊编委会成员。

研究方向：轴流与离心叶轮机复杂流场的数值仿真，高效节能叶轮机械气动设计，计算流体动力学理论及工程应用，先进流动显示与测量技术，推进系统气动热力过程模拟分析。以提高航空发动机性能为目标，一直从事高性能航空叶轮机械气动热力学的基础研究工作，在跨音级压气机数值方法、基于图像处理技术的内流测量技术、高负荷压气机新技术与新设计方法等方面形成了科研特色，并取得一定成绩。

主持和参加了该领域的多项高水平科研基金项目，其中国家自然科学基金项目4项，中国博士后科学基金、高等学校博士学科点专项科研基金、航空科学基金、陕西省自然科学基金、总装备部预先研究基金及航空发动机专项研究计划项目等多个项目。

所取得研究成果有3项先后获得省部级科技进步奖一、二、三等奖各1次；个人于2004年获法国SNECMA科技奖；2010年获教育部"新世纪优秀人才支持计划"资助；培养的多名研究生获国家奖学金和优秀学位论文奖。

魏高峰 齐鲁工业大学教授。1988—1992年就读于天津大学化工机械专业，获学士学位；1994—1997年就读于山东大学固体力学专业，获硕士学位（导师：张方春教授）；2002—2005年就读于上海大学，获博士学位（导师：冯伟教授）。

2007—2009年在西安交通大学与李开泰教授合作从事博士后研究。现为齐鲁工业大学机械与汽车工程学院教授、济南市应用力学学会副理事长、山东省机械电子省级重点学科学术带头人。

研究领域：高精度数值模拟方法及其误差估计理论、碳/碳复合材料力学行为研究、编织复合材料力学行为研究等。已承担国家自然科学基金面上项目、教育部科学技术研究重点项目等国家级、省部级项目8项，拥有5项国家发明专利。2012年获中国商业联合会科学技术奖一等奖；2014年获山东省高等学校优秀科研成果奖三等奖。

附:部分毕业照。

西安交通大学硕士215班毕业留念　95年4月

西安交通大学理学院硕士315班毕业留念
96·4·24

西安交通大学理学院九六届毕业留念 96.7.1
钱学森图书馆

西安交通大学理学院硕士415班毕业留念
九七年5月

西安交通大学计算数学41班毕业留念
九八年六月

西安交通大学理学院98届毕业生合影

九八年六月

西安交通大学硕士616班毕业留念

西安交大理学院太原工程硕士班
合影留念　　2001.9.11

西安交通大学理学院硕916班毕业留念

西安交通大学 2006年硕343班毕业留念

附：部分师生合影。

李开泰、黄艾香与硕士生葛新科、胡国庆、任雨和、王建琪合影

1997 年博士学位论文答辩委员会成员和博士生合影

（后排左一至六：马逸尘、周天孝、齐民友、石钟慈、游兆永、曹策问；

后排右一至四：陈绥阳、李开泰、陈绍春、黄艾香；

前排由左至右分别为：杨晓忠、石东洋、吴建华、封卫兵、王卫东、侯延仁、梅立泉）

程玉民博士学位论文答辩委员会成员与博士生合影

2003 年张海亮、任春风博士学位论文答辩合影

节日聚会

计算物理研究室成员和博士生王卫东、梅立泉、侯延仁、封卫兵等合影

计算物理研究室师生春游合影

1999 年计算物理研究室师生合影

洪莉、王爱文、苗焕玲、贾惠莲硕士答辩合影

研究生文艺演出

庆贺黄艾香教授生日

李开泰、黄艾香教授与学生们

计算物理研究室上海校友合影

（从左至右：王卫东、李显志、余用江、潘素春、张志鹏、张武、陈琪、

应根军、程玉民、封卫兵、郑海标、于佳平）

黄艾香与计算物理研究室北京应用物理与计算数学研究所校友合影

（从左至右：高志明、陈艺冰、荆菲菲、黄艾香、魏军侠、申卫东、阳述林）

计算物理研究室西安理工大学校友合影

（由左至右：段献葆、文娟、荆菲菲、沈晓芹、秦新强）

李开泰和学生

2002 年世界数学家大会西安卫星会上凤小兵、张波、李开泰、陈掌星、马逸尘、陈蕴刚合影

李开泰与江松、张波、杨晓忠、高志明、于翠影合影

李开泰与计算物理研究室河南省校友合影

（前排从左至右：石东洋夫妇、李开泰、河南大学数学与统计学院院长冯淑霞、郭秀兰；

后排从左至右：王绍利、司智勇、吴技莲、张波（河南大学）、葛志昊、张通、韦雷雷）

李开泰与张波、张武、杨晓忠、魏军侠等合影

（前排从左至右：杨晓忠、张波、李开泰、张武；后排从左至右：王爱文、魏军侠、沈晓芹）

黄艾香与校友合影

（前排从左至右：刘兴平、黄艾香、江松、杨晓忠；

后排从左至右：王爱文、荆菲菲、魏军侠、高志明）

何银年教授和他的学生们

何银年教授为学生授课

侯延仁教授和他的学生们